DIGITALES

FERNSEHEN

HDTV / HDV

AVCHD

FÜR EIN- UND

UMSTEIGER

D1727225

V 7.0

"....the source of all technical innovations is the divine curiosity
of engineers and researchers..."

Albert Einstein

Wolfgang Wunderlich/Auberge–TV–Verlag
Parque San Rafael-Vereda Centro, Park Hill
La Vega Cundinamarca
Colombia
URL für Buch–Up–date:

http://www.auberge–tv.de/Book/Update–Service.html
Druck: Lulu Enterprises, Inc.
860 Aviation Parkway, Suite 300
Morrisville, NC 27560
USA

ISBN 978-3-00-023484-2

9 783000 234842

7.FF Edition 1/27

Inhalt:

Vorwort:

Fangen wir mit einer kleinen Übung an:
Natürlich ist es leicht zu sagen, ob Feld „A" oder „B" heller ist:

Ebenso leicht, wie zu sagen, ob ein Videobild scharf oder unscharf ist, denn zu Dinge, die in unser normales Leben fallen, fühlen wir uns alle befähigt ein gutes Urteil abzugeben.

Dass uns dabei ein paar „Fußangeln" erwarten, werden sie am Ende des Buches gesehen haben.

Dieses Buch wird Sie in die Feinheiten der Videotechnik einführen. Sie werden Zusammenhänge verstehen, die Sie in die Lage versetzen, komplexe Beurteilungen zu treffen.

Sie werden keine Kaufempfehlungen in diesem Buch finden. Vielmehr wird es Sie in die Lage versetzen, Kaufentscheidungen selbst, auf der Basis Ihres Wissens zu treffen.

Ein technisches Thema ist immer anspruchsvoll, speziell wenn es um moderne und komplexe Technik, wie bei HDTV geht.

In diesem Buch finden Sie die **Einführung** in die HDTV Technik.

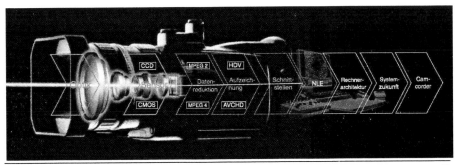

Sicher wird an der einen oder andern Stelle auch auf Dinge hingewiesen, die sich dem „Einsteiger" eventuell noch gar nicht so offensichtlich erschließen.

So zum Beispiel wenn davon die Rede sein wird, dass sich Störungen im Bild zeigen. Manchmal sind es nur sehr geringe Störungen, die vom Anwender vielleicht gar nicht als Störung wahrgenommen und durchaus akzeptiert würden.

Es ist aber dennoch wichtig, sie aufzuzeigen, denn schon in ein paar Monaten könnten die Ansprüche so umfangreich geworden sein, dass auch diese Feinheiten von ihm erfasst werden.

Ursprünglich sollten in dieses Buch auch Erfahrungen einfließen, die „Tester" von Kameras oder Editing– Systemen gemacht haben, die ihre Ergebnisse dann in Zeitschriften oder auch nur in Internet–Foren publizieren.

Davon habe ich jedoch wieder Abstand genommen, weil es sich dabei nicht selten um so genannte „Beta–Tester" handelt, die von den Firmen gerade zu diesem Zweck mit Hard- oder Software versorgt werden, die zum einen nicht selten vom Massenprodukt noch abweichen und die zum andern kostenlos für sie bereitgestellt wird.

Entsprechend fielen häufig die Bewertungen aus und hielten nicht selten der Nachprüfung nicht mehr stand.

Auch wurden nachgefragte Fehler und Umstände schnell einfach unter die Decke *„Firmengeheimnis"* gesteckt und waren nicht geeignet das, für eine Veröffentlichung erforderliche Vertrauen in die Richtigkeit zu generieren. Oft sollten Mängel damit einfach nur verschwiegen werden.

Aber auch Bedienungsanleitungen erscheinen heute nicht mehr geeignet, Prozesse so darzustellen, dass sie nachvollziehbar überprüft werden können.

Bedienhandbücher sind oft nur noch „verlängertes" Werbematerial und damit oft für den Kunden wenig hilfreich.

Daher soll dieses Buch Zusammenhänge transparent erklären und auf Umstände und Verfahren aufmerksam machen, die vom Anwender anschließend mit seinem jeweiligen System abgeglichen werden können und ihn selbst in die Lage versetzen, solche Tests substanziell durchführen zu können.

Ach ja, zur Auflösung des kleinen Rätsels:

Vielleicht haben Sie es schon gekannt oder die Lösung geahnt:
Natürlich sind die Felder „A" und „B" gleich hell.
Dies sind die Werte beider Felder:

Einmal mehr kann man daran sehen, wie sehr sich unser Auge, oder besser gesagt, unser Gehirn täuschen lässt.
Sie werden im Verlauf des Buches mehr dieser Täuschungen kennen lernen denn unsere Sinne sehen überwiegend das, was sie sehen wollen.
Sie werden sehen....

⊙ H:	0	°	○ L:	45	
○ S:	0	%	○ a:	0	
○ B:	42	%	○ b:	0	
○ R:	107		C:	58	%
○ G:	107		M:	50	%
○ B:	107		Y:	50	%
#	6B6B6B		K:	18	%

Mit einem Begriff muss ich den Leser bereits jetzt kurz in eigener Sache konfrontieren, bevor das Buch eigentlich richtig beginnt:

„Datenreduktion"

Dieses Buch liegt in der Druckversion „schwarz /weiß" vor, obwohl, wie sie sich vorstellen können, alle Grafiken und Bilder farbig sind.
Das ist eine Frage der „Datenreduktion".
Um den Preis des Buches attraktiv zu halten, wird es schwarz-weiß gedruckt, weil der Druck farbiger Seiten etwa das 4–fache kostet.
Daher haben wir uns entschlossen, die Druckversion in s/w zu lassen.

Wir veröffentlichen Neuigkeiten und Erwähnenswertes, das in die nächste Auflage einfließen wird, schon jetzt für sie kostenlos im Internet. Den Link hierzu finden Sie am Ende des Buches.

Einleitung:

Bleiben wir gleich einmal bei den Begriffen:

Wer sich für ein solches Buch entschieden hat, wird sich über Begriffe wie „«Schärfe» und «Auflösung» einer Kamera schon einmal Gedanken gemacht haben ... zumindest wird er wissen, was damit gemeint ist denn wie bereits erwähnt, neigen die Menschen dazu, in Dingen des täglichen Lebens mitzureden.

Leider werden gerade solche Begriffe häufig miteinander vermengt sodass man leicht geneigt ist zu sagen... *je höher die Auflösung (Pixels) einer Kamera ist, umso schärfer ist zwangsläufig das Bild.*

Das ist aber so nicht unbedingt. Stellen Sie Sich vor, Sie haben eine Kamera mit einem enormen Bildsensor mit Millionen von Pixels, also einer hohen Auflösung, vergessen aber die Schärfe am Objektiv richtig einzustellen.

Was wird das Ergebnis sein?

Richtig: Millionen unscharfer Pixels .... und kein einziges Detail wird zu erkennen sein.

Aber denken wir einfach noch einen Schritt weiter: Gesetzt den Fall, Sie haben ein wirklich gutes und scharfes Objektiv und der Fokus ist optimal eingestellt und sie filmen zum einen auf einen Sensor mit Millionen Pixels und zum andern auf einen Sensor, der nur die Hälfte der Pixelmenge aufweist. Was glauben Sie, wie das Ergebnis dann aussehen wird? Natürlich werden Sie sagen sieht das Bild mit den vielen Pixels schärfer aus:

A   B

Das eine Bild ist nur mit 500 Pix Auflösung aufgenommen und das andere Bild mit 1000 Pix.

Haben Sie Sich entschieden, welches Bild schärfer ist?

Das war leicht.... Das linke Bild (**A**) der Kamera ist das schärfere Bild und die nachfolgenden Vergrößerungen sind genau anders herum angeordnet.

Das rechts angeordnete Detailbild gehört zum Bild „A".
Sie glauben es nicht? Schau´n Sie mal genau hin.
Sie sehen, selbst in solchen alltäglichen Dingen, die wir glauben beurteilen zu können, lässt sich das Auge täuschen.
Und solche Täuschungen ziehen sich durch die gesamte Videotechnik.
Zu guterletzt stellen Sie Sich noch vor, Sie haben ein Objektiv mit einer Super-Auflösung, einem Super Kontrast und einen Sensor, mit einer ebenso enormen Auflösung. Wenn Sie jetzt glauben, dass das die ideale Kombination wäre, liegen Sie aber mindestens ebenso falsch. Sie werden es sehen ....
Nun bin ich aber nicht angetreten, um Ihnen ständig zu zeigen, wo Sie falsch liegen.
Diese kleinen Experimente sollen nur Ihren Blick für die Fußangeln schärfen und ich bin angetreten, Ihnen zu zeigen, wo sie ausgelegt sind.

Lassen Sie uns also einmal den gesamten Weg vom Objektiv, durch die Kamera, über das Band, bzw. die Speicherkarte... über das Schnittsystem, bis hin über die Fernsehausstrahlung, in ihr Fernsehgerät bzw. Ihren Monitor verfolgen.

HDTV hat "das Zeug" zu einer neuen, kleinen Revolution, ähnlich wie DV es vor ein paar Jahren hatte.
Aber bevor sich der Anwender mit der Materie auch nur annähernd vertraut machen konnte, ist das Thema bereits wieder mit neuen Formaten, speziellen Codecs und den unterschiedlichsten Schnittstellen überfrachtet.

Die Firmen werfen fast im Halbjahres–Takt neue Camcorder und neue Monitore und TV Geräte auf den Markt und der ewige Streit zwischen den Herstellern bezüglich eines Fernseh- und DVD Formates hält weiter an und erst langsam zeichnet sich ab, dass BlueRay da wohl das Rennen macht.

Zuerst gab es „HDready", dann wurde daraus „FullHD" und jetzt gibt es bereits wieder das neue „HDready1080p"-Logo.

Die Probleme entstehen damit schon im Laden, denn auch die Fachverkäufer sind, bei der Vielfalt an Neuerungen trotz aller Bemühungen mittlerweile überfordert.

Und die Logos auf den Geräten sagen immer weniger aus. War HDReady von der EICTA[1] mit technischen Mindestanforderungen hinterlegt, so ist FullHD lediglich noch darauf beschränkt, dass das so gekennzeichnete Gerät am Eingang bzw. am Ausgang mit dem derzeit höchst aufzulösenden Signal **umgehen** kann.

Wie das Signal entsteht, ist nicht festgelegt. Es kann sich also um jedes beliebig hoch- oder herunter - interpolierte Signal handeln. **FullHD ist kein Gütesiegel** dafür, dass es sich um eine räumliche 1920x1080 Auflösung handelt.

Damit verlagert sich das Problem zum Konsumenten, der oft von den Herstellern damit allein gelassen wird.

Selbst in Bedienungsanleitungen werden, wenn überhaupt, nur sehr oberflächlich Zusammenhänge erklärt und wertvolle Hilfe verkommt so zu verlängertem Prospektmaterial.

Lassen Sie uns also einmal einen Blick in eine solche Kamera werfen und fangen ganz vorn an, wo eines der wichtigsten Elemente verbaut ist:

---

[1] European Information, Communications and Consumer Electronics Industry Technology Association http://www.eicta.org/

Das Objektiv

Alle reden bei HDTV über Formate, Auflösungen und Codecs und vergessen dabei völlig, dass das Ziel, ein gutes Bild zu erzeugen ganz elementar vom Objektiv abhängt. Dabei ist gerade das Objektiv das wahrscheinlich älteste Glied in der Kette, denn vor einigen hundert Jahren bereits wurde es entwickelt, zunächst um Mikroskopie nutzbar zu machen und dann um Ferngläser zu entwickeln.
Im 16. Jahrhundert benutzte Galileo es um seine astrologischen Forschungen zu betreiben.
Seitdem hat es einen langen Entwicklungsgang durchlaufen, bis es im 19. Jahrhundert schließlich in die Fotographie eingeführt wurde.
Die rasche Verbreitung der Fotographie hat die Entwicklung der Objektive wesentlich beeinflusst und ein gutes Stück voran gebracht.
Am Anfang des 20. Jahrhunderts wuchs eine gigantische Industrie der bewegten Bilder heran und ließen die entsprechenden Spezialobjektive für Film– später für Fernsehkameras entstehen.
Mit den Anforderungen wuchsen aber auch die Herausforderungen... und halten nach wie vor an.
Die Entwicklung von Elektronik scheint im Augenblick einfacher zu sein, als die Handhabung mechanischer Teile, denn mit den Herausforderungen der immer kleiner werdenden Bildsensoren, auf denen immer höher aufgelöste Bilder dargestellt werden sollen, kommt die Optik den physikalischen Grenzen immer näher.

Aber die Linse ist schon lange nicht mehr bloßes Abbildungswerkzeug. In den Händen kreativer Kameraleute ist sie zum Stilmittel geworden, mit dem Emotionen erzeugt werden können.
Sie haben gelernt, mit eigentlichen Schwächen der Abbildung (mangelnde Tiefenschärfe), kreativ umzugehen und sie neu zu definieren.
Daher entsteht ein Produkt so gut wie ausschließlich am optischen Ausgang des Objektivs.

Was hier nicht HDTV ist kann nachher auch mit noch so vielen Filtern und „Tricks" nicht mehr HDTV werden.

Deswegen sollte der Optik ein ganz erhebliches Gewicht in der Herstellung guter Bilder zukommen.
Auch wenn man durch geschickte Post–Produktion noch kreative Elemente hinzufügen kann, so wird es einem beispielsweise mit nicht

gelingen, ein unscharfes Bild, das mit einer herkömmlichen Optik aufgenommen wurde, jemals wieder scharf zu machen oder Abbildungsfehler so ohne weiteres aus dem Bild zu beseitigen. Das Objektiv ist und bleibt der Grant für eine abschließende Bildqualität, ästhetisch und kreativ.

Die eigentliche elektronische Kamera beginnt erst dahinter, mit dem

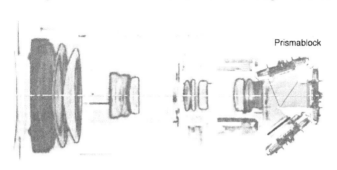

Prismablock

optischen Sensor (Sensoren), auf den das Objektiv sein Bild projiziert.

Zeitgemäße Objektiventwicklungen sind ein Mikrokosmos und bereits ein technologischer Triumph ... sicher hat das von seinem Produkt jeder Entwickler seit Hunderten von Jahren behauptet... nur die heutigen Objektive stoßen an die physikalischen Gesetzmäßigkeiten und müssen mit den Grenzwellenlängen des Lichtes umgehen. Das unterscheidet sie ganz erheblich von bisherigen Entwicklungen.

Schließlich sind die Projektionsflächen immer kleiner geworden..... Früher wurde Licht auf riesige Platten projiziert..... dann wurden es überschaubare photografische Größen von 14x18 cm... dann wurde es 6x6 cm... schließlich nur noch 2,4 x 3,6 cm für Kleinbild.....

Es wurde zum Film (Kleinbild–Hochformat)... mit all seinen Ausprägungen..... aber erst beim Fernsehen wurden die Anforderungen richtig hoch: Bildsensoren von 2/3, 1/2 1/3 und letztlich 1/4" und kleiner sollten in HDTV das gesamte Bild scharf aufzeichnen..... und das bei zunehmender Auflösungsdichte denn das 1/3" CCD hat bei einer Diagonale von 6 mm für die 16:9 Darstellung des Fernsehens von 1080 bzw. 720 Zeilen nur noch eine Höhe von 2,9 mm.

Das muss man sich einmal vorstellen: 2,9 mm, etwa ein viertel eines *Minox* Negatives, für den zum Vergleich, der diese wirklich winzigen „Bonsai" Negative noch kennt.   Nicht viel größer als ein großer Stecknadelkopf.

Das ist die Fläche, auf die moderne Objektive ein gestochen scharfes Bild projizieren müssen, das auch noch in 720 oder gar 1080 Zeilen aufgeteilt ist und nachher u.U. auf Leinwandgröße wieder projiziert werden soll.

Nun sind leider Objektive nicht perfekt, wie wir noch sehen werden.

Ihre Fehler zeigen sie hauptsächlich an ihren Rändern.

Daher liegt die Versuchung nahe, das Objektiv– Format einfach so groß wie möglich zu wählen.

Die zweite mögliche Maßnahme wäre genauso simpel.

Wenn man das Licht gar nicht erst durch die äußeren Bereiche der Linsen hindurch lässt, entstehen dort auch keine Fehler.

Das allgemein übliche Werkzeug hierfür ist die Blende. Aber auch da werden wir gesehen, dass größte Vorsicht geboten ist, weil die Beugung des Lichtes an der Blende wiederum zu weiteren Fehlern führt.

Denn die Blende ist eine zusätzliche, ganz wesentliche Fehlerquelle, deren Wirkung sich erst bei den heutigen kleinen Bildsensoren deutlich zeigt.

Konnte man früher, bei den im Verhältnis zu den winzigen Bildsensoren noch geradezu riesig anmutenden Filmformaten noch sorglos mit der Blende umgehen, ist im HDTV Bereich Zurückhaltung geboten!!

Immer wieder hört man auch von Film- oder Fernsehleuten, was für tolle alte Objektive sie noch im Schrank hätten, die sie in Zukunft für ihre HDTV Produktionen einsetzen würden,..... vergessen dabei aber völlig, auf welche im Verhältnis „riesigen" Flächen sie damit in ihren alten Kameras projiziert haben und erleben ihr „blaues Wunder" wenn sie wirklich einmal in die Versuchung kommen, diese „tollen Teile" auf einem modernen HDTV Kamerakopf zu probieren.

Fangen wir also einmal mit der Klärung dieser Sachlage an.

Der Bildkreis

Weiße Wände sind zwar etwas langweilig, eignen sich aber hin und wieder für kleine Gedankenexperimente.

Stellen Sie sich vor, Sie richten ein Objektiv auf eine solche Wand. Was wird das Bild sein?

Ein runder heller Fleck, der ebenso langweilig wie die Wand ist (Fachleute nennen ihn Bildkreis). Im Fall eines 1/3" Objektivs z.B. ist dessen Bildkreis etwas größer als die Diagonale eines 1/3" CCDs. Unser heller Fleck deckt also den Bildsensor vollständig ab.

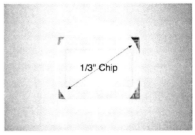

Ein 1/2" CCD läge allerdings bei Benutzung desselben Objektives an seinen Ecken im Dunkeln.

Das Format des Objektivs muss größer oder gleich dem des Bildsensors sein. Das nennt man eben Bildkreis.

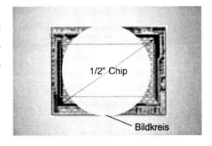

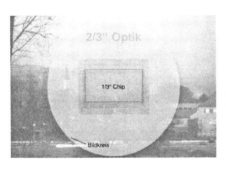

Benutzt man nun aber ein 2/3" Objektiv auf einem 1/3" Sensor, so wird man einen Bildkreis haben, der weit über die Abtastfläche hinaus strahlt und der kleine 1/3" Sensor sieht nur noch das, was in der Mitte des Bildkreises passiert ..... man hat die Brennweite verändert...

Wenn also aus seinem teuren Weitwinkelobjektiv ein kleines Teleobjektiv geworden ist, könnte es daran liegen, dass man ein 2/3" Objektiv auf sein 1/3" Kamera geschraubt hat.

Bei der Wahl gleicher Bildausschnitte für 2/3" und 35mm Kameras ändert sich der Abbildungsmaßstab um den Faktor 2,5 und damit auch die Brennweite des Objektivs.

So entspricht eine 35mm Filmbrennweite $f35 = 50mm$ einer Brennweite im 2/3" Bereich von $f\,2/3" = 20mm$.

Durch die optischen Gesetze haben die veränderten Brennweiten Auswirkungen auf die optische Auflösung und die Schärfentiefe der beiden Medien. Diese sollen im folgenden Kapitel betrachtet werden. Um es aber vorweg zu nehmen:
Um eine äquivalente optische Auflösung von z. B. 20 Lp/mm (Linienpaare/mm) bei 35mm Film auf einem CCD darzustellen, benötigt man eine Auflösung von 50 Lp/mm.
Daraus folgt, dass auch die Güte der Objektive im HD-Bereich diese Anforderungen erfüllen müssen.

Als große Besonderheit auf den Messen wird häufig wieder der Umstand angepriesen, dass man hochwertige Fotooptiken adaptieren könne..... und spätestens da wird es ganz abenteuerlich:
Stellen Sie Sich das ganze noch einmal vor dem Hintergrund vor, dass Sie eine Fotooptik verwenden: denn der 1/3" Sensor ist ja bekanntlich nur 4,8 x 3,6 mm groß, und in der 16:9 Projektion sogar nur 2,9 mm hoch. Die Fotooptiken sind aber für 36 x 24 mm gemacht, als für eine verhältnismäßig „große" Fläche, selbst gegenüber 35mm Cine– Primes, die nur die halbe Fläche bedienen müssen, denn das Kinoformat liegt ja quer zur Filmperforation so dass sie einen andern Verlängerungsfaktor haben als Fotoobjektive.

Benutzt man also solche Objektive, „sieht" der Bildsensor nur noch die innersten Punkte der optischen Projektion..... „super Tele", könnte man das dann nennen, wenn da nicht

noch andere Abbildungsfehler wären, die bei derartigen Vergrößerungen natürlich ebenso ansteigen und die Abbildung unbrauchbar machen.
Hinzu kommt, dass moderne Fotoobjektive, beispielsweise für Digitalkameras, gar keine mechanische Blendeneinheit mehr haben, sondern die Belichtung über die Bildintegrationszeit des Bildsensors vornehmen.
Nun könnten Sie natürlich versuchen, die Belichtungszeit mit dem Shutter des Camcorders in den Griff zu bekommen ... aber lassen Sie uns hier nicht weiter überlegen denn diese Versuche werden alle keine wirkliche Freude bereiten.... und natürlich kommt auch noch hinzu,

dass all die Steuerungen (Zoom, Blende, ggf. Schärfe) nicht mehr ü-
ber die Steuerelektronik der Kamera vorgenommen werden können.
Und wer hat schon Lust, die Belichtung immer über den Shutter einzustellen und über „Zebra" die Belichtung zu beurteilen??

Wir haben also gesehen, dass die Optik möglichst präzises auf die
Größe der Projektionsfläche angepasst sein muss und werden das
noch genauer betrachten.
Nachdem wir also das passende Objektiv für unsern Sensor heraus-
gefunden haben, sollten wir uns einmal die Güte des „Glases" ansehen.

Wie wir schon festgestellt haben ist Schärfe etwas ganz subjektives
und alles andere als ein wissenschaftlich oder messtechnisch eindeu-
tiger Begriff. Er hat etwas mit unserem Eindruck zu tun.
Deshalb lässt der sich sehr schwer in messbare Werte fassen und
wenn Sie für ein gutes Objektiv, selbst im Prosumer Bereich, noch um
die 8.000 -10.000 Euro ausgeben müssen, werden Sie Sich schon
nicht so gern auf den *„guten Geschmack"* des Verkäufers einlassen,
sondern wahrscheinlich auch gern ein paar handfest überprüfbare
Fakten in Händen halten.
Bei den Profis, die für gute Objektive schnell mal 20.000 bis 30.000
EUR ausgeben müssen, ist das gar keine Frage.
Also hat man ein Verfahren entwickelt, mit dem man Objektivgüten
messen und sie so auch vergleichen kann.
Nun wird ein Schärfeeindruck oft aber nicht mit dem Objektiv erzeugt,
sondern mit der nachgelagerten Elektronik.
Verlassen Sie Sich also nicht auf solche Vergleiche. Wenn Sie Objektivgüten feststellen wollen, dürfen Sie auch nur die Objektivwerte mit-
einander vergleichen, nicht aber die Leistung der nach geschalteten
elektronischen Filter.

MTF (Modulations–Übertragungs–Funktion)

Der Begriff für die Güte der Abbildungsleistung heißt MTF[2]
Ein grundlegendes Problem bei der qualitativen Beurteilung von
Objektiven ist, eine objektiv meßbare Größe für den subjektiven
Eindruck "Schärfe" zu finden.
Fragt man Sie, was Sie unter Schärfe verstehen, würden Sie wahr-
scheinlich richtig antworten, die Fähigkeit zur Auflösung feinster De-
tails.
Und das Maß dafür? Nun, das Maß ist die MTF.
Man nehme einen Auflösungstest, bestehend aus abwechselnd dunk-
len und hellen Balken gleicher Breite und mit verschiedener Feinheit
der Strukturen, wie dies z.B. die nachfolgende Abbildung (in vereinfachter Form) zeigt.

Dieser setzt sich, wie wir an dem kleinen Kamera- Vergleichsbild
schon gesehen haben, aus der Kantenschärfe und dem Kontrast zu-
zusammen:

In der Abbildung rechts sind die oberen Kanten scharf, die unteren
unscharf. Links ist der Kontrast höher
als rechts. Der subjektive Schärfeeindruck ist links oben am höchsten,

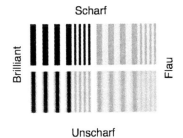

Scharf

Brilliant — Flau

Unscharf

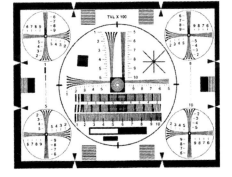

rechts unten am niedrigsten.
Früher hat man zur Quantifizie-
rung der Schärfeleistung lediglich das Auflösungsvermögen
gemessen und den Kontrast
scheinbar Außeracht gelassen:

---

[2] Modulation transfere function /Modulations Übertragungs Funktion

Durch Abbilden schwarzweißer Linienmuster verschiedener Größe (Siemensstern, Balkenmiren) wurde ausgelotet, wie viel Linien (eigentlich Linienpaare, schwarz und weiß) noch abgebildet (aufgelöst) werden konnten und ab wann sich eine einheitlich graue Fläche ergab. Das Ergebnis ist die maximale Auflösungsfähigkeit des Objektivs in Linienpaaren pro Millimeter (Lp/mm), in Abhängigkeit von der Lage im Bild (Mitte oder Ecke) und der Blende.

Im praktischen Einsatz haben derart hohe Kontraste jedoch eine untergeordnete Bedeutung. Der subjektive Schärfeeindruck der Bilder eines Objektivs, das geringer auflöst, dafür aber kontrastreicher abbildet, kann bei vielen Betrachtern höher sein, wie wir an dem kleinen Vergleichsbild gesehen haben.

Daher korreliert man heutzutage die Größen Kontrastübertragung und Auflösung zur Modulations– Übertragungs – Funktion.
Zur Messung benutzt man geätzte Gitter, bei denen schwarze Linien mit durchsichtigen, gleich breiten Zwischenräumen abwechseln.

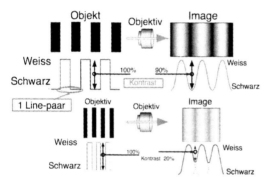

Die Breite eines schwarzen Balkens + einer Lücke ist ein Liniepaar (Lp).
Die Linienpaare, (Lp/mm) bezeichnet man als Ortsfrequenz.
Misst man die Helligkeitsverteilung vor dem rückseitig beleuchteten Gitter, ergibt sich aufgrund der Beugung eine sinusförmige Kurve (Objektkurve).
Bildet man das Testgitter durch eine zu prüfende Optik ab, lässt sich

die Messung im Abbildungsbereich wiederholen (Bildkurve).
Bei einer perfekten Abbildung sind die Kurven identisch, ansonsten ist die Amplitude (entspricht dem Hell/Dunkel– Unterschied) der zweiten Kurve geringer.
Das Verhältnis der Amplituden

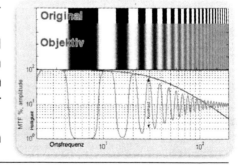

y'/y, der Modulations–Übertragungs–Funktion MTF, beträgt also im Fall der optimalen Wiedergabe 1 oder 100%.

Dieser Faktor hängt natürlich von der Ortsfrequenz ab, mit zunehmender Ortsfrequenz, also mit geringer werdendem Abstand der „Balken" wird er kleiner, bis er schließlich an der Auflösungsgrenze der Optik null erreicht.

Weitere Abhängigkeiten bestehen von der Lage im Bildfeld, normal ist ein Qualitätsabfall zum Rand hin, und von der Blende.

Um zu aussagekräftigen Daten zu kommen, wählt man zunächst die Ortsfrequenzen aus, die hohe praktische Bedeutungen haben.
Üblich sind 10, 20 40 und 60 Lp/mm

Da das Auge nur etwa 6 Linienpaare pro Millimeter auflöst, sind höhere Ortsfrequenzen von geringer Bedeutung:
Eine Auflösung des Bildes von 40 Lp/mm erlaubt so eine achtfache lineare Vergrößerung, ohne dass augenfällige Unterschiede sichtbar werden.

Bei noch stärkerer Vergrößerung wird die schlechtere Auflösung durch den steigenden Betrachtungsabstand kompensiert.

Eine typische MTF–Kurve zeigt zum Beispiel für eine bestimmte Blende und Ortsfrequenz die Modulations– Übertragung in Abhängigkeit vom Abstand zur Bildmitte.

Häufig werden für sagittale und tangentiale Gitteranordnung unterschiedliche Kurven gemessen.

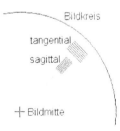

Die EBU[3] hat für HD Objektive eine Anforderung erstellt:
Nach diesen Anforderungen müssen die Objektive eine Modulationstiefe um Grenzortsfrequenzbereich von mehr als 80% (Bildmitte) besitzen. Die Grenzortsfrequenz eines 2/3" HD Systems mit 1280 aktiven horizontalen und 720 aktiven vertikalen Pixels liegt bei 66 LP/mm.

Weiterhin erhält man durch die Auftragung einen guten Eindruck vom Qualitätsabfall zum Bildrand und vom Gewinn durch Abblenden.

---

3 European Broadcast union, Europäische Broadcast Union

Die praktische Bedeutung einer guten Modulationsübertragung bei 66 Lp/mm, also die kontrastreiche Wiedergabe schon sehr feiner Details, erschließt sich aber erst, wenn die Aufnahme stark vergrößert oder groß projiziert wird.

Die Modulationsübertragung bei niedrigen Ortfrequenzen wie 10 Lp/mm entscheidet über den **subjektiven** Kontrasteindruck bei der Betrachtung des Bildes, hier sind geringe Unterschiede auch schon bei kleinen Vergrößerungen auffällig.

Aber was ist beispielsweise an den alten Objektiven auszusetzen, die auf den analogen oder digitalen SD Kameras im Einsatz waren.
Man könnte meinen Broadcast-Qualität bleibt Broadcast Qualität.

Das HDTV Signal hat aber das Potential, bis sechsmal mehr spartial Detail darzustellen als das beste 4:2:2 digital 4:3 (SD) Signal. Um der drastischen Zunahme an Detailreichtum entsprechen zu können muss die Linse eine entsprechende Qualität haben.

Vergleichen wir hierzu einmal die zuvor erklärte MTF Methode, also den Faktor, der das Kontrastverhalten bei zunehmender Schärfe aufzeigt:

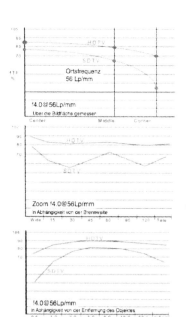

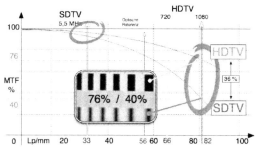

Die Darstellung zeigt eindrucksvoll, den Kontrastverlauf (MTF) der einzelnen Objektive, die sich sogar schon im Bereich des Fernsehens mit Standardauflösung (SD) bemerkbar macht, denn der fast lineare Verlauf bei 5,5 MHz (rote senkrechte Marke) ergibt bereits eine bessere Kontrastausbeute, die vom Zuschauer letztlich als bessere Schärfe interpretiert wird.

Der Einsatz eines HD-Objektivs auf einer SD Kamera verspricht also bereits bessere Bilder in SD, als die Verwendung des dazugehörigen SD- Objektivs.

Betrachtet man dahingegen die erforderliche Ortsfrequenz für eine HD Übertragung (grüne Marke), so sieht man bereits den deutlichen Abfall im Verlauf der Kurve. Das Bild liegt mit 40% Kontrastanteil bereits in einem Bereich, in dem die Qualität schon erheblich nachgelassen hat.

Die weiteren Werte in den Abbildungen zeigen sehr deutlich, dass SD– Objektive im Verhältnis zu modernen HD Optiken generell stark abfallen.

Andere Objektive sind bei HD- Kameratypen nur schwer vorstellbar und erst recht keine 2/3" Objektive aus der guten alten SD Zeit auf ½" oder 1/3" Kameras...

Sie bieten keine ähnlichen Bilder, wie auf den alten SD– oder Filmkamera, weil sie für eine andere Auflösung gebaut und optimiert wurden... außerdem, was in SD noch durchaus scharf aussah, muss in HD noch lange nicht auch scharf dargestellt sein.....

Allerdings wird anders herum „ein Schuh" daraus. Moderne Optiken bringen auf SD Kameras sehr wohl einen deutlichen Gewinn an Schärfe, weil Bandbreite von 5,5 MHz im oberen Grenzbereich, wie wir gesehen haben, erheblich besser ausgenutzt wird. (0–33 LP/mm)

Durch die Fortschritte, die sich durch Multicoating, besondere Glassorten, Fertigungsverfahren für Asphären und vor allem durch moderne Optikrechner ergeben haben, sind heutzutage preislich relativ günstige Objektive auf einem erstaunlich hohen Leistungsniveau.

Interessiert man sich allerdings für die wenigen Objektive, die für 1/3" Sensorik angeboten werden, wird man schnell feststellen, dass sie preislich leicht in der Größenordnung des gesamten Kamerasystems liegen und man in der Addition sehr schnell in die Nähe der nächsten Preisklasse von HD Kameras angelangt ist.

Wo die Objektivhersteller „Farbe bekennen müssen" und ihre Produkte vor der kritischen Öffentlichkeit der Broadcaster mit der MTF belegen müssen, können die Camcorderhersteller, besonders Consumer- und Prosumer Klasse nach Belieben tricksen und mangelhafte Abbildungsleistungen durch das so genannte **„Kantenschärfen"** verbergen.

Kanten spielen im menschlichen Sehvermögen eine übergeordnete Rolle. Bildinhalte werden bereits erkannt, wenn nur wenige Konturen vorhanden sind, (siehe Karikaturen).

Auch der subjektive Schärfeeindruck steht damit, wie wir am Anfang des Buches gesehen haben, im direkten Zusammenhang.

Technisch gesehen sind Kanten Bildorte, an denen sich die Intensität auf kleinem Raum stark verändert.

Die Bildintensität bezogen auf die Bilddistanz wird durch die Ableitung der Bildintensität entlang der Bildzeile gemessen.

In der derzeitigen Videotechnik wird der Nulldurchgang durch eine zweite Ableitung bestimmt, weil einfache Ableitungen problematisch bei Kanten 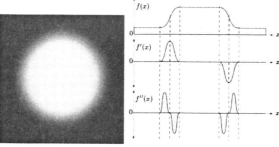 mit nur geringem Helligkeitsanstieg sind.

Gradientenfilter haben aber Hochpaßeigenschaften und verstärken dadurch das Bildrauschen. Weil die zweite Ableitung aber noch emp-

findlicher gegen Rauschen ist, muss das Bild gleichzeitig geglättet werden.

Im Wesentlichen werden dabei also zwei Operationen zur Bildverbesserung durchgeführt: eine lineare Kantenanschärfung und eine anschließende Rauschreduktion.

Da diese Prozesse aber eingebettet in die Echtzeitverarbeitung einer Aufnahme stattfinden müssen, in der ja bekanntlich nur ein begrenztes Zeitfenster pro Bild zur Verfügung steht, hat man einen dynamischen Prozess daraus gemacht und lässt die

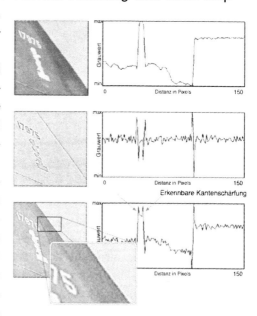

Funktionen nacheinander ablaufen. Allerdings wird die Bildvorlage nicht mehr sequentiell abgearbeitet, sondern in Abhängigkeit vom Bildinhalt.

Dabei werden für die Kantenanschärfung Bildinhalte mit der größten Aktivität vorrangig behandelt, weil die Blickaufmerksamkeit des Zuschauers vornehmlich auf den aktiven Bildinhalten liegt, während zur Rauschreduktion homogene Bildbereiche priorisiert werden.

Für die Festlegung der jeweiligen Bearbeitungsreihenfolge muss für jedes Frame eine Bildinhaltsanalyse durchgeführt werden, bei der die Reihenfolge in Abhängigkeit der Aktivität des Bildinhaltes festgelegt wird.

Messungen haben gezeigt, dass diese Bildanalyse nur 6% des Gesamtaufwandes ausmacht, also vernachlässigbar klein ist. Die inhaltsabhängige Reihenfolge bei der Bearbeitung der Bildvorlage kann so schon bei frühzeitigem Abbruch eine Ausgabe in bestmöglicher Qualität sicherstellen.

Die Darstellung zeigt Bildverbesserung durch Kantenanschärfung von nur 20% des Bildinhaltes. Links: zeilenweise Abar-

beitung der Bildvorlage mit der ersten Zeile beginnend, rechts: Abarbeitung in Abhängigkeit vom Bildinhalt bei der größten Bildaktivität beginnend. Das Bild verdeutlicht das am Beispiel der Kantenanschärfung. Hier wird das Ergebnis einer 6 dB - Kantenschärfung von 20% des Bildinhaltes bei sequentieller und bei inhaltsabhängiger Bearbeitungsreihenfolge miteinander verglichen.

Deutlich ist die bessere Gesamtqualität bei inhaltsabhängiger Bearbeitungsreihenfolge erkennbar. Insgesamt kann so eine quasi stufenlose Verbesserung der Ausgabequalität erreicht werden.

Bei der Kantenschärfung entsteht eine Art "Überschwinger" im negativen Bereich. Im Bild wirkt sich das wie eine feine Linie, gleicher Intensität, jedoch negativ direkt nebeneinander aus.

So werden MTF-Tests, wie sie häufig im Consumer-Bereich von den "selbsternannten" Testlabors der Publikationen nicht mehr aussagefähig, weil sie mit den realen Objektivwerten der Hersteller nicht mehr vergleichbar sind. Nur selten finden sich Tester, die

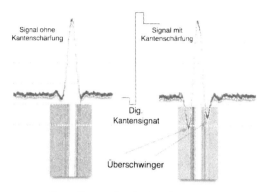

die Kantenschärfung der Kameras, die oft nur im Labyrinth der Menüs zu finden sind, vor dem Test abschalten, bzw. auf "Null[4]" setzen.

Man kann aber die Abbildungsleistung von Objektiven nur miteinander vergleichen, wenn nach geschaltete Manipulationen umgangen werden.

Nachteilig ist auch, dass Kantenschärfung nicht nur vom Camcorder vorgenommen wird. Filter in NLEs, Kantenschärfung in Monitoren und TV Geräten und oft auch in DVD Playern greifen zusätzlich zu diesem Mittel und erzeugen in der Kette ein geradezu unansehnliches Bild mit erheblichen Überzeichnungs-Artefakten.

Es ist also eine Abbildungsschwäche des Objektives, die die Hersteller versucht zu verbergen, die aber im Kameraergebnis nicht offensichtlich zu einem vermeintlich "schlechten" Bild führen muss, wohl aber in der Darstellungskette danach dazu führen kann.

---

[4] Werte, je nach Hersteller unterschiedlich.

Etwas als visuell scharf zu empfinden, ist wohl am ehesten mit "es gut erkennen können" zu definieren. Das was auf der Aufnahme gut zu erkennen ist, muss deshalb aber nicht zwangsläufig eine gute Reproduktion des Motivs sein. Vielfach wird eine verminderte Auflösung, verbunden mit der beschriebenen Kontrastanhebung im Vergleich zu einem höher aufgelösten Bild, bei realistischer Kontrastwiedergabe, sogar als Schärfer empfunden.

Genau das machen sich fast alle auf das Consumer- Segment ausgerichteten Camcordern - bei der Bildaufbereitung zu nutze. Der Gesamtkontrast wird angehoben, die Farbsättigung wird heraufgesetzt und der Kantenkontrast wird aufgesteilt.
In der Folge geht aber immer Auflösung verloren. Doppelte Linien werden erzeugt und das so entstandene Rauschen muss wieder kompensiert werden. Häufig liest man von einer so genannten agressiven Bildaufbereitung: genau das ist damit gemeint!
Bei eher professionell ausgerichteten Kameras arbeitet die interne Software in der Standardeinstellung sehr viel diskreter. Der Schärfeneindruck mag geringer sein, das Bild besitzt aber sehr viel mehr Informationen, die für die weitere Bearbeitung in der Postproduktion zur Verfügung stehen.

Die bisherigen Techniken schärfen zwar Kanten, können aber kein verloren gegangenen Details hinzufügen.
Hier gibt es mittlerweile Bildmodelle, die aus einer angelegten Datenbank herausgesucht werden und durch Interpolation so angepasst werden, dass sie möglichst gut an die unscharfen Stellen passen.
Natürlich werden solche Techniken zunächst für Sicherheitszwecke eingesetzt, bevor sie dem Consumermarkt zur Verfügung stehen. So auch mit dieser Technik, die aus unvollständigen Bildern, Rekonstruktionen errechnet:

Rechenergebnis   Original

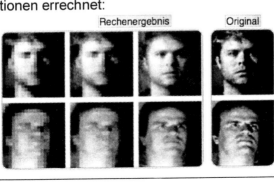

Die Frage stellt sich nur, ob derartige Features, obwohl sie technisch zur Kantenschärfung gehören, noch in den Bereich der Kamera anzusiedeln sind oder nicht bereits ein wesentlicher Teil der Post-Produktion sind. Aber darüber könnte man zum Thema DoF (Tiefenschärfe) auch diskutieren. Insofern ist es jedenfalls gelungen, Mängel des Systems in Stärken umzuwandeln.

Die optimale Schärfe

So, nun haben wir von MTF und Objektiven, von Kantenschärfung und Kontrast gehört und damit das „Rüstzeug", einmal die Frage zu stellen, wie denn eine optimale Lösung aussieht, denn was passiert eigentlich, wenn man es mit den Güten übertreibt?

Wir haben festgestellt, dass die Auflösung allein kein Maß für die Bildschärfe ist sondern dass der Kontrast der Strukturen (in Lp/mm) eine wesentliche Rolle spielt und je höher dieser Wert, umso besser ist die Optik.

Die Frage, die sich daraus ergibt, ist, bis zu welcher Strukturfeinheit dies eigentlich sinnvoll ist.

Man muss sich also bewusst sein, was das menschliche Auge eigentlich noch auflösen kann.

Angesprochen haben wir es schon und bevor wie hier in die Physis des Auges einsteigen, lehnen wir uns der Einfachheit halber an die Empfehlung der EBU an, die für das Fernsehen von einem Vergrößerungsfaktor vom 7-8-fachen ausgeht.

Aus den vielen versuchen, die dazu angestellt worden sind, ist als Ergebnis u.A. hervorgegangen, dass das Auge eine Grenzauflösung von **6 Lp/mm** hat.

Was also darüber liegt, wird vom Auge gar nicht mehr erfasst.

Berechnen wir ein Beispiel:

Das Objektiv hat eine Auflösung von 75Lp/mm. Vergrößert man das Bild jetzt um das 7,5-fache, so ergibt das eine Auflösungsgrenze von 10Lp/mm, oder zurück gerechnet, wäre bei den erforderlichen 6 LP/mm eine Objektivauflösung von (6x7,5)=45Lp/mm völlig ausreichend.

Ich gebe zu, es ist etwas schwer vorstellbar, was die schwarzen und weißen Balken mit der Wirklichkeit zu tun haben, in der es auf feine, komplizierte Strukturen und Verästelungen aus Licht und Schatten ankommt.

Die Antwort ist, nimmt man es wissenschaftlich exakt, ziemlich kompliziert, kann aber auf einen einfachen Nenner gebracht werden: Jede

Helligkeits- und Strukturverteilung im Objekt kann man sich zusammengesetzt denken als eine Summe von periodischen Strukturen verschiedener Feinheit und Orientierung, wobei die Balkengitter-Tests nur ein einfaches Beispiel waren.

Anstelle der abrupten Hell-Dunkel-Übergänge müssen nur weichere Übergänge betrachtet werden mit "harmonischerem" Verlauf, genauer: sinusförmigem Verlauf.

Die Summe aller dieser Linien (Linienpaare/mm) verschiedener Orientierung ergibt die Objektstruktur. Diese wird nun dem Objektiv zur Abbildung in die Bildebene angeboten.

Das Objektiv schwächt den Kontrast der einzelnen Komponenten gemäß seiner Kontrastübertragungsfunktion und produziert wiederum ein Bild auf dem Sensor, das dem Objekt mehr oder weniger gut entspricht.

Damit können wir die eingangs gestellte Frage, was eigentlich Bildschärfe ist, wie folgt zusammenfassen:

Möglichst hohe Kontrastwiedergabe für grobe und feine Objektstrukturen (ausgedrückt in Linienpaaren pro mm) bis zu einer von der Anwendung abhängigen höchsten Linienpaarzahl.

Diese Grenze ist abhängig vom Aufnahmeformat und der beabsichtigten Endvergrößerung und wird entscheidend mitbestimmt von der höchsten Linienpaarzahl, die das Auge in der Endvergrößerung noch erkennen kann (ca. 6 Lp/mm).

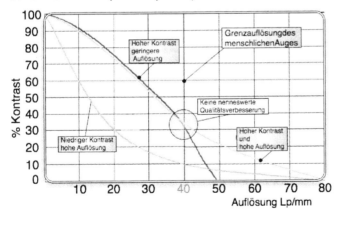

Das Resultat ist ernüchternd und zeigt, dass es bei den derzeitigen Vergrößerungen vom 7-8-fachen wenig Sinn macht, die Auflösungen derart ins Extrem zu treiben.

Eine Voraussetzung ist dabei allerdings wichtig:
Auch der Bildsensor muss diese Linienpaar-Zahl mit möglichst hohem Kontrast übertragen!
Der Sensor kann diese Linienpaarzahl aber nur übertragen, wenn ge-

rade ein dunkler Balken auf ein Pixel fällt, und ein heller Balken auf das benachbarte Pixel. Oder umgekehrt: Die höchste Linienpaar-Zahl R_N , die ein Sensor mit dem Pixelabstand p übertragen kann, ist gleich:

$$R_N = \frac{1}{2*p} \quad Lp/mm$$

Diese Auflösung muss an der Leistungsgrenze des Sensors ausgerichtet werden.

Die Tendenz in der Halbleiterindustrie, immer kleinere Strukturen auf engstem Raum unterzubringen, hat ihre Antriebsfeder in der Tatsache, daß die Kosten eines Bauteils (z.B. Bildsensors) mindestens proportional mit der Fläche anwachsen. Zurzeit sind die kleinsten reproduzierbaren Strukturen von der Größe ¼ µm (das ist ein viertel eines tausendstel Millimeters!) und in den Forschungslabors der Halbleiterindustrie wird an der Realisierung noch kleinerer Strukturen bis hinab zu $^1/_{10}$ µm gearbeitet. Daher ist es realistisch anzunehmen, daß diese Entwicklung auch den Halbleiter-Bildsensoren beeinflussen wird, wobei eine Untergrenze für die Pixelfläche gegeben sein wird durch die sinkende Empfindlichkeit. Diese Grenze wird jedoch nicht über 5 µm liegen, wie schon jetzige ¼ Zoll-Sensoren zeigen.

Dann besteht die Möglichkeit,

> bei gleicher Pixelzahl die Fläche des Sensors zu reduzieren, um ihn dadurch zu verbilligen, oder aber bei gleicher Fläche die Pixelzahl zu erhöhen, um die Bildqualität zu steigern.

Nun gilt es noch eine Besonderheit der digitalen Bildspeicher zu beachten, die mit der regelmäßigen Anordnung der Pixel zu tun hat, im Gegensatz zu der unregelmäßigen Kornstruktur eines Films.

Schaut man sich die Kontrastübertragung des digitalen Bildspeichers in der Nähe der höchsten übertragbaren Linienpaarzahl R_N genauer an, so erkennt man, daß für größere Zahlen der Kontrast nicht etwa plötzlich auf Null fällt, sondern daß eine eigentümliche Verringerung der wiedergegebenen Linienpaarzahl eintritt.

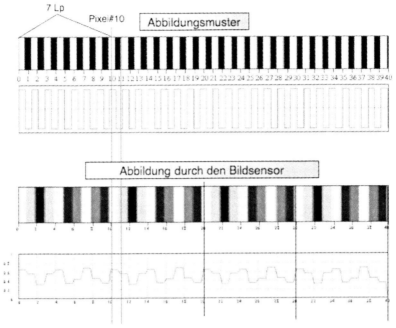

In der Abbildung oben ist das Abbildungsmuster zu erkennen, sowie die dazugehörige Helligkeitsverteilung zwischen 1 und 0 der hellen und dunklen Balken. Auf der horizontalen Achse ist die Ausdehnung der Pixel aufgetragen, im Beispiel von Pixel Nr. 1 bis Pixel Nr. 40. Man erkennt, daß auf 10 Pixel ca. 7 Hell / Dunkel Balkenpaare/ Linienpaare kommen. Die Balkenbreiten sind jetzt kleiner als ein Pixel (etwa Faktor 0,7), so daß auf ein Pixel ein heller, aber auch noch ein gewisser Anteil eines dunklen Streifens fällt. Das Pixel kann dies natürlich nicht mehr unterscheiden und mittelt die Helligkeit. Daher haben die aufeinander folgenden Pixel jetzt verschieden helle Grautöne je nach Flächenanteil der hellen und dunklen Balken auf dem Pixel.

Die Helligkeitsverteilung darunter zeigt, daß jetzt nur noch drei (grob gestufte) Übergänge von maximaler Helligkeit bis maximaler Dunkelheit pro 10 Pixel erfolgen. Eigentlich sollten es aber 7 Linienpaare pro 10 Pixel sein, wie im Abbildungsmuster. Die wiedergegebene Linienpaarzahl hat sich also verringert statt erhöht.

Grobe Bildfehler

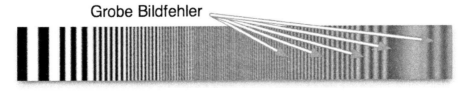

Das Bild hat nun keine Ähnlichkeit mit dem Objekt mehr, es besteht nur noch aus Fehlinformation!

Wenn man bedenkt, daß die höchste übertragbare Linienpaarzahl gleich 5 Linienpaare pro 10 Pixel ist, so erkennt man auch die Gesetzmäßigkeit für diesen eigentümlichen Informationsverlust:

Die über die maximale Linienpaarzahl von 5 Lp/10 Pixel hinausgehenden Linienpaare (7 Lp/10 Pixel - 5 Lp/10 Pixel = 2 Lp/10 Pixel) werden von der maximal wiedergebbaren Linienpaarzahl abgezogen (5 Lp/10 Pixel - 2 Lp/10 Pixel = 3 Lp/10 Pixel) und ergeben so die tatsächlich wiedergegebene (falsche) Struktur von 3 Lp/10 Pixel.

Die Kontrastübertragungsfunktion wird also an der maximal wieder-

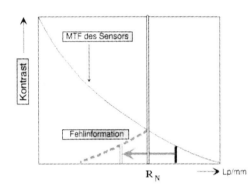

gebbaren Linienpaarzahl R_N gespiegelt.

Natürlich sind wir an der Wiedergabe dieser Fehlinformation nicht interessiert und es wäre ideal, wenn die Kontrastübertragung bei der maximalen Linienpaarzahl schlagartig auf Null sinken würde. In der Audiotechnik hat man früher dafür bei 20kHz einfach ein Tiefpassfilter eingesetzt. Leider ist dies nicht machbar, weder für die Optik, noch für den Bildsensor. Wir müssen also darauf achten, daß die gesamte Kontrastübertragung (aus Objektiv und Bildsensor) bei der maximalen Linienpaarzahl (R_N = 1/2 × p) genügend klein ist, damit diese Störungen nicht ins Gewicht fallen.

Andernfalls kann es passieren, daß eine gute Optik mit hohem Kontrast bei der Linienpaarzahl R_N schlechter beurteilt wird als eine weniger gute mit mäßigem Kontrast.

Die gesamte Kontrastübertragung (aus Objektiv und Halbleitersensor) setzt sich zusammen aus dem Produkt der beiden Kontrastübertragungsfunktionen. Dies gilt dann auch für den Kontrast bei der maximal übertragbaren Linienpaarzahl.

Für einen typischen Halbleiter-Bildsensor liegt der Kontrast dort bei etwa 30-50 %, so daß man sinnvollerweise für die Optik bei dieser Linienpaarzahl R_N etwa 20 % fordern sollte, damit die Fehlinformation sicher unter 10 % liegt (0,5 x 0,2 = 0,1).

Unsere Erkenntnisse aus dem formatgebundenen Ansatz müssen also ergänzt werden:

Die Kontrastübertragung bei der höchsten, durch den Sensor wiedergebbaren Linienpaarzahl R_N muss genügend **klein** sein, damit keine Falschinformation übertragen wird.

Andererseits soll die Kontrastübertragung bei der durch die Formatvergrößerung bedingten höchsten erkennbaren Linienpaarzahl möglichst **hoch** sein.

Dieser Widerspruch ist nur zu lösen, wenn die Grenz-Linienpaarzahl des Sensors (R_N) **deutlich höher** ist als die maximal erkennbare Linienpaar-Zahl.

Wir sehen daraus dass Objektiv+Bildsensor präzise aufeinander abgestimmt sein müssen, um ein gutes Bild zu ergeben.

Die einseitige Veränderung der Objektivebene, auch durch ein vermeintlich höherwertiges Objektiv kann durchaus auch zur Qualitätseinbuße führen.

Für wirklich qualitativ mangelhafte Bilder sind aber viel häufiger die bekannten physikalischen Fehler (Abbildungsfehler) verantwortlich als die optische Objektivleistung in ihrem Maximum.

Andererseits ist die korrekte Beachtung dieser Punkte unerlässlich, um die Vorteile guter Objektive auch wirklich nutzen zu können.

Wünschenswert ist es nach wie vor, dass sich „Tester" finden, die nicht nur hergehen, und Objektive im Bereich der „förderlichen Blende" begutachten, sondern die Objektive an ihre Leistungsgrenzen bringen und diese Ergebnisse den Lesern ihrer „Fachblätter" nicht vorenthalten.

Statt einer neuen Anzeigenschaltung sollten sie dann dem Hersteller lieber einmal die Möglichkeit zur Stellungnahme einräumen.

Dem Leser ist mehr mit der Wahrheit als mit der Schönfärberei gedient.

Abbildungsfehler

Eine einzelne Linse verursacht zahlreiche Abbildungsfehler, die sich in Unschärfen, Farbsäumen und Verzerrungen äußern.
In Objektiven kombiniert man daher mehrere Linsen aus unterschiedlichen Glassorten, um die Fehler möglichst weitgehend zu eliminieren.

Diese Korrektur ist so weit fortgeschritten, dass heute nur wenige Leistungsschwächen in der Abbildung eindeutig einem dieser Fehler zugeordnet werden können, was zwangsläufig Objektivtests komplizierter macht.

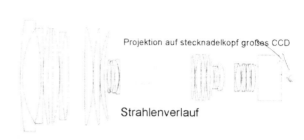

Projektion auf stecknadelkopf großes CCD

Strahlenverlauf

Die Sphärische Aberration
(Öffnungsfehler) tritt auf, weil die Linsenoberfläche eine Kugeloberfläche beschreibt.
Die Bündelung parallel eintreffender Strahlen in einen Brennpunkt ist daher nur für achsennahe Strahlen gegeben. Asphärische Linsen mit parabelförmigem Querschnitt vermeiden diesen Fehler, sind aber in hoher optischer Qualität sehr teuer zu fertigen.

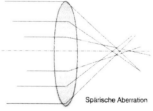

Spärische Aberration

Das scharfe Kernbild wird durch die sphärische Aberration von einem unscharfen überlagert, was bei Weichzeichnerobjektiven, bei denen dieser Fehler absichtlich unterkorrigiert ist, ausgenutzt wird.
Die Bildschärfe lässt sich durch Abblenden wesentlich steigern, allerdings verschiebt sich dabei die Ebene der maximalen Bildschärfe (Fokusverschiebung), was ein Nachfokussieren notwendig macht.

Die Chromatische Aberration
(Farblängsfehler) tritt auf, weil der Linsenrand das Licht wie ein Prisma in

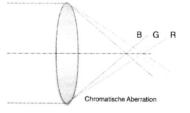

B G R

Chromatische Aberration

seine spektralen Bestandteile zerlegt. Schlechte Korrektur führt im Bild zu Farbsäumen.

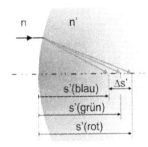

Da das Licht, das die Linse am Rand passiert, am meisten zur Aberration beiträgt, verringern sich diese Fehler mit dem Abblenden. Er lässt sich korrigieren, indem zwei Linsen aus unterschiedlichen Glassorten zu einer sog. Gruppe zusammengekittet werden.

Man wählt die Glassorten so, dass der rote und der blaugrüne Spektralteil zusammenfällt. Man bezeichnet diese Konstruktionen als Achromaten, den nicht korrigierten Spektralteil als sekundäres Spektrum.

Aufwendigere Konstruktionen, bei denen drei Wellenlängen zusammenfallen, bezeichnet man als Apochromaten. Der Mehraufwand lohnt sich insbesondere bei langen Brennweiten.

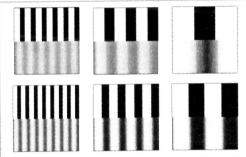

Die Abbildung zeigt die Farbsäume, wie sie in der **Bildebene** (also auf der Oberfläche des Bildsensors) durch das Objektiv entstehen.

Die Testgitterstruktur (also jeder weiße bzw. schwarze Balken) hat dabei eine Ausdehnung von 1 Pixel, 2 Pixel und 4 Pixel (von links nach rechts). Übliche Pixelgrößen für digitale Kameras liegen zwischen 2,8 und 3,5 µm, das sind 2,8 bis 3,5 tausendstel Millimeter! Für 3 µm Pixelgröße ergibt

dies Strukturfeinheiten von 160, 80 und 40 Linienpaare pro Millimeter.

Allerdings "sieht" der Bildwandler die Farben anders: jedes Pixel mittelt dabei die Helligkeit und Farbe über seine lichtempfindliche Fläche. Dabei entsteht pro Pixel ein

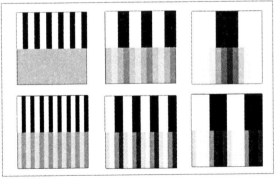

einheitlicher Farbton und eine einheitliche Helligkeit, wie auf der Abbildung gezeigt.

Der Bildsensor besteht aus regelmäßig angeordneten, quadratischen Bildelementen, den Pixels. Anders als bei der herkömmlichen Filmaufnahme auf Celluloid, wo die lichtempfindlichen Elemente aus unregelmäßig geformten Kornstrukturen bestehen, treten die Farbsäume bei Kantenübergängen an der regelmäßigen Pixelstruktur besonders auffallend in Erscheinung.

Farbsäume können also neben der Optik noch in anderen Gliedern der Übertragungskette entstehen, z.B. durch das Mosaikfilter des Bildwandlers und bei der digitalen Bildverarbeitung (digitale Farbinterpolation).
Eine gute Farbkorrektur für Objektive ist erreicht, wenn die Farbsäume eine Ausdehnung von weniger als 2 Pixels bei relativ geringer Farbsättigung aufweisen.

Allerdings hält die Korrektur von Chromatischer Aberration bereits Einzug in die Kameras. Die NHK hat für ihre 8k (Ultra-HD) Kamera ein Verfahren entwickelt, das diesen Abbildungsfehler beseitigt.
Mehr dazu im Kapitel „Camcorder und Entwicklung".

Der **Farbvergrößerungsfehler**

(Farbquerfehler) hat eine ähnliche Ursache wie die chromatische Aberration:
Die roten, grünen und blauen Teilbilder werden unterschiedlich groß abgebildet. Dies hat zur Folge, dass der Fehler in der Bildmitte nicht, zum Rand und zu den Ecken hin jedoch immer stärker auftritt. Der Fehler ist unabhängig von der Blende, die Korrektur bei der Objektivkonstruktion erfolgt wie bei der chromatischen Aberration.

Farb- Vergrösserungs- fehler

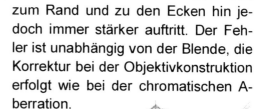

Koma

Die **Koma**

(Asymmetriefehler) kommt zustande, weil sich bei einem schrägen Eintritt des Strahlenbündels die sphärische Aberration aufgrund der Asymmetrie stärker auswirkt.
Ein Lichtpunkt in der Bildecke wird bei einem unkorrigierten Objektiv oval mit unscharf verlaufender Seite (kometenartig) wiedergegeben. Bei der Korrektur spielt die Lage der

Blende eine wesentliche Rolle, eine vollständige Korrektur ist bei einem völlig symmetrischen Objektivaufbau mit mittiger Blende möglich. Abblenden verringert den Fehler. Mitunter ist die Koma auch bei heutigen Objektiven bei starken Kontrasten und großer Blende noch sichtbar, zum Testen empfiehlt sich z. B. der Sternenhimmel.

Astigmatismus

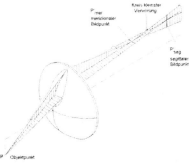

(Punktlosigkeit) betrifft auch Strahlenbündel, die schräg eintreffen:

Der Querschnitt dieses Strahlenbündels ist in der Schnittebene der Linse nicht kreisrund, sondern elliptisch.

Die längere (meridionale) Schnittebene unterliegt daher einer stärkeren sphärischen Aberration als die kürzere (sagittale). Damit ergeben sich für diese Strahlenbüschel unterschiedliche Brennpunkte. Ein heller Punkt am Bildrand wird daher als tangentialer (im sagittalen Brennpunkt) oder radialer Strich (im meridionalen Brennpunkt) in zwei Ebenen abgebildet.

Der Fehler äußert sich in Schärfeabfall zum Bildrand hin, Abblenden bringt Verbesserung.

Die **Bildfeldwölbung**

ist insbesondere bei Weitwinkelobjektiven ein Problem, eine schlechte Korrektur führt zu unzureichender Schärfe am Bildrand (oder in der Mitte, je nach Fokussierung) bei großen Blenden.

Beim Abblenden spielt sie wegen der höheren Schärfentiefe eine geringere Rolle. Sie kommt zustande, weil achsferne Punkte näher zur Hauptebene abgebildet werden als achsnahe.

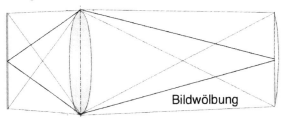

Bildwölbung

Aufgrund des Astigmatismus treten darüber hinaus zwei Bildschalen auf, eine für meridionale und eine für sagittale Strahlenbüschel.

Vignettierung

(Abdunkelung der Ecken) tritt ebenfalls hauptsächlich bei rectilinearen Weitwinkelobjektiven auf.

Sie ist kein linsentypischer Abbildungsfehler, da man sie auch bei Lochkameras beobachtet: Schaut man schräg auf das Loch, erscheint es kleiner.

So gelangt weniger Licht hindurch, die Bildecken werden weniger belichtet. Sie ist somit geometrisch bedingt, ihre Korrektur ist schwierig. Sie stört jedoch nur, wenn der Lichtverlust zur Ecke mehr als eine Blende beträgt.

Bei einigen extremen Weitwinkelobjektiven kann man beobachten, dass die Eintrittspupille größer wird, wenn man das Objektiv kippt, durch eine solche Konstruktion wird die Vignettierung verringert. Weiterhin ist die Kompensation über ei-nen speziellen Filter möglich, der in der Mitte neutralgrau ist und zum Rand hin verläuft (Radial– Graufilter).

Dabei ist das zum Objektiv passende Filter zu verwenden, wenn es eines gibt. Ansonsten muss man mit der Vignettierung leben.

Vignettierung findet aber auch auf dem Micro-Linsen der Bildsensoren statt, weil die Linsen symmetrisch aufgebaut sind und schräg einfallendes Licht daher nur einen Teil der Photodiode trifft.

In CMOS Sensoren können diese Effekte durch veränderte, pixelorientierte Verstärkungsanhebungen bereits weitgehend kompensiert werden. Das ist in CCD Sensoren nicht möglich.

Verzeichnung

(Distorsion) ist die gekrümmte Wiedergabe gerader Linien am Bildrand.

Auch wenn die sphärische Aberration für große Aufnahmedistanzen korrigiert ist, tritt sie für sehr kurze Distanzen (Abbildung der Blende!) noch auf.

Da die Bildpunkte (Unschärfekreise) Abbildungen der Blende sind, ist die Lage der Blende im Objektiv wesentlich. Bei einer Blende vor dem Objektiv tritt tonnenförmige Verzeichnung auf, bei einer Blende hinter

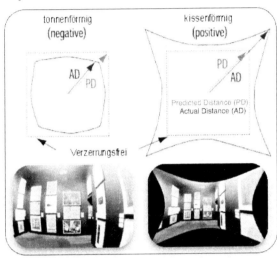

dem Objektiv kissenförmige. Durch symmetrischen Objektivaufbau mit mittiger Blende lässt sich die Distorsion vermeiden. Abblenden hat keinen Effekt. Sie ist insbesondere bei Zoomobjektiven zu beobachten, da sich die Lage der Blende zur optischen Konstruktion beim zoomen verschiebt.

Beugung

Es ist ein physikalisches Phänomen, das Lichtstrahlen (und anderen Wellen) erlaubt, um die Ecke zu laufen.

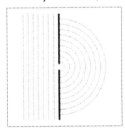

Betrachtet man eine Wasserwelle, die eine Hafeneinfahrt passiert, so beobachtet man, dass sie diese Einfahrt als neuen Ausgangspunkt nimmt. Ihre Amplitude (Intensität) nimmt dabei ab, so dass die Schiffe nur sanft rumdümpeln und nicht dauernd gegen die Kaimauer geschleudert werden.

Licht verhält sich ähnlich: Hält man einen schwarzen Karton gegen die Sonne, so sieht man die Kanten hell aufleuchten. Im Objektiv findet Beugung an der Blende statt, so dass ab einem bestimmten Punkt die Abbildungsqualität mit weiterem Abblenden abnimmt. Dies ist dann der Fall, wenn die Unschärfekreise (Zerstreuungskreise) durch die Beugung augenfällig werden. Hat aber eine Öffnung, wie die Blende, einen immer kleineren Durchmesser, dann wird das Verhältnis aus ungestörter Wellenfront und der durch Kugelwellen an der Öffnung bedingten unscharfen Überlagerung immer schlechter.

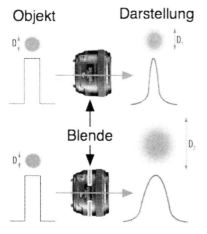

In einem geometrisch-optischen System würde, einmal die Korrektur aller optischen Fehler vorausgesetzt, ein Objektpunkt in einen unendlich kleinen Bildpunkt überführt und würde zu einer scharfen Bilddarstellung führen.

Die Beugung verhindert das und ergibt in der Gaußschen Bildebene für jeden Bildpunkt ein System aus konzentrischen hellen und dunklen Ringen um einen zentralen Kern (Airy-Scheibchen).

Dies führt dazu, dass je kleiner die Blende ist, desto größere Unschärfebereiche sich um die abgebildeten Punkte herum entwickeln.

Die einzelnen Bildpunkte werden unscharf und der gesamte Bildpunkt vergrößert sich damit.

Hinzu kommen noch die andern, hier gedanklich einmal ausgeblendeten optischen Fehler, die in der Summe das Problem weiter verschärfen. Wie die Auswirkung dieses Fehlers ist, zeigen die nachfolgenden zwei Bilder:

Unter Benutzug der Blende 5.6 zeigen sich die Konturen noch scharf:

Wohingegen bei Blende 11 bereits das Bild nicht einmal mehr schlechtes DV Niveau erreicht:

Dabei sind die Aufnahmen nicht etwa, wie man vermuten könnte mit einem Fotohandy aufgenommen, das ein paar Linsen aus Restproduktionen als Objektiv benutzt.

Der Ursprung der Bilder ist ein Fujinon Wechselobjektiv TH 16x5.5BRMU auf einer JVC GY HD-100 ... und sollte nach Herstellerangaben eigentlich eine HD- geeignete Kombination darstellen.

Fragt man sich nun, wovon diese Beugungslimitierung abhängt, so kommt man natürlich sehr schnell auf die Qualität der Optik zu sprechen. Aber auch die Bauform und der Bildkreis spielen eine wichtige Rolle.

Exzellente Optiken besitzen so geringe andere, zuvor beschriebene Abbildungsfehler, dass man den Beugungsfehler schon recht früh wahrnimmt, wobei die Auflösung dann weit über dem liegt, was heutige Bild-Sensoren auflösen können.

Das ist jetzt die reine Physik der Blende, bei einer ansonsten **perfekten** restlichen Optik. Hierin geht erst einmal noch kein Wert für Objektivgüte, Sensorgröße oder Pixelabstand ein und gilt für jede Kamera.

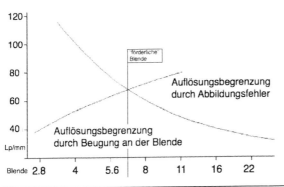

Mit einem Sensor, der nur 35 lp/mm auflösen

kann und den es kaum mehr geben wird, oder einem suboptimalen Objektiv, das nur 35 lp/mm auflösen kann, wird man von der Beugung nichts bemerken.

Habe ich jedoch einen hoch auflösenden Sensor und eine sehr gute Optik, sollte ich mir Gedanken machen, welche Blende mir das beste Ergebnis liefert.

Daher nennt man die Abwägung zwischen Tiefenschärfe und Beugungsverlust auch gerne „förderliche Blende".

Normalerweise aber nähern sich gute Optiken erst bei etwa f/11 dem Beugungslimit an.

Bei f/16 sollten fast alle Optiken den Beugungseffekt zeigen.

Umso eklatanter ist es, dass die Stärke des Beugungsverlustes, wie im Beispiel gezeigt, bereits bei einer 1/3" Sensorgröße und einem Sensor/Objektivabstand von 7mm derart extrem auftritt.

Bei kleineren Sensoren und entsprechend darauf abgestimmten Optiken werden Abbildungsfehler ebenfalls kleiner bzw. sie werden durch die kürzeren Wege zwischen Glas und Sensor schlicht weniger wirksam.

Solche Wechsel-Objektive sind typischerweise in der Lage bei geöffneter Blende eine Abbildungsqualität zu leisten, die vornehmlich erst bei kleinen Blenden durch die Beugung begrenzt werden.

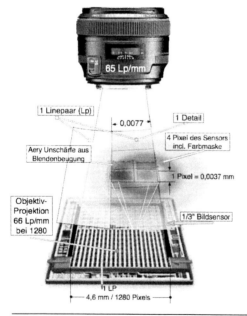

Der Haken an der Sache: die kleineren Sensoren besitzen auch kleinere Pixelabstände und stellen daher auch größere Anforderungen an die abbildende Optik, so dass sich die Vor- und Nachteile nahezu gegeneinander aufheben.

Hier muss man unterscheiden zwischen der Qualitätsanforderung, die beim Betrachten eines Videobildes angelegt wird, und einer viel strengeren Qualitätsanforderung, die die Detailauflösung in 100%- Pixelansicht betrifft.

Genau wie bei der Tiefenschärfe- Berechnung kann man nämlich einen Zerstreuungskreis anlegen, der entweder 1/1500 der Sensordiagonalen für die Gesamtbildansicht beträgt oder alternativ bis herunter auf das Pixelmaß gehen, wobei bei Bayer-Sensoren üblicherweise ein Zerstreuungskreis von ca. 1,3- bis 1,5-fachem Pixelabstand Sinn macht.

Details zu den Bildsensoren werden im Folgekapitel behandelt.

Betrachten wir also einmal, wie die Zusammenhänge zwischen der Darstellung und dem Sensor sind:

Der **1/3" Sensoren** hat bei einer Diagonale von 6 mm in der 16:9 Projektion nur eine Höhe von **2,9 mm**, also nicht viel mehr als ein Streichholzkopf.

Darauf sollen nun vertikal **720 Zeilen** dargestellt werden. Das heißt, dass jeder Zeilenpunkt nicht größer als **4µm** ist.

Nun kann man sich aus der Wellenlänge und der Blende ausrechnen, was auf dem 4µm großen Punkt so passiert.

Nehmen wir einmal die Durchschnitts– Wellenlänge von Grün bei **510nm** und eine **Blende 2.8**:

Unser Airy-Scheibchen hat dabei eine Projektionsfläche von **1,75 µm** ... perfekt, weil der CCD 4µm große Pixelflächen hat.

Machen wir den Gegencheck mit **Blende 16** ...... dann kommen wir auf **9,9 µm** !

Damit ist die Lichtwelle weitaus größer als unsere Projektionsfläche und damit ... **unscharf** !

Bis wohin geht das nun gut?

Schon bei Blende 8 wären das fast 5 µm und damit bereits unscharf.

Allerdings hat Blau eine kürzere Wellenlänge und ist noch im scharfen Bereich.

Bei Rot ist es bereits bei einer Wellenlänge von 630 nm allerdings bei Blende 5.6 schon unscharf!!

Solche Effekte beseitigt der Hersteller nur durch die richtige Kombination aus Objektivgüte und Sensorgröße.

Eine Möglichkeit, von einer schlechten Optik abzulenken besteht natürlich auch darin, die bei kleiner werdenden Blenden abnehmenden Objektivfehler durch den zunehmenden Blendenfehler und der damit zunehmenden Beugungserscheinungen zu überdecken.

Man wird dann immer ein gleichmäßig schlechtes Bild, wenn auch aus unterschiedlichen Ursachen haben, wie im Beispielfall zu sehen.

Selbstverständlich wirkt sich dieser Effekt auch auf dicht nebeneinander liegende Bildpunkte aus, wie die Grafik zeigt:

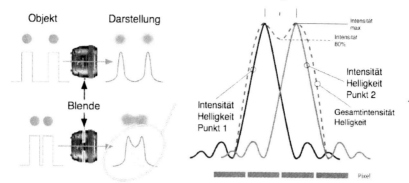

Wahrgenommen werden die beiden separaten Bildpunkte als ein einziger Punkt, wenn ihre Helligkeit 80% vom Spitzenwert erreicht.

Die Auswirkung dieses zunehmenden Beugungsfehlers besteht in erster Linie darin, dass Detailkontrast und die Auflösung feinster Strukturen gemindert werden.

Eine Minderung der Detailauflösung findet immer dann statt, wenn in der Überlagerung aus optischer Auflösung und Sensorauflösung das Gesamtsystem deutlich durch die optische Komponente limitiert wird.

Man kann nun darstellen, welcher Anteil (in Prozent) die maximal mit dem Sensor erzielbare Auflösung bei welcher Blendenstufe noch nutzbar bleibt.

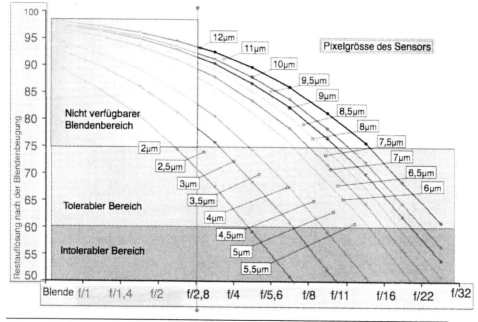

Man erkennt im nicht schattierten Bereich die Bedingungen, bei denen die Beugung bei verschiedenen Pixeldichten kein relevantes Limit der Auflösung darstellt.

Die "Grauzone" spiegelt den Bereich zwischen 60% bis 75% der maximal erzielbaren Auflösung wider, bei dem die Beugung in feinsten Details bereits sichtbar wird, aber die Degradation der Auflösung noch relativ gering ist und partiell durch Nachschärfen, das heißt, durch anheben der Kontrastwerte noch kompensiert werden kann.

Im "roten Bereich" verliert man dann wirklich relevant an Bildinformation und auch eine Kontrastmanipulation kann dies nicht mehr kompensieren.

Die Grafik kann nun so abgelesen werden, dass man sich den Pixelabstand der eigenen Kamera heraussucht, oder aus den zuvor beschrieben Beispielen errechnet und dann die dazugehörige Kurve in der Grafik abliest.

Deutlich sichtbar ist, dass bei großem Pixel- pitch, wie er sich auf großen Sensorflächen, z.B. in der Fotografie oder der Cinematographie findet, durchaus kleine Blenden zum Einsatz kommen können, ohne die Bildqualität erheblich zu vermindern.

Eklatant ist der Abfall der Blendenmöglichkeit bei Kleinstsensoren, wie sie derzeit für die Consumer- Camcorder zum Einsatz kommen. Neuere Sensoren haben bereits Pixel- pitch von weniger als 2µm und sind damit kaum noch in der Lage überhaupt ein scharfes Bild, auch nicht bei großen Blenden zu zeichnen. Auch fragt man sich, ob es bei diesen Sensoren überhaupt sinnvoll ist, Blenden anzugeben, weil sie im Bestfall bereits in der kritischen Zone beginnen und im Fall von 2µm lediglich eine Blende bis zum in- tolerablen Bereich bleibt.

Die kleinstmögliche Blende, die sich nicht negativ auf die sichtbare Auflösung des Bildes auswirkt, wird als förderliche Blende bezeichnet. Sie lässt sich aus folgender Formel ableiten:

$$k_f = \frac{u}{1.22 \times \lambda \times (m+1)}$$

k_f = förderliche Blende
u = Unschärfekreis
λ = Wellenlänge
m = Abbildungsmassstab

Betrachten wir abschließend die Auflösung eines Bildsensors im Verhältnis zur Objektivgüte, also noch einmal vor dem Hintergrund der EBU Empfehlung für Objektive. Erinnern wir uns: Die EBU hat die Anforderungen an Film, Video und High Definition Kameraobjektive im Technical Document 3249-E vom September 1995 zusammengefasst.

Nach diesen Anforderungen müssen die Optiken eine Modulationstiefe im Grenzortsfrequenzbereich von mehr als 80% (Bildmitte) besitzen Die Grenzortsfrequenz eines 2/3" HD Systems mit 1280 aktiven horizontalen und 720 aktiven vertikalen Pixels liegt bei 66 lp/mm (1/3" Objektive sind in der Empfehlung nicht berücksichtigt worden, daher führen wir die kleine Musterrechnung einmal mit den gegebenen Werten durch):

Stellen wir zunächst fest, welches Maß ein Line-Paar aufweist:

1 Lp = (1 mm / 66) = 0,01515mm, das ist unsere Ortsfrequenz.

Da ein Lp aus einem Balken und einer Lücke besteht, ist das kleinste Detail, das eine solche Optik auflöst, also genau die Hälfte davon, nämlich ein Balken = 0,0076 mm.

Dazu muss nun unser Sensor die nötige Auflösung bieten:

Der 1/3" Sensor hat ja bekanntlich die aktive Fläche von 4,8 x 2,9 mm. Nehmen wir also die horizontale Auflösung für die vorgegebenen 1280 Bildpunkte: 4,8 mm / 1280 = 0,0037 mm.

Das Objektiv projiziert jedes Detail mit 0,0076mm.

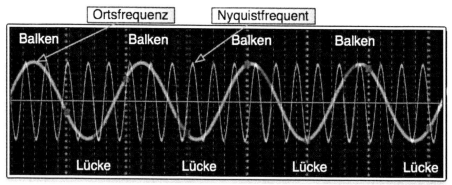

Betrachtet man nun noch, dass das Nyquist- Abtasttheorem besagt, (**Ft > 2Fs**, Ft = Abtastfrequenz, Fs = Signalfrequenz), dass die Abtastfrequenz mindestens doppelt so hoch sein muss wie die höchste, im Signal vorkommende Frequenz, dann bedeutet dass das digitale Abtastraster die doppelte Dichte von 0,01515 haben muss. (0,01515/2) = 7,75µm. 1 Pixel hat aber 3,7µm und damit ist die Abtastfläche aus dieser Sicht ausreichend, wenn das Objektiv die EBU Vorgaben wirklich einhält..... und natürlich keine Blende und auch keine anderen Abbildungsfehler hätten.

Aber selbst dann ist die Reihe der Fehler auch, und speziell im Farbbereich noch nicht beendet.

Wir haben gezeigt, daß es eine Vielzahl von Einflussgrößen gibt, die die "gute Bildqualität" eines Objektives bestimmen.

Eine ausgewogene Beurteilung der Gesamtheit dieser Parameter ist also erforderlich, um die Abbildungsqualität eines Objektives richtig einordnen zu können.

Hieraus kann man auch sehr deutlich ersehen, dass es wenig sinnvoll ist, ein Objektiv von ganz besonders hoher Güte auf eine nicht dafür vorgesehene Kamera zu stecken.

Durch die hohe Abbildungsleistung folgt, dass zwangsläufig das digitale Raster der Abtastung gleichsam enger werden muss (Nyquist). Geschieht das nicht, -und wie sollte man das bewerkstelligen-, folgt daraus, dass das hochwertige Objektiv Artefakte bildet und unter Umständen schlechter aussieht, als ein Objektiv mit minderer Abbildungsleistung (Lp/mm), das jedoch auf das Sensorraster (Pixelzahl) optimal angepasst ist.

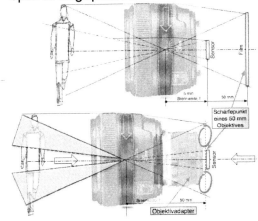

Die „guten alten" Kino-Primes sind also nicht per se gut. Man muss bedenken, dass die Entwicklung hochwertiger Optiken und Beschichtungen (coating) von Linsen nicht stehen geblieben ist, sondern gerade in den letzten Jahren wesentliche Schritte nach vorn gegangen ist und auch, dass die Abbildungsleistung an den Sensor mit allzu hoher Wahrscheinlichkeit nicht angepasst ist.

Hinzu kommt, dass man trotz mechanischen Adapters nichts an der Brennweite verändern kann, denn durch einen mechanischen Adapter verändert man lediglich das Auflagemaß, nicht aber den Bildkreis und wenn dieser für 16mm, 35mm oder gar für Kleinbild gemacht ist, wird man nur Teile des Ausschnittes auf dem Sensor sehen..

Die Aussichten stehen also schlecht für gute Bilder.

Blende und DoF (Depth of Field):

Die Blende verringert die durch das Objektiv fallende Lichtmenge, indem der Strahlengang vom Rand her beschnitten wird.
Sie dient somit wie das Shutter, zur Einstellung der korrekten Belichtung.
Durch Variation der Blende und Ausgleich der dadurch entstehenden Belichtungsänderung durch eine andere Shutterzeit hat man eine gewisse gestalterische Freiheit, die es erlaubt, die Wirkungen verschiedener Blenden gezielt einzusetzen:
Die Größe der Blende gibt man in Blendenwerten an, die sich aus dem Verhältnis Brennweite durch Eintrittspupille (die scheinbare Blendengröße, wenn man vorne ins Objektiv schaut) errechnet.
Dadurch entspricht eine große Blendenzahl einer kleinen Blende.
"Ganze" Blendenwerte sind nach internationaler Norm:

(große Blende) 1.4 ⊙2⊙ 2.8 ⊙ 5.6⊙ 8 ⊙11 ⊙16⊙ 22⊙ 32 (kleine Blende).

Von einer Blendenstufe zur nächsten verdoppelt bzw. halbiert sich die Lichtmenge, bei Verdoppelung der Blendenzahl (z.B. von 8 auf 16) reduziert sich die Lichtmenge also auf ein Viertel.
Aufgrund von Beugungseffekten ist es, speziell im Hinblick auf den winzige 1/3" (oder keiner) Bildsensor jedoch nicht möglich, ohne Schärfeverlust beliebig weit abzublenden.
Bei bestimmten Motiven kann es natürlich trotzdem angebracht sein, stärker abzublenden, da die Tiefenschärfe steigt.
Als Lichtstärke bezeichnet man bei einem Objektiv die maximale Blendenöffnung, also die größtmögliche Blende.
Eine hohe Lichtstärke hat den Vorteil, dass man auch unter schlechten Lichtbedingungen noch rauschfrei arbeiten kann.
Weiterhin hat die große Blendenöffnung gestalterische Vorteile, wenn man eine geringe Tiefenschärfe wünscht.
Da die Leistung der Optik mit dem Abblenden steigt, haben lichtstärkere (=schnelle) Objektive meistens eine bessere Abbildungsqualität als ihre lichtschwächeren Kollegen bei gleicher Blende.
Nachteilig sind der hohe Preis, da der konstruktive Aufwand enorm steigt, das höhere Gewicht und die Größe lichtstarker Objektive.

Zoomobjektive sind im Allgemeinen weniger lichtstark als Festbrenn-weiten. Empfehlenswert ist hohe Lichtstärke für Leute, die gern im "available light" – Bereich arbeiten.

Die Tiefenschärfe lässt bei Blende um 2.8 jedoch kein exakter Scharfeinstellung und reproduzierbare Bildschärfe mehr zu.

Die Unschärfekreise, die das fertige Bild aufbauen, haben die Form der Blende.

Weicht die Form der Blende deutlich von der Kreisform ab, kann es vorkommen, dass ein im unscharfen Bereich liegender Bildteil un-schön oder unnatürlich aussieht.

Aufwendigere Blendenkonstruktionen haben somit bei hochwertigen Objektiven durchaus ihren Sinn. Man spricht, um den Eindruck der Schärfeauflösung vor und hinter der Schärfeebene zu beschreiben, vom „Bokeh" eines Objektivs.

Bei der Berechnung der Brennweite kommt es immer wieder zu Miss-verständnissen über die Bestimmung der hierfür notwendigen Para-meter.

Zur Bestimmung muss man die Objektgröße und die ihn umge-bende Raumgröße kennen, die mit im Bild gezeigt werden soll.

Der Arbeitsabstand ist die Distanz zwischen dem Gegenstand und der Objektiv– Vorderkante. Das For-mat des Bildsensors (2/3", 1/3", ½").

Um den Gegenstand nun vollständig auf dem Sensor abzubilden be-rechnet man die Brennweite für dessen Höhe und Breite. Der kleinste Wert ist dann die Brennweite unseres Objektives.

Beispiel:

$$Brennweite\ der\ Höhe = \frac{Arbeitsabstand * CCD\text{-}Höhe}{Gegenstands\text{-}Höhe + CCD\text{-}Höhe}$$

$$Brennweite\ der\ Breite = \frac{Arbeitsabstand * CCD\text{-}Breite}{Gegenstands\text{-}Breite + CCD\text{-}Breite}$$

- Gegenstands-Breite = 40 cm
- Gegenstands-Höhe = 50 cm
- Arbeitsabstand = 3 m
- CCD-Format = 1/4"

$$Brennweite\ der\ Höhe = \frac{3000 * 2,4}{500 + 2,4} = 14,3mm$$

$$Brennweite\ der\ Breite = \frac{3000 * 3,2}{400 + 3,2} = 23,8mm$$

Die Tiefenschärfe (DoF):

Sie ist ein gestalterisches Mittel in der Bilddarstellung geworden.
Sowohl die hohe Tiefenschärfe, die wie schon angesprochen in der Dokumentations-Arbeit besonderen Anspruch findet, als auch im Film, wo eher das Gegenteil gesucht wird, um bestimmte Bildinhalte durch Schärfe freistellen zu können.

Grundsätzlich muss man aber unterscheiden, zwischen dem „Film–Look" des professionellen und modernen 35mm Films und einem Look, der gern auch ebenso als „Film–Look" bezeichnet wird, der aber eher dem 16mm Film der 60er und 70er Jahre entspricht denn für die Bezeichnung: „Film–Look" gibt es keine wirkliche Definition und der „Look" entsteht immer im Auge des Betrachters.
Durch das Abschneiden der Randstrahlen werden beim Abblenden bestimmte Linsenfehler verringert, und die Tiefenschärfe erhöht sich. Diese Erhöhung kommt dadurch zustande, dass durch schlankere Lichtkegel die Unschärfekreise in einem größeren Bereich vor und hinter der Schärfeebene so klein bleiben, dass sie vom Auge noch als scharf wahrgenommen werden:

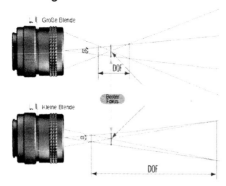

Die Grafik verdeutlicht, warum die Tiefenschärfe mit kleinerer Blende zunimmt, aber auch, dass der genaue Wert von der Größe des Unschärfekreises abhängt.
Wie groß der Unschärfekreis sein darf, um noch als scharf wahrgenommen zu werden, hängt im Wesentlichen vom Auflösungsvermögen des Auges ab.

Da mit zunehmender Bildgröße auch der Betrachtungsabstand steigt, geht man generell von 1/1500 der Bilddiagonale aus.

Die nachfolgende Abbildung stellt den Begriff der Tiefenschärfe vor dem Hintergrund typischer Brennweiten und Targetflächen dar.

Dabei wurden die Targetflächen des 35 mm Films, des 16mm Films bzw. 2/3" CCD, 1/3"CCD und ¼" CCD angenommen.

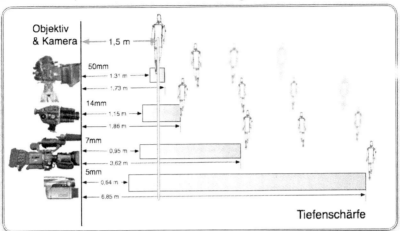

Dem Camcorderbenutzer stehen in dieser Beziehung wenig Mittel zur Verfügung, weil er an den baulichen Gegebenheiten der Kamera wenig ändern kann.

Weder die geringe Brennweite, noch das kleine Objektiv und schon gar nicht der winzige Bildsensor sind geeignet eine derartige Gestaltungsmöglichkeit zuzulassen.

Für den „Prosumer" stehen im Bereich „Cine–Look" jedoch einige Projektionsadapter zur Verfügung, in denen das Bild, auf eine Mattscheibe projiziert wird, von der wiederum die Kamera es abfilmt.

„Prosumer" deshalb, weil die Preise für solche Einheiten schon ein gewisses Budget erfordern.

Der bekannteste Adapter ist wahrscheinlich der mini35 von p+s in München, die auf das Verfahren ein Gebrauchsmusterschutz haben.

Das macht die Einfuhr eines „Konkurrenzproduktes" aus den USA schwierig.

Das MoviTube der gleichnamigen deutschen Firma erhielt 1995 den „Innovationspreis des deutschen Films".

Alle Geräte arbeiten nach demselben Prinzip. Eine Mattscheibe dreht sich im Adaptergehäuse, oder vibriert, um Unebenheiten in der Beschichtung auszugleichen, auf die das Objektivbild projiziert wird. Die Kamera wiederum filmt das Bild in der Makrofunktion der eigenen Optik ab.

Das Ergebnis ist folgendes:

- Sie können beliebige Optiken verwenden[5], weil immer auf eine entsprechende Targetfläche projiziert wird und nicht direkt auf das CCD.
- Durch die rotierende oder vibrierende Mattscheibe erhalten Sie eine Art Weichzeichnungseffekt, der dem Film–Look gleich kommen soll.
- Sie kommen in den Genuss (Mangel) der Tiefenschärfebereiche der benutzten Objektive.

Was bedeutet das nun für die Aufnahme.

- ➤ Zunächst einmal steht das Bild in der Kamera durch die 2–fach Projektion sowohl auf dem Kopf, und es wird seitenverkehrt dargestellt.
- ➤ Für den Kameramann und in Bezug auf Schwenks sicher eine etwas gewöhnungsbedürftige Situation. Nun besitzen nicht so viele Kameras den Scan Reverse, wie in einigen hochpreisigen Kameras angeboten, der das Bild elektronisch wieder in die richtige Darstellung bringt. JVC hat zwar in seinem Model HD 250 eine Möglichkeit, den Monitor zu „flippen" aber davon ist das Bild auf der Aufnahme dann immer noch seitenverkehrt und man beginnt in der Post Produktion zu konvertieren. Das bedeutet schon einmal, ein Bearbeitungsgang zusätzlich, um überhaupt richtig und vernünftig (gestalterisch) arbeiten zu können.

- ➤ Es gibt derzeit überhaupt keine gesicherte Erkenntnis darüber, wie sich das Drehen bzw. Vibrieren der Scheibe mit einem eingesetzten Shutter oder einem Bildstabilisator verträgt... weil es keinen Hinweis dafür gibt, dass die Rotation veränderbar oder gar synchronisierbar ist.

---

[5] .... entsprechender mechanischer Adapter vorausgesetzt.

- Der Adapter „kostet" Licht ... mindestens 2–3 Blenden ... also muss man schon von vorn herein lichtstarke Objektive benutzen, die meist schwer und teuer sind... aber wenn sie gute Bilder machen nimmt man das ja gern in Kauf.

- Man verliert dadurch, dass das Objektiv gänzlich von der Kameraelektronik losgelöst wird natürlich jegliche Art der Einstellmöglichkeit... die Blende muss irgendwie „geschätzt" werden, weil der Lichtverlust zwischen Drehscheibe und CCD keinen gesicherten Wert einnimmt. Dynamisches Licht muss ebenso von Hand nachgeregelt werden. Als Hilfsmittel steht einem nur noch das „Zebra" zur Verfügung. Da man Zoom Objektive aufgrund der geringen Lichtempfindlichkeit ohnehin nicht wirklich benutzen kann, wird einem der Verlust der Zoom– Motorik wahrscheinlich noch am wenigsten fehlen. Die Tiefenschärfe wird bei Benutzung der Adapter also quasi wieder mit dem gesetzten Licht bestimmt, weil sich daraus die einzustellende Blende ergibt, die im Fall dynamischen Lichtes manuell nachgesetzt werden muss, womit sich dann auch die <Depth of Field> wieder verändert.

- Man kann die meisten Videoobjektive nicht mehr verwenden, weil diese nicht für eine Projektion auf die Targetfläche eines 35 mm Filmformates ausgelegt sind.
- Völlig ungeklärt ist das Verhalten der einzelnen MTF, denn sowohl die (Cine- Linse), als auch die Projektionsfläche, die nachfolgende Camcorderlinse, als auch der Bildsensor addieren jeweils ihre MTF. Vielleicht erklärt sich ja aus den verbleibenden 5-10% MTF der ominöse „Film-Look"?

Es ist eben alles wieder einwenig wie in alten 16mm Zeiten, denn den 32 mm Look bekommt man aus den unterschiedlichsten Gründen ohnehin nicht hin.

Trotz all dieser widrigen Umstände erfreuen sich die Adapter großer Beliebtheit und gewinnen daraus allein schon ihre Existenzberechtigung.

Sicher machen sie andere Bilder, bieten aber auch ein anderes Arbeiten und bekanntlich erlaubt ist alles, was gefällt.

Letztlich handelt es sich hierbei aber um einen ästhetischen Eindruck und weniger um eine technische Frage.

Weil aber gerade der „Film–Look" eine reine ästhetische Frage ist, muss jeder für sich selbst entscheiden, ob das, was dabei heraus kommt, seinem Verständnis von „Film–Look" entspricht.

Sicher wird es dabei eher den 16mm Filmern entgegen kommen, als den 35mm Leuten.

Vielleicht bietet ein anderes Gerät einen alternativen Ansatz, das p+s im Vertrieb hat und das auf der 2007er NAB als Prototyp vorgestellt wurde.

Dabei handelt es sich um ein „variables ND", wie p+s es nennt. Natürlich ist es kein variables Graufilter, weil es so etwas nicht gibt. Vielmehr sind es zwei besonders hochwertige lineare Polfilter, deren Motorik von den Blendeninformationen der Kamera gegeneinander verdreht werden, sodass Licht in einem hohen Maß durch die Gegenphasigkeit ausgelöscht wird.

Das Gerät hat den Vorteil, dass man es sowohl vor jede beliebige Linse setzen kann, als auch dass die Blende der Optik manuell auf einen beliebigen Wert eingestellt werden kann, der einem eine bestimmte Tiefenschärfe, der Szene angepasst, generiert.

Ändern sich nun die Lichtverhältnisse, ändert sich nicht, wie üblich, die Blende und damit die Tiefenschärfe, sondern das Filter sorgt dafür, dass am Bildabtaster gleich bleibende Lichtverhältnisse anstehen.

Dadurch verändert sich mit dem Licht nicht die Tiefenschärfe und das Gerät ist somit auch für Außenaufnahmen geeignet, bei denen man bekannter Weise das Licht nicht soweit im Griff hat wie bei einer Lichtsetzung im Studio.

Darüber hinaus kann man sogar, und das war bisher noch gar nicht möglich, durch manuelles Verändern der Blende gewollt das <Depth of Field> verändern und auf diese Weise manuell das DoF seiner Szene anpassen, weil der „Fader", wie p+s diesen Lichtmengenregler nennt, die Blendenwirkung in Bezug auf das einfallende Licht wieder ausgleicht, denn die Informationen bekommt der Fader von der ursprünglichen Blendenwert– Information aus der Kamera– Elektronik.

Das Gerät soll es als Kompendium- Einsatz, ähnlich einem Filter geben.

Sicher ein interessanter Alternativ– Ansatz zum Cine– Adapter, bestimmt aber ein guter Ansatz, das ursprüngliche 1/3" Problem der Unschärfe selbst bei dynamischem Licht in den Griff zu bekommen.

Eine ganz sicher weniger aufwendige Lösung werden uns die neuen CMOS- Kameras demnächst bescheren und ein DoF mit Hilfe der objektorientierten Layeraufzeichnung und Bearbeitung wie im Kapitel „Camcorder" beschrieben präsentieren.

So wird die gezielte Objektfreistellung errechnet. Ein Verfahren, das uns schon seit geraumer Zeit aus der Welt der Computergames vertraut ist wird Einzug in die Videowelt halten.

Auch die Standford Universität forscht an neuen Aufnahmeverfahren, die es mit einer Maske aus Mikrolinsen gestattet, quasi dreidimensionale Ebenen ins Bild zu bringen und so eine **Nachfokussierung** in der Post-Produktion zu ermöglichen.

Hierzu lesen Sie mehr im Kapitel über die zukünftige Entwicklung von MPEG-4 im Verlauf des Buches.
Genaue Informationen über diese Technologien finden Sie in unserem Buchband über „Cinematographie[6]".

Es scheint so, als würde sich wieder ein Paradigmenwechsel vollziehen und die Nachteile, der geringen Tiefenschärfe, die die Film- Leute in ein ästhetisches Instrument umgewandelt haben, würden jetzt keine wirklichen Vorzüge mehr sein, denn wenn eine detailreiche Wahl des DoF in der Post gemacht werden kann, sind kleine Brennweiten mit einem durchgängig scharfen Bild natürlich wieder im Vorteil.

(Verweis: S.280)

---

6 http://www.auberge-tv.de/Verlag/Publikationen/Technik.html

Bildsensoren – CCD – CMOS

Der Sensor ist das zentrale Stück in jeder Kamera und damit der Übergang vom analogen (optischen) Bild zum digitalen Signal.

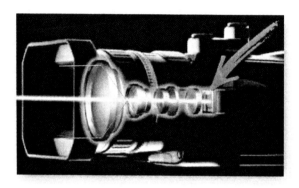

Er ist unmittelbar hinter dem Objektiv angebracht.
Gerade weil dieser wahrscheinlich, neben dem Objektiv das wichtigste Teil in einer Aufzeichnungskette ist und das Bild am erheblichsten beeinflussen kann, muss ihm eine besondere Aufmerksamkeit geschenkt werden und ein Verständnis ist unumgänglich.
Wenn dieser Teil daher etwas ausführlicher ausfällt, sehen Sie darin bitte eine Entsprechung.

Die grundlegende Idee zur Bildwandlung und die dafür notwendigen Erfindungen und Entwicklungen lieferten uns eine Vielzahl von Technikern und Wissenschaftlern.
Bereits 1873 entdeckte der Engländer Willoughby Smith, dass sich der Widerstand von Selen unter Einwirkung von Licht verändert.
Werner von Siemens entdeckte zwei Jahre später seine Selenzelle, die bei starker Beleuchtung ihren Widerstand verminderte.
Der Franzose Constantin Senlecq dachte als einer der Ersten über die zeilenweise Bildabtastung nach und veröffentlichte 1880 seine Überlegungen.
Paul Nipkow nutzte diese Überlegungen und ließ 1884 erstmals sein „Elektrisches Teleskop" patentieren, das die mechanischen Bildzerlegung– und Aufbau, und eine elektronische Übertragung ermöglichte.
Grundlage hierfür war die Nipkow– Scheibe.
Im Zuge der sich um 1900 entwickelnden Röhrentechnologie wurden die nötigen Voraussetzungen geschaffen, elektrische Signale zu verstärken.
1920 geschah dann der Übergang vom mechanischen zum elektrischen Fernsehen.

Den Werdegang der Bildübertragung von der Nipkow Scheibe, über die Dissector– Röhre, das Ikonoskop, Orthipon, Vidikon, Plumbikon bis hin zum CCD in seinen Ausformungen als MOS– Kondensator, FIT–CCD, CMOS bis hin zum Hyper HAD[7], HDTV–FT–CCDs, dem HD– DPM[8]+Sensor oder dem Super CCD SR oder dem ITO CCD ... zu schildern, würde ein ganzes Buch füllen.

Die Bemessung der Bildsensoren geht noch auf die alte Zeit der Aufnahmeröhre zurück.

Die damaligen Bildwandler befanden sich am Kopf von Vakuumröhren die noch bis in die 80er Jahre in Betrieb waren.

Diese Röhren aber wurden nach ihren Außendurchmessern klassifiziert und benannt.

So gab es 1, und 2/3" Röhren.

Weil die lichtempfindliche Fläche aber innerhalb des Röhrenkopfes angebracht war, war sie natürlich kleiner. Üblicherweise nahm sie etwa 2/3 des Röhrendurchmessers ein. Der Bezug war der Bildkreis.

Als dann die Röhre verschwand, blieben nur noch die Sensoren und weil man die Vergleichbarkeit haben wollte, behielt man einfach die Durchmesserbezeichnung für ein Sensorfeld identischer Größe bei.

Ein 2/3" Sensor ist also nicht 2/3" groß, er heißt nur so.

In Wirklichkeit ist er etwa um die Hälfte kleiner.

Einen wirklichen Maßstab kann man daher nur anlegen, wenn man die Maße der Sensorflächen wirklich miteinander vergleicht:

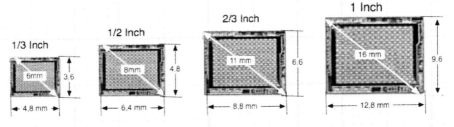

Leider haben die Hersteller begonnen, nun auch Dezimalzahlen in die Brüche zu bringen, was die Sache nicht einfacher macht. Versucht man, eine „Faustformel" für die Umrechnung zu finden, so stellt man einen Punkt fest, an dem sich der Wert verändert, bei ½".

Zur Umrechnung kann man also zu den Faktoren >½"= 16mm und ≤½" =18mm greifen.

---

[7] Hole Accumulation Diode

[8] Dynamic Pixel Management

Sens.	Diag.	Pixel-pitch	Abmessung
1/1/2"	6,5	1,6	5,2 x 3,9
1/2/35"	6,9	1,7	5,5 x 4,1
1/2/5"	6,5	1,7	5,2 x 3,9
1/3"	5,4	1,7	4,3 x 3,2
1/3,1"	5,2	1,8	4,2 x 3,1
1/1,72"	9,4	1,9	7,5 x 5,5
1/3,2"	5,1	1,9	4,1 x 3,0
1/1,6"	10,1	2	8,6 x 4,9
1/1,65"	9,8	2	8,6 x 4,8
1/2,5"	6,8	2	5,2 x 3,9
1/1,7"	9,5	2,1	7,6 x 5,4
1/2,4"	6,8	2,1	5,5 x 4,1
1/2,7"	6	2,1	5,8 x 3,6
1/1,6"	10,1	2,3	8,1 x 6,1
1/2,5"	6,5	2,5	5,2 x 3,9
2/3"	10,8	2,6	8,8 x 6,6

Die Übersicht zeigt die wichtigsten Werte der Sensoren, die derzeit am Markt sind. Auffällig ist dabei, dass das Pixelpitch durchaus unterschiedlich von den Herstellern angegeben wird. So gibt es beispielsweise 2/3" Sensoren in 2,6µm als auch in 3,4µm Pitch. Die Tabelle kann also lediglich ein Anhaltspunkt sei und die realen Daten müssen den Herstellertabellen entnommen werden.

Zwei Typen an Bildwandlern dominieren heute die Videowelt:
Der CCD und der CMOS Chip.
Beide haben aber gemeinsam, dass es sich dabei noch um analoge Teile des Signalweges handelt. Wobei im CMOS mittlerweile sehr viel früher die digitale Ebene erreicht ist, als im CCD.

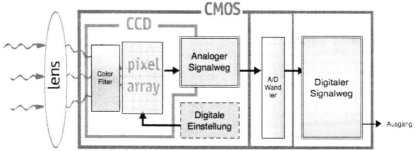

Unterschieden wird im Videobereich grundsätzlich zwischen zwei Abtastungsverfahren:
Die Kameras mit **einem** Bildsensor, im Zentrum der Objektivprojektion und die Kameras mit 3 Bildsensoren. Kameras mit einem Bildsensor teilen die zur Verfügung stehende Pixelfläche auf und benutzen mehrere Pixel für nur eine „Ergebnisinformation", weil eine davor liegende Farbmaske das einfallende Licht in die Farben Rot, Grün und Blau aufteilt.

Eine **Drei-Chip Kameras** verfügen für jeden Farbkanal über einen unabhängigen Sensorchip. Das Licht wird durch einen optischen Prismenblock aufgeteilt.

Dadurch wird es auf die drei aufgeklebten Wandler verteilt und farbgefiltert.

Heutzutage wird das einfallende Licht in der Regel nicht mehr über halbdurchlässige Spiegel, auf denen dichroitische Schichten aufgedampft sind aufgeteilt, sondern über den beschriebenen fest verbundenen Prismablock.

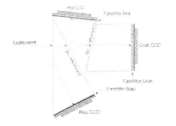

Die Einzelprismen des Blockes sind ebenfalls mit dichroitischen Schichten versehen. Da die Schichten jedoch nicht ideal filtern, werden zusätzlich noch vor jedem Wandler Farbkorrekturfilter angebracht.

Bei der Drei– Sensor Technik ist es wichtig, dass eine hochwertige Optik gewährleistet wird, damit die Lichtstrahlen bei jedem Chip auf das identischen Pixel fallen (Rasterdeckung) und sich so keine unscharfen Schwarz– Weiß– Übergänge ergeben.

Ebenso kritisch ist selbstverständlich auch die Verklebung der Chips auf dem Prisma, denn bei Pixelmaßen von 2-2,5 µm bei den kleinen Sensoren sind für Fehler kaum Toleranzen vorhanden.

In der gegenwärtigen CCD Architektur werden drei grundsätzliche Designs benutzt. Full Frame Auslesung (progressiv), Frame Transfere und Interline (interleaced) Transfere.

Im FT (Full) bleibt die Ladung solange im aktiven Bereich enthalten bis sie abgerufen wird. (Standbild).

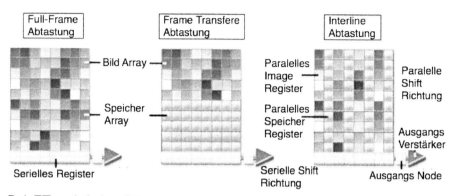

Bei FTs wird das Bild in einen lichtgeschützten Bereich transportiert und dort weiter verarbeitet.

Bei ILTs alternieren fotosensitive und Auslesezeilen im ausgeleuchteten Bereich.

Jeder Inhalt einer Fotozelle wird direkt in einen lichtgeschützten Bereich geschoben und ausgelesen.

Bei diesem Typ handelt es sich quasi um eine Kombination der beiden andern CCDs-Typen.

CCDs funktionieren ähnlich einem Belichtungsmesser.

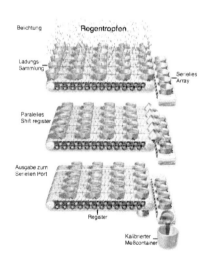

Sie sammeln Ladung und lesen diese in bestimmten Abständen aus. Die Aufnahme des Lichtes, also der Photonen kann man sich wie im nebenstehenden Schaubild dargestellt, wie die Aufnahme von Wassertropfen vorstellen, die im Photosensor kurz gespeichert und dann an den anschließenden A/D Wandler weitergegeben werden.

Wenn wir einmal bei diesem Bild bleiben wollen, dann sollten wir auch gleich den Begriff der Dynamik eines Sensors einmal klären:

Stellen Sie Sich vor, mit jedem Wassertröpfchen fällt auch einwenig Staub in die kleinen Sammelbehälter.

Dieser Staub ist natürlich etwas, was wir nicht wirklich brauchen können. Störungen im System. Die Wassertröpfchen sind das Signal. Und das Verhältnis der Wassermenge zur Menge des Bodensatzes nennen wir Signal-Rauschabstand.

Je mehr Wasser und je weniger „Bodensatz" umso größer ist unser Signal-to-Noise Ratio (Geräuschspannungsabstand).

Nun ist es aber so, wenn die Töpfchen kleine Öffnungen haben, fällt verhältnismäßig wenig Wasser hinein, aber auch weniger Staub.

Entsprechend klein ist auch der Bodensatz.

Wenn ich große „Töpfchen", also große Photozellen habe, in die ziemlich viel Wasser fallen kann, dann habe ich auch etwas mehr Noise. Nun kommt der Noise nicht in Wirklichkeit zusammen mit dem Licht in die Photozellen, sondern hat vorwiegend andere Entstehungsursachen, aber das Resultat bleibt das gleiche: Kleine Sensoren haben kleine Fotozellen, dafür aber einen besseren Rauschabstand als Sensoren mit großen Pixels.

Dafür ist die Füllmenge der großen Sensoren besser und man muss das Signal nicht mehr so sehr verstärken, wohingegen man das Signal der kleinen Sensoren, stärker anheben muss, um auf einen identischen Pegel zu kommen, sich dabei aber leider auch das „Noise" verstärkt.

Also irgendwie kommt das Ganze fast auf dasselbe hinaus.

"Full Frame", also progressive arbeitende Sensoren erreichen einen Füllfaktor von 100%, sind aber zugleich auch anfällig gegen Zweitbelichtung während des Auslesens (Smear-Effekte).

Sie setzen meist mechanische Shutter voraus, die dann aber keine hohen Frameraten mehr zulassen, weil Mechanik immer mit Trägheit verbunden ist.

Die Sensoren gehen in dieser Bauweise quasi über die gesamte Fläche.

ILTs und FITs erreichen den hohen Füllfaktor nicht, sind dafür aber in der Auslesephase nicht so anfällig.

Auch der Transport um jeweils eine „Reihe" kann in weniger als 1ms durchgeführt werden. Dies lässt hohe Frameraten zu.

Dazu kommt noch, dass auch nur Teile der Ladung genutzt werden können und andere Restteile nicht in den Speicher überführt werden.

So ist eine Belichtung ausführbar. Diese Methode wird in der Photographie benutzt, in der die Optiken keine mechanische Blende mehr haben, um die Lichtzufuhr zu begrenzen.

Bei diesem CCD Typ nimmt die Speicher- und Transferfläche allerdings etwa 75% des Sensors ein. Das führt natürlich auch dazu, dass sie nicht so lichtstark sind, wie die Full Frame Sensoren.

Um dieses zu kompensieren, brachte man Micolinsen auf den Sensoren an, die, um bei unserm Wasserbeispiel zu bleiben, wie kleine Trichter wirken, die aber in der Realität das Licht über der gesamten Sensorfläche nutzen und auf die Photozellen projizieren.

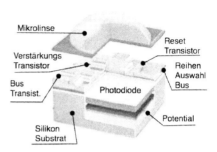

Durch eine Kombination von kleinen Pixelgrößen mit einem Linsensystem erreichen Interline Sensoren mittlerweile identische Ergebnisse wie die Full Frame- und die Frame- Transfere Sensoren in Bezug auf die Lichtausbeute und die spatiale Auflösung.

Auch hat man die sensitive Fläche mittlerweile von 75 auf annähernd 90% erhöhen können.

Die anfängliche Schwierigkeit des eingeschränkten Dynamikumfangs hat man ebenso größtenteils durch eine Verbesserung der Elektronik überwunden, die den Rauschabstand erheblich verbessern konnte.

Anfänglich ließen diese Werte keine bessere Quantisierung als 8-10bit zu.

Heute arbeiten Interline- Kameras mit einem Read-Noise Wert von 4 bis 6 Elektronen, was als Resultat einer Dynamik von rd. 12 bit entspricht.

Ebenso konnten Veränderungen in den Clock- Systemen eine Verbesserung der Auslesegeschwindigkeit bewirken.

Heutzutage wird deren Geschwindigkeit mehr durch den nachfolgenden A/D Wandler limitiert, dessen Zeit zur Verarbeitung der angelieferten Signale das Tempo vorgibt.

Leider wächst mit der Auslesegeschwindigkeit auch der Read-Out Noise Level wieder an.

Bessere Bildqualitäten in Bezug auf die räumliche Auflösung erhält man also mit einer geringeren Framerate.

Derzeit ein Kompromiss, um höhere Frameraten z.B. für Slow-Motion Sequenzen zu erzielen besteht darin, die räumliche Auflösung zugunsten einer höheren Abtastgeschwindigkeit zu reduzieren.

Auch können Pixel zu einem Binning zusammengefasst werden.

Hierbei werden, je nach Anforderung entweder in der horizontalen oder der vertikalen Ausrichtung Reihen oder Spalten gemeinsam in das Zwischenregister eingelesen.

Es entstehen die so genannten Superpixels.

So wird die Pixelfläche quasi vergrößert, die Auflösung aber zugunsten der wachsenden Lichtstärke herabgesetzt.

Gern wird diese Methode angewandt, um Aufnahmen in dunklen Räumen zu verbessern und weil Dunkelaufnahmen ohnehin nicht von hohen Kontrastwerten geprägt sind, fällt dem Benutzer meist die eingeschränkte Auflösung gar nicht auf.

Je nach Symmetrie des Sensors können so Pixel unterschiedlichster Konfiguration gebildet werden (3x3=9) Pixel können z.B. ein Superpixel bilden aber auch andere Kombinationen sind möglich.

Eine weitere Möglichkeit der Beeinflussung der Bildqualität ist die Gain - (Pegel) Beeinflussung. Sie beeinflusst die Anzahl der Photoelektronen, die für die einzelnen Werte am A/D Wandler erscheinen.

Ein ansteigender Pegel korrespondiert mit einer abnehmenden Anzahl an Elektronen, die beispielsweise eine Graustufe bildet und gestattet damit die Menge der Graustufen zu erhöhen.

Diese Methode ist noch auf die Röhrenzeit zurück zu führen, in der man ebenso ein sich veränderndes Signal mit einem festen Multiplikationsfaktorfaktor verstärkte.

Eine abnehmende Anzahl an Elektronen führt allerdings auch zu einem Anstieg der Quantisierungsfehler.

Zusammengefasst kann man sagen dass zwischen folgenden Möglichkeiten ein ausgewogenes CCD Design geschaffen werden muss:

Spatial Auflösung: Die Fähigkeit, feine Bilddetails darzustellen, ohne eine Pixelstruktur zu zeigen.

Licht Auflösung: Definiert den Dynamikumfang oder die Anzahl der Graustufen eines Bildes.

Zeitliche Auflösung: Die sampling (Frame) Rate beschreibt die Fähigkeit, sich kinetischen Prozessen oder Bewegungen möglichst anzunähern.

Signal-to-Noise Ratio: Beschreibt die Sichtbarkeit und die Klarheit eines Objektes, relativ zu einer technischen Bildunruhe (Optisches-Rauschen).

Nicht alle Kriterien können optimal vorkommen. Es ist vielmehr eine Frage der Abstimmung und die, den besten Kompromiss zu finden.

In Bezug auf das Noise hat man es in einem CCD allerdings auch noch mit unterschiedlichen „Sorten" zu tun.

Der größte Anteil des System-Noise fällt auf Read-out Verstärkungsrauschen und wird von der kinetischen Bewegungsenergie von Silikon-Atomen im Silikonsubstrat hervorgerufen.

Dark Noise ist die Bezeichnung hierfür, weil die Bewegung auch ohne Lichteinwirkung auf den Sensor stattfindet.

Ein Mittel hiergegen wäre die Kühlung des Sensors, aber erst bei etwa -30° hätte man eine nennenswerte Veränderung erreicht.

Eine andere „Noise-Quelle" ist Read-Noise, der bei der Überführung von Ladung in ein Spannungssignal entsteht.

Er ist pixelindividuell und nimmt mit der Geschwindigkeit des Read-Outs zu denn für schnellere Auslesungen und erweiterter Frameraten werden höhere Clockfrequenzen und damit höhere Bandbreiten der Verstärker benötigt. Diese zuvor genannten Noise-Typen bilden die größte Gruppe.

Allerdings vermindern noch andere Arten den Störabstand in einem Kamera System, wie das Bild zeigt:
Phantom Noise, **Dark current** und **fixed Pattern Noise** werden auf dem Sensor selbst erzeugt, während **Reset Noise**, **I/F Noise** und **Quantisierungsrauschen** während der Verstärkungsphase und im Quantisierungsprozess entstehen.

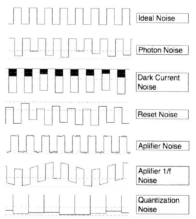

Räumliche und zeitliche Auflösung im CCD Sensor:
Das räumliche Auflösungsvermögen der CCDs hat sich in den letzten Jahren dramatisch verbessert.
Vergleicht man heute die Pixelgröße eines Sensors zur Graingröße eines Filmkorn von 10 µm dann sind die Pixel zahlreicher Sensoren bereits erheblich kleiner und kommen mit 2µm, oder sogar schon kleiner, an die Projektionsfläche eines einzelnen Lichtstrahles heran.
Teilweise, wie wir in diesem Buch gesehen haben, bereitet die Beugung des Lichtstrahls an der Blende bereits hier eine Limitierung.
Werden solche Effekte nicht durch Pixel-Binning abgefangen, führt dies bereits wieder zur sichtbaren Bildbeeinträchtigung.

Das Nyquist Theorem spezifiziert, dass der kleinste Disk-Radius, der von einem optischen System erzeugt wird, mindestens von zwei Pixel des Sensor Arrays aufgenommen werden muss, um Alaising – Effekte zu verhindern und eine einwandfreie Bilddarstellung gewährleisten zu können.
Verringert man nun die Sensorfläche oder verändert die Objektivwerte bzw. die Lichtstrahlen beispielsweise durch Beugung an der Blende, so verändern sich die Werte entsprechend.

Ein-Chip Kamera:
Die große Anzahl der am Markt befindlichen Kameras sind **Ein-Chip Kameras** deren Sensoren mit einer RGB Farbbeschichtung versehen sind, die die Lichtintensität um etwa 50% vermindert.
Oft noch mehr, weil zur Farbtrennung und zur Vergrößerung des Aussteuerbereiches der Infrarotanteil des Lichtspektrums durch ein zusätzliches Sperrfilter bis zu 1,1 µm Wellenlänge unterdrückt wird.
Weil die Befilterung in Streifen- oder Mosaikmuster aufgebracht ist, ergeben sich noch weitere Nachteile.
Während bei einem S/W-Sensor jedes Pixel quasi zur Bildauflösung beiträgt, benötigen Farbkameras je eine rot-maskierte, eine grünmaskierte und eine blaumaskierte Zelle um einen Punkt darzustellen.

Rechnerisch reduziert sich die Auflösung also dadurch auf ein Drittel der Sensorauflösung.

Dieser Umstand wird häufig verkannt und die Zellenzahl mit der Pixel-zahl gleichgesetzt und so gegenüber der 3-Sensor-Technik nicht aus-reichend gewürdigt.

So kann leicht die Bildauflösung eines 1-Chip Systems lediglich noch 1/3 der Auflösung eines 3-Chip Systems sein, obwohl Bildsensoren mit identischer räumlicher Auflösung zur Anwendung kommen.

Allerdings wird mehr und mehr dieses Manko durch Algorithmen und veränderte Chipanordnungen kompensiert, die den Unterschied verbessern.

Wie später noch beschrieben, verschieben einige Hersteller die An-ordnung der Rot-Grün oder Blau Sensoren um 1/3 Pixel, um dadurch mehr Samples zu erzeugen. Allerdings erreicht man nur selten mehr als etwa 2/3 der Auflösung von 3-Chip Systemen.

Außerdem darf man nicht vergessen, dass die Quantum Efficiency (QE), also die Menge der Photonen, die den Fotosensor treffen sich durch solche Maßnahmen nicht erhöht und so eine geringere Licht-empfindlichkeit entsteht.

Zur Signalgewinnung bei den Ein-Chip Lösungen gibt es unterschied-liche Ansätze der Filtermaskierung.

Nicht nur Streifen oder Bayer-Muster, sondern auch sonst Kombinati-onen, aus Farben wie Magenta statt Rot oder unterschiedlicher Grün-töne. Grundsätzlich ist es aber so, dass jede elektronische Kamera ihre Signale immer aus der Interpolation der drei Farben gewinnt.

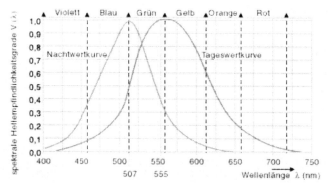

Da das menschliche Auge im Grünbereich weitaus empfindlicher ist, als im übrigen Farbspektrum, setzen die Hersteller überwiegend ein sog. Bayer– Filter– Mosaik ein, benannt nach seinem Erfinder, dem Kodak Mitarbeiter Dr. Bryce E. Bayer das aus **doppelt** so vielen grü-nen wie blauen und roten Filtern besteht.

Da jeder einzelne Sensor jeweils nur eine Farbe aufzeichnet, müssen die andern Farbanteile per Software aus den umliegenden Pixels per Farbtoninterpolation rekonstruiert werden.

Die Interpolationsalgorithmen sind dem Hersteller überlassen, was dazu führt, dass trotz gleicher Sensoren Qualitätsunterschiede im Bildergebnis verschiedener Kameras zu finden sind.

Der Nachteil dieser Methode ist, dass durch die Unterabtastung und Farbinterpolation Schärfeverluste und Moiré– Artefakte entstehen.

Die spektrale Empfindlichkeit ist aber nicht nur durch den Sensor limitiert sondern auch beispielsweise durch die Optik oder durch IR-Sperrfilter.

Auch der Sensor selbst hat als Deckschicht Quarzglas mit einer darüber liegenden Schicht aus Siliziumnitrid.

Die Ausnutzung eines zu großen spektralen Empfindlichkeitsbereiches kann ebenfalls zu unscharfen- oder auch matten Bildern führen. Weil die Brennweite wellenabhängig ist entstehen die einzelnen Farbbilder in unterschiedlicher Entfernung vom Objektiv und damit in unterschiedlichen Auflagen des Sensors (chromatische Aberration).

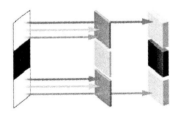

Hersteller, wie Foveon tragen in der Konstruktion ihrer Sensoren diesem Umstand Rechnung und nutzen die unterschiedliche Eindringtiefe des Lichtes dergestalt, dass sie die lichtempfindlichen Flächen in versetzten Tiefen anlegen.

Einen „Mittelweg" zwischen einer „Einchip" Kamera und einer „Drei-chip" Kamera versucht FOVEON hier zu gehen.

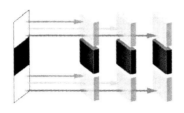

Wo die herkömmlichen Verfahren durch die beschriebene Filterung nur ein Drittel des Sensors nutzen, sind auf der X3 Technologie die sensiblen Schichten hintereinander angelegt und die jeweiligen vorgelagerten Schichten für die einzelnen Farben durchlässig.

Hierdurch ergeben sich die Vorzüge einer Single Chip Version in Kombination mit der hohen Lichtstärke und der großen spatialen Auflösung einer Drei-Chip Version.

Daraus wiederum ergeben sich eine ganze Reihe auch anderer Vorzüge:

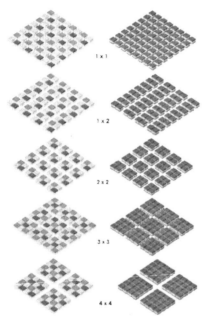

Das so genannte Binning oder Windowing wird erheblich einfacher, weil nebeneinander liegende Pixels jeweils zu den Pixel- Bins zusammengefasst werden können, wohingegen im Fall einer Bayer Maske dies nicht so ohne weiteres möglich ist.

Auch im Hinblick auf Aliasing ergeben sich entsprechende Vorteile:

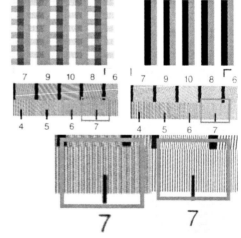

Solche Chips stehen derzeit erst der Fotoindustrie zur Verfügung, weil sie noch nicht über die erforderliche Framen-Rate bei voller Auflösung verfügen.

Die Entwicklung bleibt aber auch hier nicht stehen und wir werden aus dieser Richtung in Zukunft sicher noch einige Innovationen erwarten dürfen, die langfristig das Potential haben, die „herkömmliche" 3-Chip-Technologie abzulösen.

Von Kodak ist nun der Nachfolger des Bayer-Filters angekündigt, der „High Sensitivity Pattern Sensor", der den 1976 entwickelten Bayer Sensor ablösen soll.

Während beim Bayer Pattern vorwiegend das RGB- Chrominanz-Signal verwertet und die Luminanz aus den Grünanteilen interpoliert wird, besitzt die neue Kodak-Filterstruktur zusätzlich 25 bis 50 Prozent (je nach Anordnungsschema) panchromatische, also Klarsichtfelder, die partiell das volle, ungefilterte Luminanz- Signal auf den Sensor durchlassen und verwertbar machen.

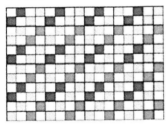 Dadurch erhöht sich die Lichtempfindlichkeit um das Zwei- bis Vierfache, was einem Gewinn von einer bis zwei Blendenstufen entspräche und was natürlich bei schlechten Lichtbedingungen zu rauscharmen Bilder führen kann.

Da jedoch auch der Bildsensor selbst, die nachgeschaltete A/D-Wandlung sowie die Bildprozessoren für die neue Technologie angepasst werden müssen, ist nicht vor Mitte 2008 mit der Markteinführung zu rechnen.

Spatial Offset

Panasonic verschiebt in der HVX 200 Kamera, die Solllage des grünen CCD relativ zu dem roten und blauen, um eine halbe Pixelbreite (spartial offset), um dadurch eine scheinbare Erhöhung der Pixelzahl für das Helligkeitssignal zu erhalten.

Diese Technik hat Auswirkungen auf die Modulations–Transfer–Funktion (MTF), die das komplette System der Optik und der elektronischen Prozesse einbezieht.

Wie wir gesehen haben ist die Bildqualität und auch die Auflösung nicht ausschließlich von der Anzahl der Pixel abhängig.

Nutzt man progressive CCDs mit der entsprechenden Offset– Technik, so kann die Auflösung und Empfindlichkeit optimiert werden. Grundsätzlich müssen zwei Faktoren betrachtet werden, die für das Verständnis von Auflösung und Anzahl der Pixel wichtig sind.

Das ist zum einen der Spatial– Offset– Faktor, das räumliche Versetzen der CCD um ein halbes Pixel erhöht die Auflösung um den Faktor 1,5 und der Interlace– Faktor.
Interlace– CCDs haben aufgrund ihres Aufbaus und der Ansteuerung nur vergleichsweise 70% der vertikalen Pixelauflösung im Vergleich zu progressiven Systemen und Bildwandlern.
Berücksichtigt man diese Fakten, so fällt auf, dass die Anzahl der Pixel sich wie folgt darstellt:
960 Pixels Grundausstattung des Chips) mal Faktor 1,5×540 Pixel mal Faktor 1,5 = 1440×810. Das ist natürlich ein theoretischer Faktor

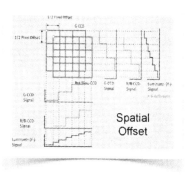

Spatial
Offset

der jedoch Auswirkungen auf die anschließende Kompression und die Bildqualität hat.

Die Grafik zeigt wie Pixelshift arbeitet; dabei ist der rote und blaue CCD um ein halbes Pixel in horizontaler und vertikaler Richtung verschoben und gewinnt dadurch ein Plus an Auflösung.

Die Auswirkungen dieser Technik lassen sich anhand der gemessenen MTF nachvollziehen.

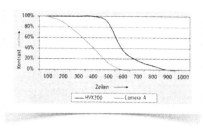

Die Grafik zeigt das Ergebnis von Messungen der darstellbaren Linienpaare/mm zu einem vergleichbaren Camcorder im 1080 Modus.
Der Camcorder AG–HVX200 arbeitet mit einem progressiven CCD–Bildsensor mit horizontalem und vertikalem Offset.
Bei der Montage der CCDs wird höchstgenau auf den exakten 1/2–Pixelabstand auf einem 1/3–inch–CCD geachtet was schließlich eine größere Kapazität der CCD– Zellen und eine vergleichbar höhere Empfindlichkeit und Dynamik bewirkt.

Durch die Nyquistfrequenz (Doppelte höchste Detailfrequenz) werden Alias Anteile verringert.

Der Vorteil der festen Verklebung ist, dass die Kamera stoßfest wird und keine Justagearbeiten für die Rasterdeckung mehr vorgenommen werden müssen.

Opto- elektronische Abtastung.
Pixelshift nutzen auch die neusten Entwicklungen, die keinen starren Versatz mehr vorsehen, sondern auf Chipebene die bestehende Pixelstruktur über einen Piezoantrieb synchronisiert bewegen.

Das Herzstück solcher Chips sind die beweglichen Rahmen. Mit piezogesteuerten Bewegungen lässt sich der Bildsensor mit einer Genauigkeit von plus oder minus einem Zehntel Mikron um sechs Mikron in vier Richtungen bewegen. Dadurch lassen sich, den Bildanforderungen angepasst, unterschiedliche Auflösungen oder abweichende Lichtempfindlichkeiten wählen.

Auch kann dynamisch auf Alaising Effekte reagiert werden, die sonst zur Bildminderung führen würden. Gegenwärtig sind Chips erhältlich, die die Bildfläche um Faktor 24 erhöhen können und so bis zu 7 Millionen Bildpunkte auflösen.

Grundsätzlich wäre zwar eine noch höhere Auflösung mit noch kleineren Maskenaperturen möglich, Grenzen setzt hier aber vor allem die mit der kleiner werdenden genutzten Pixelfläche quadratisch sinkende Lichtempfindlichkeit.

Nachteilig ist bei der Abtastung durch Pixel Shift, daß sich eine hohe Bildauflösung und eine große Bildfrequenz nicht gleichzeitig, sondern stets nur alternativ durch entsprechende Programmierung erreichen lassen.

Bisher haben solche Verfahren aber noch keinen Einzug in die Consumer- Technik gefunden und bleiben vorerst noch den kommerziellen Entwicklungen, vornehmlich im Film- und Fotobereich vorbehalten.

Kamerahersteller des unteren Preissegmentes setzen eher auf konventionellere und zunehmend ähnliche Methoden, um ihr Produkt zu verändern. Dabei geben sie den Verfahren immer wohlklingendere aber nichtssagende Namen. Die Neuerung aus dem Haus Sony, die auch in die neuen AVCHD Camcorder eingesetzt wird, heißt: „Clear-Vid". (2007/8) Dabei wird der CMOS Sensor nicht gerade, sondern diagonal eingesetzt, bzw. die Ausrichtung der Pixels so vorgenommen.

Die Methode erinnert ein wenig an den bereits 1999 von Fuji vorgestellten Super CCD,

aber ist eben ein 1/3" CMOS Sensor. Während der Super CCD noch mit dem Bayer-Filter arbeitete, mit 2 grünen Sensoren für jeweils einem roten und blauen Sensor, benutzt Sony **6 grüne** Sensorflächen für jeden roten und blauen Pixel, was der Luminanz zwar zuträglich ist, aber zu Lasten der Farbauflösung geht.

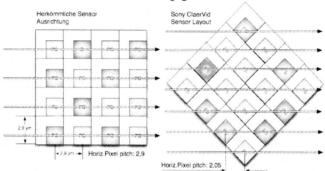

Durch die 45° Lage wird ein besserer Detailgrad erreicht, weil auf einer kleineren Fläche mehr Zeilen untergebracht werden können. Einen Faktor von 1,4 gibt Sony als Verbesserung an, die Fuji Angaben von 1999 besagten einen Faktor von 1,24.

Aufgrund der höheren Dichte ist auch mit einer besseren Lichtausbeute zu rechen. Sony vergleicht sie mit einem 4 Mega-Pixel Sensor konventioneller Ausführung.

Man sieht, die „Trickkiste" der Hersteller ist noch nicht so ganz leer, obwohl eine Raster von **2,05 μm** pro Pixel nicht gerade darauf hindeutet, dass die Bilder auf der sicheren Seite der physikalischen Gegebenheiten sind (Blendeneffekt). Es sei denn, zukünftige Kameras verzichten auf die mechanische Blende gänzlich und lösen die Belichtung durch die unterschiedliche Elektronenmenge, die individuelle in der CMOS Technik genutzt werden kann.

Es gibt aber durchaus Gründe, die für eine Ein– Chip Kamera sprechen: Die Datenrate ist geringer und die Optik dieser Kameras ist einfacher und somit preisgünstiger.

Außerdem kommt es zu keinen Absorptionsverlusten im Strahlenteilerprisma.

Man sieht also, jede der Techniken hat ihre Vor– und Nachteile.

Im Allgemeinen kann man aber schon davon ausgehen, dass die 3–Sensor Technik, wenn sie solide eingebaut ist, derzeit noch einige Vorzüge aufweist.

Grundsätzlich ist aber in der Entwicklungsarbeit des HDTV zu sehen, dass der Trend der CCD/CMOS Größe wieder steigt, und die kleineren Chips nach und nach in den Bereich der Film– Handys und in ein unteres Preissegment „verbannt" werden, denn derzeit werden HDTV Camcorder bereits für unter 300 US\$ angeboten.

Allerdings muss man auch feststellen, dass die Anzahl der aufgelösten Zeilen ebenso steigt und de facto die Größe der einzelnen Pixelfläche damit abnimmt.

Die Entwickler in den Chipfirmen brillieren immer wieder damit, noch kleiner Chips mit noch mehr Auflösung herstellen zu können, was das aber für den Lichtstrahl und dessen Schärfe bedeutet haben wir eingehend betrachtet denn irgendwo ist die Physik der Natur angekommen.

Daher ist zu beobachten, dass die Hersteller hochqualitativer TV Kameras, die auch den Film ersetzen sollen, alle mit verhältnismäßig großen Sensoren arbeiten, um ähnliche Verhältnisse wie in der Filmwelt reproduzieren zu können.

Eine Alternative zum, mittlerweile „in die Jahre gekommenen CCD ist inzwischen der CMOS– Sensor aber allemal.

Bis vor ein paar Jahren galten CMOS– Sensoren, was die Bildqualität angeht, noch als minderwertig und den CCD– Sensoren unterlegen.

Wegen der geringeren Herstellungskosten fanden sie vor allem in Billigkameras, wie z.B. Webcams Verwendung. Nicht zuletzt des geringeren Stromverbrauchs wegen sind auch in Handys mit Kamera fast ausschließlich CMOS– Sensoren verbaut.

Heute sieht das völlig anders aus und weil der Sensor maßgeblich die Qualität und Leistung der Kamera bestimmt, wird wohl die Zukunft der Bildsensoren den CMOS Chips gehören.

Der CMOS–Sensor

Inzwischen haben sich CMOS– Bildsensoren in vielen Anwendungen bereits durchgesetzt.

Hochauflösenden Fernseh– und Kinokameras ermöglichen hohe Bildraten, niedrige Rauschwerte und eine geringe Leistungsaufnahme.

Es soll daher kurz auf die Unterschiede von CCD und CMOS Sensoren eingegangen werden.

Grundsätzlich bieten CMOS Sensoren Vorteile, wenn es auf hohe Auflösung bei gleichzeitiger Bildqualität ankommt und werden daher schon lange in der High– End Fototechnik verwendet.

Der Sony IMX017CQE (Chip) macht mittlerweile bei 2921x2184 Pixel Auflösung und 60 Frames/sek. eine Datenrate von 384 MPix/sek bei 10bit Auflösung.

Bei 12 Bit reduziert sich das auf 15 Frames/sek.

Bei einer Begrenzung auf 1/5 –Line Readout sind Super- Zeitlupen von 300 Frames/sek. möglich.

Werte, von denen man vor 5 Jahren noch gar nicht sprechen wollte.

Die CMOS Architektur bietet aber alle Voraussetzungen, noch höhere Auflösungen zu erreichen.

Natürlich gibt es CMOS Sensoren auch mit höheren Auslesraten, bis zu 100.000 Bilder/sec, nur erfüllen sie sonst nicht die Anforderungen an ein Fernsehbild und sind eher für industrielle Einsätze geeignet.

CMOS Sensoren sind, wie CCDs, aus kristallinem Silizium hergestellt.

In Photodioden oder Photogates, wie in CCDs werden die Ladungen benutzt um einen pn– Übergang zu erzeugen. Bis hier ist zwischen CMOS und CCD kein Unterschied.

Wohl aber im Transport der im Pixel generierten Ladungsträger; denn jetzt muss die Information von Millionen von Pixels unverfälscht zu wenigen Ausgängen mit 10–100 MPix/s übertragen werden.

CCD Sensoren transportieren Ladungspakete durch räumlich und zeitlich sequentielles Anlegen von Spannungen an Transferegates.

Es findet eine Verschiebung durch Nachbarpixel schließlich zum Aus- gang statt.

In einem HD Sensor bedeutet das, dass jedes Pixelsignal durch- schnittlich eintausend Mal verschoben werden muss, bevor es am Ausgang erscheint.

Aufgrund der Bauweise und Anordnung der Gates auf dem Sensor ergeben sich bei zunehmender Bandbreite und damit zunehmender Ansteuerungs– Spannung, erhebliche Widerstände und Kapazitäts- werte und damit einhergehende Verlustleistung.

Moderne CCDs haben daher im Ausgang einen Verstärker integriert, der für die hohe Bandbreite von 10 bis 100 MPix/s ausgelegt ist.

CMOS Sensoren haben bereits pro Pixel diesen Verstärker. Seine Eingangsbandbreite kann entsprechend den Bildraten im einzelnen Pixel von 10 bis 100 Bildern/s entsprechend niedriger sein als im CCD.

Die Ladungsspanungskonversion, die am CCD vor dem Ausgangs-verstärker liegt, findet im CMOS Sensor direkt im Pixel statt.

Über ein analoges Bus System werden die Werte nun vertikal und horizontal transportiert.

Jedes einzelne Pixelsignal kann so am Ausgang erscheinen, wenn eine x/y Adresse angelegt wird.

So kann der digitale Zugriff auf jedes Pixel, quasi wie der Zugriff auf einen Speicherbaustein erfolgen.

CMOS Sensoren benötigen nur geringe Versorgungsspannungen und haben einen kleinen Leistungsbedarf auch bei höheren Taktraten und der Herstellungsprozess ist hinlänglich bekannt und damit wirtschaftlicher als der von CCDs.

Die erste Verstärkerstufe hat immer dominierenden Einfluss auf das Signal– Rausch– Verhalten des Systems und damit ganz wesentlich auf die Bildqualität.

Der Einfluss nachfolgender Stufen ist deutlich geringer.

Daher konstruiert man diese erste Stufe immer an eine Stelle, mit dem bestmöglichen Störabstand.

Die Bandbreite des nachfolgenden Signalpfades soll so klein wie möglich gehalten werden, weil das Rauschen eines Verstärkersystems mit der Bandbreite zunimmt.

Dieser Punkt ist im Bildsensor dementsprechend im Pixel, auch in Hinsicht auf die geringste mögliche Bandbreite.

Im Pixel kann die Bandbreite zwischen 10 und 100 Bildern/s angepasst werden, am Ausgang beträgt sie bereits 10–100 MPix/s.

Das Signal des CMOS ist also nicht nur rauschärmer, es ist auch erheblich robuster, was eine Weiterverarbeitung erleichtert.

Darüber hinaus ist die Architektur des aktiven Elementes geeignet, überlaufende Ladeströme direkt abfließen zu lassen und ist somit frei von klassischen Blooming– und Smear Effekten.

Sie entstehen normalerweise dadurch, dass noch „Restmengen" der Ladung des letzten Bildes sich im Speicher befinden, weil Ladungen, nicht wie ein Schalter abgeschaltet werden können, sondern ein Entladungsverlauf, also eine Kurve das Leeren des Speichers charakterisiert.

Bei modernen CMOS Sensoren ist die Entwicklung aber bereits soweit, dass man selbst die analoge Signalführung aufgegeben hat und eine A/D Wandlung bereits im CMOS für jedes vertikale Signal durchführt.

Was den CMOS Sensor komplizierter macht, ist das nachgelagerte Processing, denn jedes der Pixel unterliegt zwangsläufig Fertigungs–Toleranzen.

Speziell die Schwellenspannung variiert und ergibt so für jedes der Millionen Pixels einen spezifischen Dunkelwert und eine individuelle

Steilheit.

Das führt zu einem inhomogenen Bild, das verrauscht wirkt.

„Fixed Pattern Noise" –ortsabhängiges Rauschen, das jedoch durch eine geeignete Korrektur vollständig entfernt werden kann.

Ganz im Gegensatz zu „Temporal Noise" –zeitabhängigem Rauschen, das das Bild irreversibel beeinträchtigt.

Für hochwertige Bilder müssen diese Dunkelwerte und die Steilheit also pixelspezifisch korrigiert werden.

Eine einfache Dunkelwertkorrektur ist relativ leicht auf dem Chip möglich.

Eine hochwertige Korrektur erfordert

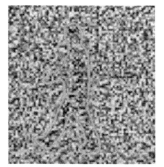

derzeit noch externe Lösungen. Alle Korrekturen werden nach der analog– digital Wandlung vorgenommen.

Die Rechnerleistung beträgt für große Sensoren mehrere Gigaoperation/s. Das Anwendungspotential dieser Chips ist jedoch groß und es sind bereits Produkte entstanden, die in herkömmlicher Weise nicht möglich gewesen wären.

Beispielsweise Sensoren hoher Auflösung und Bildrate mit Bandbreiten über 1000 MPix/s bei guter Bildqualität. Sensoren mit hohem Dynamikbereich.

Das Bild zeigt das Auflösungsvermögen (Links). In der Mitte sieht man das klassische Überstrahlen und clippen, herkömmlicher Sensoren. Stellt man diese auf den erforderlichen Wert der Glühbirne ein, verliert man die Hintergrundinformation.

Das Bild zeigt eine Aufnahme mit einem auflösbaren Szenenkontrast von 120 dB (20 Blenden).

Einer der wesentlichen Vorteile des CMOS, die Möglichkeit einzelne Pixels zu adressieren kommt auch hier zum Tragen, da man die Dynamik der individuellen Pixel verändern kann.

Man hat also quasi eine Blende pro Pixel und kann so die Blendenreihen zur Veränderung der Bilddynamik erstellen. Ein zweifellos ganz erheblicher Vorteil.

Allerdings zeigt Film gegenüber Fernsehabtastung selbst weit außerhalb des eigentlichen Arbeitsbereichs im Gegensatz zu Standardbildsensoren noch „Zeichnung" und verhindert großflächiges „Ausbrennen" in Szenen mit hohem Kontrast. Nicht alle genannten Möglichkeiten sind daher für Fernseh– und Kinokameras gleichermaßen nutzbar. Aber die Forschung endet nicht an dieser Stelle.

HDRC[9] sind Sensorentwicklungen, die dem Sehvermögen des menschlichen Auges angenähert sind.

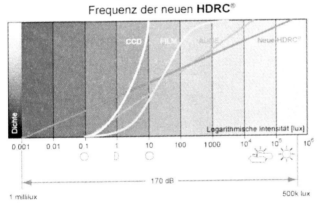

Wo herkömmliche Sensoren lange versagen, können diese Elemente noch Bilder erzeugen. Gegenüber dem herkömmlichen Bildsensor weist der HDRC Chip einen wesentlich lineareren Kontrastverlauf auf und lässt so extremere Lichtverläufe und Gegenlicht zu, ohne Blooming- oder Smear- Effekte zu zeigen.

Noch sind solche Entwicklungen nicht „reif" für die Massenfertigung, die für Consumer- Kameras erforderlich wären und haben erst Einzug in den High-End Bereich der Photoindustrie gefunden, aber sicher ist es ein nächster Schritt auch in Sachen „Film-Look" denn die Basiswerte übertreffen die Anforderungen an die Sensordynamik bereits wesentlich.

---

9 High Dynamic Range Camera

Auch Effekte wie die Bewegungsunschärfe sind im CMOS beherrschbar. Wenn ein Objekt in einer bekannten Zeit über eine bekannte Anzahl an Pixels des Sensors streift, ergibt sich daraus die „Länge" des Motion- Blur. Über einen Algorithmus, der die akzeptable Länge des MB definiert, kann bei einer Überschreitung die Belichtungszeit herabgesetzt werden und die Verstärkung des einfallenden Restlichtes am bewegten Objekt heraufgesetzt werden.

Die Möglichkeiten, die ein CMOS durch seine einzel- adressierbaren Pixels bietet sind frappierend. Auch die Möglichkeit partielle Blendenänderungen vorzunehmen ist in diesem Zusammenhang zu erwähnen. Weitere Vorteile finden Sie auch im Kapitel über Camcorder und die neuen Entwicklungen.
Nur bringt der CMOS nicht nur Vorteile ...

Der Rolling Shutter Effekt:
CMOS Sensoren weisen auch einige Nachteile auf, die aufgrund ihres Designs entstehen. So haben die üblichen CMOS Sensoren keinen zusätzlichen Speicher auf dem Chip, der es gestattet, die Ladungen zu speichern, sodass eine parallele Auslesung und Neuintegration stattfinden kann.

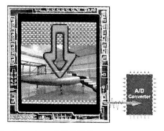

Stattdessen muss ein Row ausgelesen, anschließend gelöscht- und kann erst dann neu beschrieben werden.
So werden Row für Row abgearbeitet. Mann nennt das „Rolling Shutter", weil es wie eine geschobene Blende über den Sensor streicht.

Wie in der Abbildung zu sehen, entsteht das Abbild eines Objektes durch die Aufnahme von einzelnen Zeilen. Die Aufnahme einer Zeile wiederum gliedert sich in drei Phasen: das Rücksetzen aller Bildpunkte einer Zeile,

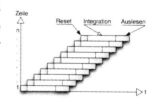

das Integrieren aller Bildpunkte einer Zeile sowie dem Auslesen aller Bildpunkte einer Zeile. Erst mit dem Abschluss der Integrationsphase ist der Inhalt des Bildpunktes des Abbildes fixiert.

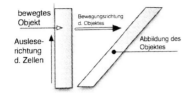

Man beachte z.B., dass mit dem Beenden der Integrationsphase der Zeile 1 die Integrationsphase der Zeile 8 erst beginnt.

Wie stark die Verzerrung des Abbildes ausgeprägt ist, wird durch das Verhältnis von Auslesegeschwindigkeit der Sensorzeilen zur Bewegungsgeschwindigkeit des Objektes bestimmt. Hier zwei Beispiele der unterschiedlichen Shutter- Systeme: links: „Rolling", rechts „Global"

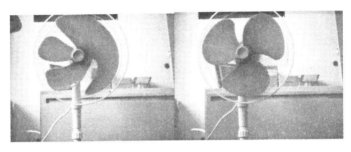

Die Alternative, das „Global Shutter"- Funktionsprinzip kann wie folgt beschrieben werden:

Es entsteht auch hier das Abbild eines Objektes durch die Aufnahme von einzelnen Zeilen. Die Aufnahme einer Zeile wiederum gliedert sich auch hier in drei Phasen: das Rücksetzen aller Bildpunkte einer Zeile, das Integrieren aller Bildpunkte einer Zeile sowie dem Auslesen aller Bildpunkte einer Zeile.

Jedoch werden, im Gegensatz zum Rolling Shutter die Reset- und die Integrationsphase für alle Zeilen zeitlich verknüpft.

Lediglich das Auslesen der einzelnen Zeilen erfolgt separat. Dies zeigt sofort einen großen Vorteil gegenüber dem Rolling Shutter:

Das Abbild eines bewegten Objektes wird verzerrungsfrei wiedergegeben. Versucht man mit einer Kamera im Rolling Shutter ein bewegtes Objekt aufzunehmen, dessen Vektor der Bewegungsrichtung senkrecht zum Vektor der Ausleserichtung der Sensorzeilen liegt, so kann man leicht erkennen, dass das Abbild des bewegten Objektes verzerrt wiedergegeben wird.

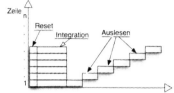

Ein Vergleich der Abbildungen zeigt, dass mit Global Shutter kein zeitversetztes Auslesen der Sensorzeilen möglich ist.
Die Bildrate ist im Vergleich zum Rolling Shutter geringer.
Je nach Frame- Rate ist also zwischen dem oberen CMOS Ende und dem unteren Row ein Unterschied von 1/60, 1/25, oder 1/24 Sekunde. Je kürzer die Zeit ist, umso unkritischer wird der Effekt. Bei 1/24 Sekunde ist er schon durchaus sichtbar und führt dazu, dass senkrechte Linien bei Schwenks zur Seite kippen. Das gesamte Bild befindet sich also in einer Schieflage: „skew".

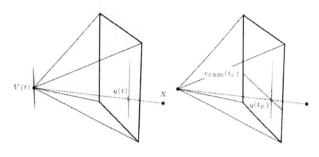

Setzt man diesem „Scan- Effekt zusätzlich einer Vibration aus, so entsteht als Produkt daraus ein „Wobble- Effekt", der sich in Wellen-Bewegungen über das Videobild verteilt.

Durch eine „Global Shutter" ließe sich die beschriebenen Effekte beseitigen, setzt aber voraus, dass das Shutter bzw. die Zwischenspeicherung auf

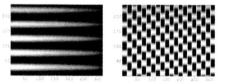

dem Chip stattfindet. Weil die üblichen CMOS Sensoren aber in 3-Transistor- Technik hergestellt sind, würde die Integration zusätzlicher Transistoren zulasten der Sensorfläche gehen ... oder aber der Chip müsste größer angelegt werden.
Außerdem verursacht jeder zusätzliche Transistor im Design natürlich wieder Noise und führt damit zu einem geringeren Dynamikumfang.
Ein CMOS Sensor in so einer Global- Shutter- Technologie würde 5-6 Transistoren enthalten.
Die Belgische Firma *Cypress* baut derartige High Speed Sensoren. Sie haben dann Pixelgrößen von rd. 12 μm.

Gegenüber den sonstigen 2-3 µm sicher eine andere Qualität.

Auch DALSA verfügt über derartige Chips mit 2352x1728 Auflösung in 8 oder 10 bit mit Pixelgrößen von 7,4 µm, die „non- rolling" Shutter habe. Es bleibt als abzuwägen, inwieweit man die Vorzüge der CMOS Technologie solchen Nachteilen gegenüber wertet.

Auf kleineren CMOS Chips die „skew"- Artefakte durch den Einsatz einer Motion-Estimation zu korrigieren, wäre zwar denkbar und Versuche *am Institut for Communication der National Taiwan University* haben erste Ergebnisse gezeigt, aber ob die Resultate ausreichend sein werden, ein „Global Shutter" vollständig zu ersetzen, scheint nach dem derzeitigen Stand doch fraglich.

Sony versucht mit höherer Auslesegeschwindigkeit die Effekte zu kompensieren. Mit 240 Frames/sec arbeitet der Prozess intern und generiert daraus in der EIT- Unit wieder 60 Frames.

Es werden allerdings die Grenzen der höheren Auslesegeschwindigkeit bei voller Auflösung auch sehr schnell erreicht sein und zu einer gänzlichen Beseitigung des Effektes führen solche Methoden nicht, obwohl man natürlich auch das „Abfilmen" eines sich drehenden Ventilators nicht unbedingt als normale Filmsituation bezeichnen kann.

Wohl aber kann es einem passieren, dass man einen Polizeiwagen mit Blitzlicht aufnehmen muss .... dann könnten die Bilder so aussehen:

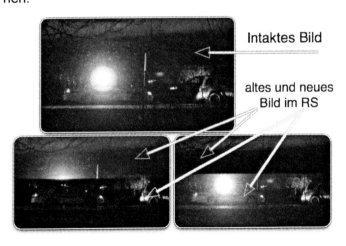

Intaktes Bild

altes und neues
Bild im RS

So gesehen sind mögliche Beispiele vielfältig. Auch sich drehende Gegenstände dürften mit Artefakten behaftet sein. Wie stark, wird immer von der augenblicklichen Situation abhängen aber für Überraschungen ist das Rolling Shutter immer gut.

Kamera Processing:

Nun sind die Signale, die aus dem Sensor kommen ohnehin alles andere als geeignet, als gutes Bild aufgezeichnet zu werden.

Das Signal muss jetzt eine ganze Reihe von Prozessen in der Kamera durchlaufen, um überhaupt als „brauchbares" Bild wahrgenommen zu werden.

Dabei muss man unterscheiden zwischen den erforderlichen Prozessen, die einzig dazu beitragen, eine Bildaufbereitung in der Richtung vorzunehmen, dass ein Videobild entsteht, das nicht aus RAW- Daten besteht und für eine unmittelbare Verarbeitung geeignet ist und solchen Bearbeitungen, die durch zusätzliche Filter korrigierend in das System eingreift und beispielsweise das Lens Shading korrigiert oder die Chromatische Aberration, oder aber eine Face- Identification vornimmt, um selektive Schärfe oder andere Effekte durchzuführen.

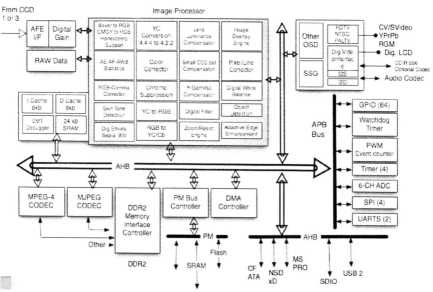

Das Bild zeigt einen solchen integrierten Kameraweg auf, in dem als zentraler Baustein der Image Processor zu finden ist.

Hierin integriert finden wir einige neue Funktionen, die den Typ des neuen Camcorders charakterisieren:

Objekt detection, partielle Schärfe, Schärfenverlagerung, digitaler Weißabgleich, Y-Gamma Einstellung, Pixelkorrekturen, Lens Shading - und Chromatischer Aberration- Korrektur, um nur einige zu nennen.

Eine Image overlay Engine deutet bereits auf die neuen Features hin, die uns MPEG 4 noch zukünftig präsentieren werden.

Die neuen Einstellungsmöglichkeiten bringen die Features erheblich dichter an die Anforderungen, die noch vor gar nicht so langer Zeit an Kameras gestellt wurden, die für einen so genannte „Film-Look" sorgen sollten.

Natürlich ist dies nicht mit ein paar Eingriffen in die Gammakurve und die individuelle Errechnung der Werte pro Pixel getan.

Geräte, wie die F23 von Sony, die natürlich auch die erforderlichen Qualitäten in Bezug auf das Handling bieten, bilden so etwas wie eine „Brücke" zwischen der Fernseh– und der Filmwelt.

Priority Processing

Um die zunehmenden Aufgaben in den Kameras überhaupt noch bewältigen zu können, müssen sie in Software ausgelagert werden, die allerdings von „intelligenten" Algorithmen gesteuert werden muss. Nun findet die Möglichkeit der zuweisbaren Aufgaben aber ihre natürlichen Zeitgrenzen, weil in einer Echtzeit- Umgebung das Zeitfenster zur Verarbeitung eines Bildes präzise limitiert ist und mit zunehmender zeitlicher Auflösung entsprechend kleiner wird. Prozesse und Bildbearbeitungen können also nur noch verkürzt stattfinden und selbst die verbesserte Leistung der Technik vermag das nicht in vollem Umfang auszugleichen.

Um dennoch ein optimales Ergebnis zu erreichen, findet eine Bildanalyse statt, die den Prozess-Manager veranlasst, die Ressourcen im DSP so zu verteilen, dass trotz zahlreicher abgebrochener Prozesse, die im „Echtzeitfenster" nicht mehr zur Ausführung gebracht werden konnten, ein gutes Bild ausgegeben wird.

Skalierbare Videos Algorithmen (SAVs). Sie passen sich dynamisch der Ausgangsqualität in Relation zur Verfügung stehenden Zeit und den gebotenen Ressourcen an. Die dynamische Kontrolle der Qualität garantiert dafür stabile, robuste und kosteneffiziente Systeme. Eine Quality- of- Service Umgebung unterstützt das dynamische Ressourcen Management.

Dafür halten Features, wie die Korrektur der chromatischen Aberration Einzug in Kameras der mittleren und unteren Preisklasse, wie sie noch vor wenigen Jahren undenkbar waren. Auf Schnittstellen bekommen wir parallel alle möglichen Bildformate angeboten und die erzielten Bildqualitäten haben nur noch annähernde Ähnlichkeit mit den Ergebnissen älterer Kameras.

Diese benötigten größtenteils noch ein analoges Pre– Processing zur Signalaufbereitung, z.B. Pre Kneeing, was nicht so vorteilhaft für die Farbwiedergabe war.

Die interne Signalverarbeitung innerhalb des Kamera Signalweges geschieht meist mit einer höheren Auflösung, etwa mit 34 bit, denn diese hohe Auflösung hilft Rest– und Rundungsfehler zu minimieren, die die Bildqualität beeinträchtigen würden.

Bei diesen Kameraausführungen wird beispielsweise das „White Shading", das „White Balancing" und das „Flair" noch analog ausgeführt. In modernen hochwertigen Kameras übernehmen das DSP Bausteine auf der digitalen Ebene und sorgen damit für eine hohe Stabilität und für wenig Drift z.B. bei Temperaturschwankungen.

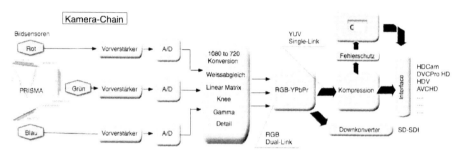

An den Kameraköpfen kann in der Regel das unkomprimierte Signal abgegriffen werden. Handelt es sich um ein 1080p Signal, ist das Interface meistens derzeit noch HDSDI, als Singel– Link.

Allerdings werden sich die Signalwege mit dem Einzug höherer Systemintegration zukünftig gewaltig ändern, denn bei immer weiterreichenden Auflösungen und immer schnelleren und besser integrierten Prozessoren werden sich auch die zeitlichen Auflösungen ändern.

In zukünftigen Systemen werden wir es eher mit einem Down- Convertment zu tu haben als mit einem Up- Scaling denn für den Bereich Fernsehen wird noch für eine ganze Weile das Format 1280x720p/50 Gültigkeit haben und erst in etlichen Jahren dann schließlich 1080p/50.

Moderne Camcorder aber zeichnen schon heute räumlich das 1080p Format auf, obwohl bei den Kameras des unteren und mittleren Preissegmentes das Signal meist nicht am Sensor entsteht, sondern durch Interpolation.

Als MXF- Format abgelegt, haben so erzeugte Files auch den richtigen Übergabe-Container sodass sich die Fernsehlandschaft fast nahtlos in eine IT- Infrastruktur einfügen wird.

Sorgenkind bleiben wahrscheinlich noch eine ganze Weile die Camcorder im unteren Preissegment, weil immer kleiner werdende Bildsensoren, die mittlerweile 1/5" oder 1/6" erreicht haben, mit einem Pixelpitch von weniger als 1,5 µm eine Herausforderung in Bezug auf die Grenzbereiche der Physik darstellen.
Schon heute wird mit dem „*FullHD-Gütesiegel*" dem Konsumenten suggeriert, er bekomme die maximal mögliche HD-Qualität.
In Wirklichkeit bekommt er eine Qualität, die aus dem Bereich des etwas besseren Standard-Definition Fernsehen nur hochgerechnet ist, weil vermutlich die miniaturisierten Bildsensoren bei einer entsprechenden HD-Auflösung nur noch ein unzureichendes Bild liefern würden, das keinen Kunden mehr zum Kauf eines neuen Camcorders animieren könnte.
Aber kleine Sensoren sind nun einmal preiswert. Also wird der Kunde dies über eine verminderte Qualität begleichen müssen.

Begrifflichkeit und Definition

Bevor wir jetzt zur Aufzeichnung kommen, die mit Formaten und Datenreduktionen zu tun hat, ist es erforderlich die Begriffe zu klären, mit denen dabei umgegangen wird.
Begriffe, die im täglichen Umgang mit HDTV genannt werden. Diese Erklärungen sind auch nötig für ein späteres Verständnis der Zusammenhänge und auch für eine Einordnung der Entscheidungsträger, denn HDTV „*fällt ja nicht vom Himmel*".
Gremien, die an den Entscheidungsprozessen beteiligt sind werden kurz vorgestellt, denn HDTV entwickelt sich nicht von allein.

Viele sind mittlerweile der Meinung, es würde sich aus dem Internet heraus entwickeln und Firmen wie *Microsoft* oder *Apple* hätten ein gewaltiges Wort in dieser Sache mitzureden.
Das ist natürlich falsch. Der Einfluss solcher Firmen auf das digitale Fernsehen ist glücklicher Weise nicht von Relevanz, um nicht zu sagen: nicht existent, obwohl Bill Gates immer wieder versucht hat, ei-

nen Fuß in den Markt der TV-Set-Top-Boxen zu bekommen. Wohl arbeiten beide Unternehmen in den entsprechenden Gremien der MPEG und der ITU mit, üben aber keine herausragende Position darin aus. Indiz dafür ist, dass sich die JVT gegen den von Microsoft als Alternative für H.264 eingebrachten Vorschlag des SMPTE-VC1 ausgesprochen hat.

HDTV ist nach wie vor Fernsehen und wir haben es mit spezifischen Datenraten zu tun, die im Internet, wenn überhaupt jemals, zumindest lange Zeit nicht zur Verfügung stehen werden.

Doch schon beim ersten Kontakt mit der Thematik steht man vor einem Wust von Fachjargon und weiß gar nicht wo man hinschauen soll.

Da wird von „interlaced" und „progressive", von „HDTV", von „HDV" und von „AVC" gefachsimpelt, von Codecs und Schnittstellen, von „Transcoding" und von „wandeln", da ist von „1080i", von „720p" von „24,25,30", und von „60 Bilder pro Sekunde" die Rede und immer wieder tauchen solche Begriffe wie „NTSC" und „PAL" auf.... obwohl man doch nun eigentlich geglaubt hat, diese Begriffe der Analogtechnik zuschreiben zu können.

Es gibt also jede Menge zu klären und ich würde sogar noch ein neues „Fass" aufmachen wollen, nämlich den Bereich der Übertragung ... denn nur die Betrachtung des Gesamtbildes zeigt dem Anwender einen, für ihn vernünftigen Weg und weiht ihn ein in die Entscheidungsstrukturen, die manchmal für den Videoamateur nicht sofort nachvollziehbar sind.

In allen möglichen Computerzeitschriften werden Testergebnisse von High Definition Camcordern veröffentlicht, ohne einem wirklich Antworten auf viele Fragen zu geben.

Da wird ein Ergebnis propagiert, um einen schnellen Magazin– Umsatz zu erhalten und, man muss es leider sagen, auch die nächste größere Werbeschaltung.

Einmal ganz davon abgesehen, dass die tieferen Zusammenhänge vom „einfachen „Tester" meist gar nicht durchschaut werden.

Da gibt es Foren im Internet, in denen der Konsument hofft, Aufklärung zu finden, aber entweder sind die Teilnehmer selbst Laien und die Antworten auf die Fragen sind alles andere als vertrauenswürdig, oder er bekommt von den Profis unter den Forumteilnehmern die

Fachbegriffe nur so „um die Ohren gehauen"... und wieder andere Forumteilnehmer verdecken ihren Mangel an Hintergrundwissen unter dem Mäntelchen des „Anwenders oder Praktikers", den das alles nicht zu interessieren hätte. Nur wenn die Bilder dann ruckeln oder alle möglichen Artefakte zeigen, dann sind die „Praktiker" schnell wieder da und fragen, warum etwas so sei.

Daher wollen wir versuchen dazu beizutragen, Fragen zu beantworten. Wie bereits erwähnt, werden jedoch keine Geräte empfohlen, weil der Markt viel zu schnelllebig ist, wohl aber Systeme und Qualitäten, die der Konsument in den Geräten seiner engeren Wahl wiederfinden sollte.

Es sollen auch Erfahrungen vermittelt werden, die mit Geräten dieser Generation gemacht wurden, um mögliche versteckte Schwachstellen ins Licht der Beurteilung zu rücken und auch das auszusprechen, was kein Hersteller in keinem, noch so bunten Prospekt erwähnt.

Im Zusammenhang mit HDTV fallen regelmäßig Begriffe wie: 1080i/50 oder 720/25p oder ähnlich.

Die unterschiedlichen Schreibweisen führen dabei oft zu Missverständnissen.

Um in diesem Buch nicht weitere Missverständnisse aufkommen zu lassen und nicht ständig erklären zu müssen, was gemeint ist, sei auf die Regel der EBU[10] hingewiesen, die ihren Mitgliedern eine einheitliche Schreibweise empfiehlt und nach der auch in diesem Buch verfahren werden soll, weil sie logisch und unmissverständlich ist.

Dabei passieren bei den *progressiven* Formaten eigentlich kaum Fehler, weil die Schreibweise hier schon jetzt ziemlich klar ist denn 720p/50 sind 720 Zeilen progressiv mit 50 Vollbildern pro Sekunde. Identisch sind dann 1080p/50 oder 720p/25 oder 720p/59,94.

Anders sieht das bei den *Interlace*– Formaten aus, die nicht immer so eindeutig waren: Z.B. 1080i/50, weil man damit 1080 Zeilen interlaced mit 50 Hz **Halb**bildfrequenz gemeint hat.

Das sind in der neuen Schreibweise: 1080i/25.

Die EBU– Festlegung besagt, dass zunächst die vertikale Auflösung (aktive Zeilenzahl) genannt werden soll, gefolgt vom Abtastformat (**i** oder **p**) und nach dem Schrägstrich die Vollbildfrequenz. (Framerate)

---

[10] European Broadcast Union

Die gängigen Formate in Europa wären also demnach: 720p/25 bzw. 720p/50 oder 1080i/25 bzw. in den USA 720p/60 (720p/59,94) und 1080i/30 (1080i/29,97).

Eine Variante beschreibt die Vollbildaufnahme/Wiedergabe im Interlace; denn bei Film hat man ja praktisch 24/25 Vollbilder/sek. Will man sie interlace übertragen, so werden aus den Vollbildern zwar zwei Halbbilder, daraus gewinnt man aber noch keine zusätzlichen Bewegungsabläufe, also keine wirklichen Frames mit unterschiedlichen Inhalten in Bezug auf Bewegung.

Dem Fall wird durch die Bezeichnung 720psf/25 Rechnung getragen, wobei „sf" für "segmented frame" steht.

Canon wartet noch mit einem „hauseigenen" Format auf, das sie 25F nennen. Eine Bezeichnung, die Sie in keiner Spezifikation wiederfinden. In Ermanglung echter progressiver Aufzeichnungsmöglichkeit halbieren sie die interlace Rate von 50i auf 25i und setzen die beiden halben Bilder zu einem (nicht echten) Gesamtbild zusammen. Auch JVC´s 720p24 werden Sie in keiner Spezifikation finden. Ein Format, das lediglich für die Anhänger des „Film- Looks" von JVC bereit gehalten wird.

Ob sich an all die neuen Bezeichnungen wohl die alten "Haudegen" aus der "Standard– Definition" Zeit noch gewöhnen werden?

Denn der Empfehlung folgend müsste Standard Fernsehen zukünftig auch die Bezeichnung 576i/25 (also 576 aktive Zeilen, interlace, 50 Halbbilder/sek. (rechnerisch=25Vollbilder) erhalten.

Aber diese Schreibweise sieht man selbst bei der EBU noch selten. Stattdessen wird auch dort immer wieder auf die alte Schreibweise 625i/25 zurückgegriffen ... Nun ja ... sei´s drum.

Was ist HDTV ?

Natürlich wissen Sie was HDTV ist, aber fragt man sich einmal, wie es denn genau definiert ist, so stößt man auf ebenso überraschende, wie aber auch logische Erklärungen.

HDTV definiert sich zunächst gemäß der ITU unabhängig von technischen Spezifikationen als ein Fernsehsystem, das dem Betrachter bei einem Betrachtungsabstand von dreifacher Bildschirmhöhe eine *"subjektive Einbeziehung"* in die Originalszene vermitteln soll.

Dieser subjektive Eindruck lässt sich nur durch die Verwendung von großen Bildschirmen verwirklichen. Die psycho– optischen Untersuchungen der NHK[11] in Tokio haben ergeben, dass der gewünschte Effekt mit dem Betrachtungswinkel zusammenhängt.

Gleichzeitig würde sich ein Betrachter aber immer in so einem Abstand zum Display platzieren, dass die einzelnen Zeilen nicht mehr sichtbar sind.
Das sagt allerdings noch nichts über die Frage der Auflösung eines Formates aus denn immer wieder ertönt der Ruf nach „FULL–HD"
Da aber das menschliche Auge auch nur ein begrenztes Auflösungsvermögen hat, stellt sich unmittelbar die Frage nach den wirklichen Erfordernissen, also der Frage, welche Auflösung macht wirklich Sinn?
Aus den zuvor angeführten Parametern, zusammen mit einem limitierten, verfügbaren Raumangebot lassen sich die optimalen HDTV – Betrachtungskonditionen bestimmen.
Untersuchungen der EBU– Projektgruppe B/TQU unter der Leitung der BBC haben in diesem Zusammenhang ergeben, welches TV–Signalformat bei einem Betrachtungsabstand von 2,7m in Abhängigkeit der Bildschirmauflösung und Größe benötigt wird.
Die voneinander unabhängigen Ergebnisse sowohl von der NHK als auch der BBC besagen, dass bei einer Grenzauflösung des menschlichen Auges von 1/60 Grad und einer Bildschirmdiagonale von 50"

---

[11] **NHK** *Japanische Rundfunkgesellschaft*)

sowie einem Betrachtungsabstand von 2,7m ein Videosignal mit mindestens **1280x720** Pixel erforderlich ist.

Die BBC Studie belegt dazu, dass die überwiegende Anzahl der Testzuschauer eine Auflösung von 1280x720 auch subjektiv als die angenehmste empfunden hat.

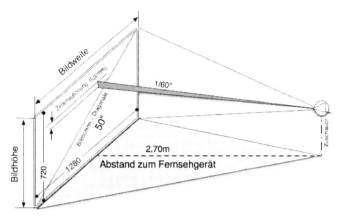

Die Ergebnisse hat die BBC in ihrem Whitepaper WHP092 in einem Schaubild zusammengefasst:

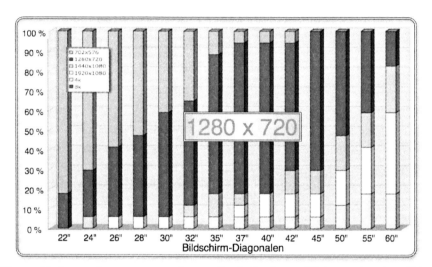

Diese Untersuchungen wurden mit statischen Bildern durchgeführt, haben also eventuelle zusätzliche Nachteile, die sich durch Bewegtbild, insbesondere beim Zwischenzeilenverfahren ergeben, ausgeschlossen.

HDTV ist also weder ein bestimmtes System, noch ein Format und erst recht kein Algorithmus zur Datenreduktion oder gar eine bestimmte Farbabtastung.

HDTV ist ganz einfach nur die Definition eines subjektiven Bildeindruckes.

„Interlaced" oder „Progressiv"

Not macht ja bekanntlich erfinderisch und so leben wir in Deutschland schon ein paar Jahrzehnte im Zeitalter der Datenreduktion und merken es gar nicht.

Denn als man begann, Fernsehen auszustrahlen, stellte man schon bald fest, dass man viel zu viele Daten, damals nannte man es noch Bandbreite, übertragen musste, um ein vernünftiges Fernsehbild, das mindestens ähnliche Bewegungsqualitäten wie der Film hatte, übertragen zu können.

Beim Film hatte man zuvor festgestellt, dass das menschliche Auge so träge ist, dass es Bildfolgen mit 24 Bildern pro Sekunde als flüssige Bewegung wahrnimmt.

Allerdings war man bereits damals einwenig enttäuscht darüber, dass das ständig unterbrochenen Licht aus dem Projektor zu einem unerträglichen Flimmern führt.

Zwar sehen die Bewegungen auf der Leinwand flüssig aus, das Flackern des Lichtes wird vom Menschen aber doch wahrgenommen.

Man begann also, jedes Bild zweimal zu projizieren. Dadurch entstand eine doppelt so hohe „Flimmerfrequenz" von 48 Hz, die man nun kaum mehr wahrnehmen konnte.

Ein paar Jahre später stand das Fernsehen vor dem identischen Problem. Einmal ausstrahlen flimmerte. Nur das die Lösung nicht ganz so einfach war wie beim Film, denn ein zweites Mal konnte man das Bild nicht einfach ausstrahlen. Zum einen hatte man die Bandbreite nicht und zum andern waren die technischen Geräte und Bildröhren erst recht nicht in der Lage, mit so hohen Frequenzen umzugehen.

Daher wandte man einen Trick an: Das Zwischenzeilenverfahren. Streng genommen müsste es das „Zeilen Auslassverfahren" heißen, denn der Trick bestand schlicht und einfach darin, jede zweite Zeile auszu-

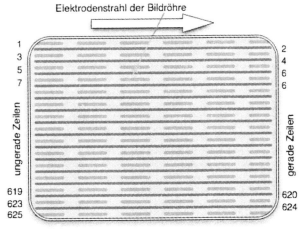

lassen und erst im zweiten Durchgang zu senden.

Aus den 576 sichtbaren Fernsehzeilen machte man so zwei halbe Bilder von je 288 Zeilen, die ineinander verkammt waren.

In der ersten 50-tel Sekunde lief der Elektronenstrahl von oben nach unten über die Bildröhre und es wurde nur jede zweite Zeile geschrieben. Dann startete der Elektronenstrahl wieder oben und schrieb in der nächsten 50-tel Sekunde die beim ersten Durchlauf ausgelassenen Zeilen.

Nach diesem Prinzip funktionierten auch die Aufnahmekameras. Aber während beim Film natürlich nach jedem Weitertransport der Filmrolle ein komplettes neues Bild quasi fotografiert wurde, das dann wie ein komplettes Einzelbild auf dem Film war, gab es in der elektronischen Kamera natürlich nur jeweils ein halbes Bild. Weil aber bewegte Objekte sich nun einmal nicht ruckartig bewegen, sondern flüssig, waren die Objekte auf dem nächsten Halbbild schon einwenig weiter.

Setzte man diese beiden Halbbilder nun wieder zusammen, kam ein ganz merkwürdiger Effekt dabei heraus.

Während die unbewegten Bildinhalte scharf waren, zeigte sich bei allen bewegten Objekten der Verkammungseffekt.

Nur wenn sich das Bild bewegte, sah man es nicht mehr so deutlich. Später kam hinzu, dass die Fernsehgeräte auch bessere Phosphorschichten auf der Bildschirmrückseite hatten, die einwenig die Helligkeit speichern konnten und so etwas nachleuchteten und den Ruckel-Effekt weiter kaschierten. Nur entstand dadurch natürlich auch eine Art Schmiereffekt, der die bewegten Inhalte unscharf erscheinen ließ.

Aber die erste wirksame Datenreduktion im Fernsehbereich war damit geboren.

Seitdem leben wir im Fernsehbereich mit diesen 2 x 288= 576 sichtbaren Zeilen, die aus je einem Halbbild bestehen, das alle 50tel Sekunde übertragen wird und so zu 25 Bilder/sek Darstellung führt.

Das sich der Effekt auch entsprechend negativ auf Schriften auswirkt, die sich so z.B. als Rolltitel bewegen, kann man sich leicht vorstellen und der Effekt hatte schnell die Bezeichnung: Interlace Flickern.

Aus diesen Nachteilen resultierte, dass die auf Computerindustrie, die eines Tages ins Spiel kam, auf ein solches Verfahren nicht zurückgreifen wollte.

Die Darstellungen sollten klar und frei von Flickerartefakten sein. Außerdem musste man zwischen Computer und dem angeschlossenen Monitor keine Daten reduzieren, weil die Bandbreite der Übertragung auf dem Stück Kabel keine Limitierung darstellte.

Man stellte die Bilder im so genannten *Progressiven* Verfahren da.

Vollbilddarstellung nennt man dies gegenüber der Halbbilddarstellung im Zeilensprungverfahren.

Auch lief der Trend weg von der Benutzung der Bildröhre im Computerbereich und sehr schnell traten die Flachbildschirme ihren Siegeszug an, die eine andere Art der Darstellung boten, als die Röhrenmonitore.

Dazu kam dass die Herstellungskosten der Bildröhre mit denen der Flachbildschirme schon bald nicht mehr konkurrieren konnten und auch im TV-Bereich wurden die flachen Bildschirme immer beliebter.

Jetzt stand man aber vor dem Dilemma, dass das Bild, das das Fernsehen lieferte, wie beschrieben anders aufbereitet war, als die neuen Monitore dies benötigten, denn diese wollten keine zwei Halbbilder „sehen" sondern, ähnlich wie beim Film, ein ganzes Bild alle 25 ms.

Um das auf Monitoren sichtbar zu machen, muss das Signal einen De–Interlacer durchlaufen, der aus den „Fields", wie die halben Bilder hießen, nun Frames macht. Hierzu gibt es unterschiedliche Verfahren.

Das einfachste Verfahren ist der Bildspeicher, in den die Fields nacheinander eingelesen und dann gemeinsam, phasenrichtig als Frame wieder ausgegeben werden.

Das funktioniert bei ruhigen Bildinhalten recht gut. Bei bewegten Bildern schon weniger. Hierbei kommt es zu zerrissenen, bewegten Kanten.

Bessere Ergebnisse entstehen, wenn man entweder innerhalb eines Halbbildes die fehlenden Zeilen interpoliert (Spartial De-interlacing).

Sehr aufwendige Verfahren arbeiten zusätzlich mit vektorbasierter Bewegungsschätzung (Motion Adaptation).

Solche Verfahren sind allerdings in den allgemeinen Displays nicht zu finden.

Hier beschränkt man das Signalprocessing meist auf das „Field Merging".

Das nachfolgende Bild verdeutlicht die Unterschiede und die Zusammenhänge von Interlace und Progressiv und von 25/30p zu 50/60p:

Dabei sind sehr schön die beiden Halbbilder zu erkennen, die im jeweils

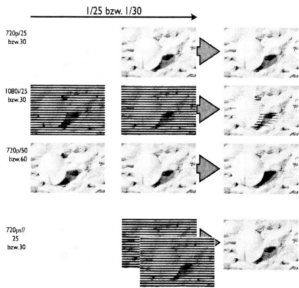

Abstand einer 50tel Sekunde aufgenommen werden.

Es zeigt aber auch, dass die Schärfe des Objektes darunter leidet.

Für bewegte Einzelobjekte, wie hier dem Ball mag das Auge das ja noch verwischen, wenn aber ganze Bilder, beispielsweise in Schwenks halbiert werden, sieht das Ergebnis schon nicht mehr so positiv aus denn nach wie vor, werden pro Halbbild lediglich 288 Zeilen übertragen.

Mit der Zeit hatten auch die Videos in den Computer eingezogen gehalten und ins Fernsehen die digitale Methode, Fernsehbilder zu übertragen.

Allerdings stand man wieder vor dem Dilemma, Datenrate einsparen zu müssen und benutzte dazu Datenraten- Reduktions- Verfahren.

Aber näheres dazu später.

Als das hochauflösende Fernsehen eingeführt werden sollte, stand man auch plötzlich vor der Frage, warum man eigentlich noch das fehlerbehaftete Zeilensprungverfahren übernehmen sollte, wo man doch mittlerweile über effizientere Methoden verfügte, die Datenraten und Bandbreiten zu reduzieren und außerdem könnte man doch, wenn man schon alle 50stel Sekunde ein Bild ausstrahlt, anstatt eines halben Bildes, auch ein ganzes Bild ausstrahlen.

Das würde dann einen weiteren Fortschritt in der Bildauflösung bedeuten.

Und noch während die Gremien und Entscheidungsträger weltweit darüber nachdachten, welche Methode denn nun die bessere sei, haben die Firmen für sich eigene Entscheidungen getroffen, um möglichst schnell mit den neu entwickelten Kameras und Camcordern Geld zu verdienen und natürlich auch gehofft, mit ihren Entscheidungen Fakten schaffen zu können.

Die Video- und Fernsehwelt lief Gefahr, sich wieder ähnlich zu spalten, wie bei der Einführung des Videorekorders, ein paar Jahrzehnte zuvor.

Sony und Panasonic führten zwei Gruppen von Herstellern an, die sich auf der einen Seite dafür einsetzten, das alte Zeilensprungverfahren, nach dem Motto: *„das haben wir immer schon so gemacht.."* ..beizubehalten und auf der andern Seite dafür, Video kompatibel zur Computerdarstellung zu machen und den Vorteil der mittlerweile beträchtlichen Marktpenetration der Flachmonitore zu nutzen.

Aber auch die Vorteile eines artefaktfreien Übertragungsverfahrens nach dem Motto *„.. das haben wir eigentlich in der Vergangenheit nur* *so gemacht, weil wir es nicht besser konnten .... und außerdem bestand Film auch noch nie aus zwei Halbbildern ...."*

Sony propagierte das 1080(i) Interlace- Verfahren mit 2x25 Halbbildern in der Sekunde und einer Auflösung von 1440 horizontalen Bildpunkten und 1080 Zeilen und lehnte sich damit auch nicht etwa an die HDTV Spezifikationen an, sondern an ein Layer aus der 4:3-Zeit, das ursprünglich einmal als HD-Variante von MPEG2 für die „alten" TV-Geräte vorgesehen war.

Panasonic propagierte dahingegen das 720(p) progressive Verfahren mit 25 Vollbildern pro Sekunde mit 1240 Bildpunkten horizontal sowie 720 Zeilen und folgte den SMPTE Vorgaben. Jede der Firmen brachte in den jeweiligen Formaten auch Geräte in den Markt.

Es war also an der Zeit, auch für die Fernsehstationen, zumindest eine Entscheidung zu treffen, wenn sie auch selbst noch kein Equipment anschaffen würden.
Nun treffen Fernsehanstalten meistens keine Entscheidungen für sich allein, denn es macht nur Sinn, sich, wie zuvor bei der deutschen Fernsehnorm PAL, der allgemeinen Entwicklung anzuschließen.

Die Zeit war also reif für eine Entscheidung.

Der „Standard"

Erster Tipp: Lassen Sie Sich niemals von einem Verkäufer oder in einem Forum etwas empfehlen, nur weil es ein Standard ist... denn **was** ist ein Standard?
Ein Standard ist eigentlich **nichts** ... genau genommen ist ein Standard per Definition:
„... eine breit akzeptierte und angewandte Regel oder Norm."
Wenn also Windows als Standard bezeichnet werden sollte, so sind es Mac OS und Linux mit Sicherheit ebenso.
Will also jemand etwas damit begründen, sagt er lediglich, dass er nicht der einzige Anwender ist....
Etwas Anderes ist eine „**Norm**".

Normen werden überwiegend von staatlichen Organisationen herausgegeben... in den USA wäre das die NIST[12] und in Deutschland die DIN[13].

Darüber hinaus gibt es aber noch Organisationen, die ihren Mitgliedern bestimmte technische Richtlinien vorgeben und empfehlen. Diese Organisationen sind in Bezug auf technische Veränderungen sehr mächtig, denn wenn **kein** Broadcaster in den Ländern die technische Veränderung eines Herstellers einsetzt, ist das Produkt meistens zum Scheitern verurteilt.

In den USA ist das der Berufsverband der Ingenieure: IEEE [14] und der Berufsverband: SMPTE[15]. Diese Berufsverbände erarbeiten die Standards aber in der Regel nicht selbst, sondern fungiert als Forum und Dokumentationsinstanz.

Fast alle Herstellerfirmen aus dem Bereich der Videotechnik sind Mitglied in diesen Verbänden, aber auch die Anwender, vertreten durch ausgezeichnete Fachleute aus den Rundfunk– und Fernsehanstalten.

Daher bilden die von der IEEE oder SMPTE dokumentierten Vereinbarungen neben den ITU[16]– und den ANSI[17]– Normen die Basis in diesem Technologiebereich.

Die ANSI ist wiederum Mitglied in der ISO[18], also in der internationalen Vereinigung zur Normenorganisation aus über 150 Ländern.

Für Europa wäre das die CENELEC[19] im Bereich Elektrotechnik zusammen mit ETSI ... aber das müssen Sie alles nicht so genau behalten ... nur der Vollständigkeit halber, um zu verstehen, dass die Organisationen der Hersteller und der Broadcaster die eigentlichen Weichensteller in der technischen Entwicklung sind. Es sind nicht die „Microsofts" oder die „Apples", wie man manchen Publikationen entnehmen kann, denn Fernsehen und Multimedia– PCs sind und bleiben wahrscheinlich noch sehr lange, zwei „Paar Schuhe". Es ist auch nicht die Filmindustrie, denn deren Gewicht hat mit der Einführung des Massenmediums Fernsehen immer weiter gelitten. In Europa ist ganz maßgeblich die EBU [20] an den Entscheidungsfindungen beteiligt. Diese Organisation vertritt 74 Broadcaster in 54 Ländern der

---

[12] National Institut for Standards and Technology
[13] Deutschen Institut für Normung
[14] Institute of Electrical and Electronics Engineers
[15] Society of Motion Picture and Television Engineers
[16] International Telecommunication Union (Verein)
[17] US–amerikanische Stelle zur Normung industrieller Verfahrensweisen
[18] International Organization for Standardization
[19] Europäisches Komitee für elektrotechnische Normung
[20] European Broadcast Union

Welt. Fachleute begutachten im Auftrag der EBU, technische Lösungen und arbeiten Empfehlungen aus, die in der Regel dann von allen angeschlossenen Fernsehanstalten auch umgesetzt werden. Aus Erfahrung weiß ich, wie viel Arbeit nötig ist, um hier zu einer ausgewogenen Entscheidung zu kommen, weiß aber auch, wie viel Fachwissen aus den Firmen und von den Broadcastern dafür bereitgestellt wird.

Gleichwohl kann ich aber aus der Erfahrung heraus auch sagen, mit welch´ hohem Maß an Lobbyismus die Hersteller bemüht sind, gerade ihren Verfahren den Vorsprung zu verschaffen, der im Erfolgsfall auch die erhofften Verkaufszahlen nach sich zieht.

Die Entscheidungen solcher Gremien haben aber auch Implikationen für den Konsumenten; denn gegen ein Fernsehsystem, das für den Einsatz im Europäischen Raum vorgeschlagen wird, hat kein anderes System eine Chance. Und selbst wenn sich der eine oder andere Broadcaster schon einmal im Glauben an die Versprechen einzelner Hersteller für den Einsatz eines anderen Systems entschieden hat, wird er im Nachhinein die „Suppe auslöffeln" müssen, die ihm die Firma eingebrockt hat und die angeschafften Investitionen abschreiben.

Denn die nachgelagerten Entscheidungen bei den Herstellern der Fernsehgeräte und Set–Top–Boxen orientieren sich natürlich ausschließlich am Massenmarkt.

So würden die technischen Übertragungen desjenigen, der sich gegen eine solche allgemeine Entscheidung ausgerüstet hat, von der Öffentlichkeit nicht sichtbar sein.

Ganz schlecht, für einen Fernsehsender … wie man sich vorstellen kann.

Manchmal dauern aber auch die Entscheidungen der Gremien sehr lange. Vor allem, wenn es genügend „Bremser" im Geflecht gibt, die es geschickt verstehen, Entscheidungen heraus zu zögern. Sei es von Seiten der Rundfunk– Fernsehanstalten, die vielleicht gerade noch in Neuanschaffungen im alten Fernsehsystem investiert haben, oder aber von Seiten der Hersteller, die bestimmte Produkte noch gar nicht fertig haben oder unbedingt verhindern möchten, dass Konkurrenzprodukten ein Vorlauf am Markt verschafft wird.

So ist es beispielsweise im HDTV Bereich in Europa geschehen und die Gerätehersteller von Set– Top Boxen mussten dem Druck einzelner (privater) Sender nachgeben, die HDTV bereits übertragen wollten und dazu natürlich Empfangsgeräte benötigten.

Die Lösung bestand in diesem Fall darin, dass die Boxen beide in Frage kommenden Systeme 1080i und 720p unterstützten.

> (Die STB– Hersteller wollten dass Premiere– Desaster nicht wiederholen, in dem NOKIA sich für ein bestimmtes Zugangs– System, gemeinsam mit einem Anbieter entschieden hatte, der dann aber leider später nicht „das Rennen" machte.)

Aber letztlich kam es nach langem Hin– und Her im HDTV Bereich dann schließlich im Oktober 2004 doch zu einer Empfehlung die auch Planungssicherheit sowohl bei den Broadcastern, als auch bei der Geräteindustrie schafft.

Das Technical Committee der EBU verabschiedete die EBU Technical Recommendation R112–204 mit folgendem Inhalt:

Empfehlung:

720p/50 ist die optimale Lösung...

1080p/50 könnte eine spätere Option sein.

Damit ist die Entscheidung für Europa gefallen und die ewigen Grabenkämpfe zwischen der Anhängerschar der interlaced Verfechter und der progressiv Anhänger dürften spätestens mit der Entscheidung des ZDF Mitte 2007 ein Ende gefunden haben, sich der Empfehlung der EBU anzuschießen, da sie die Vorzüge einer progressiven Ausstrahlung nachvollziehen könnten. Diese kurze Mitteilung dürfte den Ausschlag geben und den jetzt noch zögernden andern Fernsehanstalten keine andere Wahl mehr lassen.

Wie es zu dieser Empfehlung der EBU gekommen ist und was sie letztlich für die Zukunft von HDTV bedeutet soll im folgenden Kapitel dargestellt werden.

Eine Anmerkung vielleicht noch zum Abschluss.

Derzeit erleben wir eine Entwicklung, wie es sie bisher noch nicht gegeben hat.

Bisher wurden Systeme immer „von oben- nach unten" eingeführt, also die Broadcaster starteten ein System .... und der Markt folgte.

Hier scheint ein Paradigmenwechsel stattzufinden. HDTV wird über den Konsumer eingeführt. Noch bevor das Fernsehen eigentlich soweit ist, wird es in den Haushalten bereits ein „alter Hut" sein. Und die Dynamik nimmt erheblich zu ... und damit der Druck auf die Sendeanstalten.

Zum ersten Mal verlangt der Zuschauer endlich eine Lösung. Das hat es bisher noch nicht gegeben.

Ein bemerkenswerter Prozess und es wird spannend zu beobachten, wie lange die Fernsehanstalten diesem Druck noch ausweichen können.

Auswirkung:
Leider beschränkte man sich in der anfänglichen Diskussion um HDTV– Formate nur auf eine Debatte um progressiv oder Zwischenzeilenverfahren und um eine Argumentation von mehr oder weniger als 1000 Zeilen .... nach dem Motto: *"mehr als 1000 ist immer gut"*..., ohne jedoch die Auswirkungen von Interlaced– Bewegtbildern auf die Performanz der einzelnen Systeme, auch im Fernsehbetrieb (Kameras, Studiokompression, Kompression in der Ausstrahlung, Bitrate, Display usw.) zu berücksichtigen, was natürlich auch einen entsprechenden Kostenfaktor darstellt, den letztlich der Konsument, also der Fernsehzuschauer zu bezahlen hat.
Und *„last not least"* darf auf der Seite der Broadcaster auch die Formatkonversion nicht vergessen werden, denn nach wie vor ist das 4:3 Format noch dominant im europäischen Fernsehgeschehen.

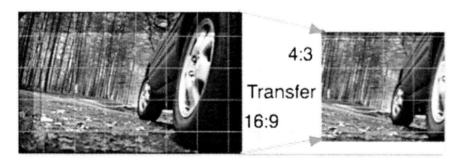

Es muss also immer eine „intelligente" und damit kostenintensive Formatkonversion stattfinden.
Untersuchungen der EBU ergaben daher, dass auch, aber insbesondere in der Ausstrahlung ein progressives HDTV Signalformat von Vorteil ist.
Die EBU Empfehlung R112–2004 bezieht sich auf all diese Belange und spricht sich daher für eine Implementierung des 1280x720p50 aus.
Gleichzeitig enthält diese Empfehlung aber auch eine weiterreichende Empfehlung, den Hinweis, dass ein HDTV Format der Zukunft mit

1920x1080 **progressiv** scan mit **50 Hz** Bildwechselfrequenz eine Option sein könnte.

Dieses Übertragungsverfahren besitzt dann bereits wieder die Bewegungsschärfe des interlace Verfahrens, bei Konturschärfe des Progressiv– Verfahrens.

Vergessen darf man in diesem Zusammenhang aber nicht, dass Ausstrahlung, egal ob über Kabel, Terrestrisch oder über Satellit, eine teure Angelegenheit ist.

Derzeit (2007) berechnet der Satellitenbetreiber SES ASTRA allein für die Transponderbenutzung ca. >150.000 EUR pro 1MBit/s pro Monat<.

Die Vervielfachung der Datenrate für HDTV geht also immer einher mit einer entsprechend wirtschaftlichen Nutzung.

Es reicht aus dieser Warte also nicht zu sagen, wir wollen ein möglichst schönes und hoch aufgelöstes Bild... man muss auch darüber nachdenken, wie sich die Kosten erwirtschaften.

Ein weiterer Unterschied ist in diesem Zusammenhang noch anzumerken:

Bei dem derzeitigen 1080i – Übertragungsverfahren werden horizontal 1920 Bildpunkte übertragen, gegenüber 1280 Bildpunkten beim progressiven Verfahren.

Nun könnte man geneigt sein zu sagen ... *das ist ja eine tolle Sache ... nicht nur mehr Zeilen (1080), sondern auch noch mehr horizontale Auflösung (1920).....* aber ganz so einfach ist das nicht.

Die Auflösung ist nicht wirklich "echt".

Nicht alle Bildsensoren in den Kameras haben die Größe des versprochenen Bildformates.

Die Canon XL H1 hat z.B. drei Sensoren mit 1440x1080 Bildpunkten.

Die Sony HVR–Z1 hat drei 960x1080 Sensoren und die Panasonic AG–HVR200 hat drei Sensoren mit sogar nur 960x540 Bildpunkten.

Sie alle machen aber daraus 1920x1080 Videos.

Wie stark sich der Unterschied beispielsweise der Canon H1 mit 1,55 MPix/Chip gegenüber der Sony Z1 mit „nur" 1,07 Mpix/Chip, also mit lediglich rd. 50% einer möglichen Gesamtauflösung des HD Bildes von 2,07 MPix auswirkt, zeigt der direkte Vergleich.

Sony Z1

Canon XL/H1

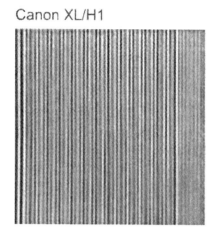

Wobei auch hier festgestellt werden muss, dass auch die Canon H1 mit 1,55 MPix nicht die mögliche HD-Auflösung von 1920x1080 wirklich erreicht, sondern dass sie ebenfalls interpoliert ist.

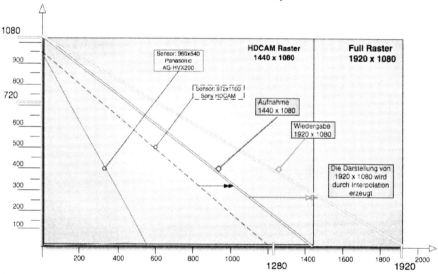

Das heißt, dass die Bilder dieser Kameras nicht wirklich vom Bildsensor aufgenommen werden, sondern künstlich erzeugt werden. In diesem Fall durch eine längliche Pixelform, die bei der Wiedergabe in die Breite gezogen wird, und es dadurch wieder eine quadratische Pixelwiedergabe ergibt.

Die Schärfe der Bilder leidet jedoch darunter und täuscht also nur das Auge.

Faktisch gibt es derzeit (Anfang 2008) k e i n e wirklich „FullHD" aufzeichnende Videokamera für den Consumer- Markt und die Qualitäten der Reproduktionsmedien, Computer und Monitore laufen in den Darstellungsmöglichkeiten den Akquisitionsmedien davon.

Steve Jobs, der Gründer und CEO von Apple (Computers) hat den Herstellern von Camcordern öffentlich vorgeworfen, sie würden nicht in der Lage sein, Camcorder herzustellen, die die Qualität der Computer erreichen würden.

Er reklamierte, das die von vielen Kameraherstellern versprochene volle HD-Auflösung bei der Übertragung der Daten auf den Computer verloren ginge, bzw. gar nicht erst in der Kamera erzeugt würde. Heraus käme nur eine - wenn auch für den Laien eigentlich nicht einschätzbare - reduzierte Fassung. Nicht einschätzbar deshalb, weil viele nicht Profis unter den Kamerabenutzern, niemals die wirkliche Qualität von voll aufgelöstem HDTV gesehen haben und deshalb ihre "getrickste" Version für HDTV halten.

Die Kamerahersteller, würden es nicht schaffen, so Steven Job, die hohe Qualität der Bilder von Anfang bis Ende beizubehalten. *"HD Camcorder haben nicht die Sensoren für Full High Definition"* erklärte er öffentlich bei seiner Vorführung und zeigte damit ebenso auf, dass es nach der Übertragung von Videos und Bildern aus einer HD-Kamera gar keine vollen HD-Auflösungen geben könne.

Das Wirtschaftsmagazin *CNN Money* konfrontierte die Hersteller mit diesen Vorwürfen und bat sie um ihre Stellungnahme. Repräsentanten von Matsushitas Panasonic, Sony Corp. und Victor Co. aus Japan wurden um eine solche Stellungnahme gebeten. Sie gaben keinen Kommentar dazu ab. Dabei sind gerade Panasonic und Sony die beiden ersten Anbieter des High-Definition Video Dateiformats AVCHD.

Unabhängig, wie aber solche Bilder erzeugt wurden, müsste die so künstlich erzeugte Bandbreite von 1920 x 1080 dennoch auf dem Fernsehweg übertragen werden.

Wie wir aber wissen, ist Übertragungsrate teuer... und es ist schon ein Unterschied, ob ich die Bandbreite eines Satelliten –Transponders aufteile in sparsame progressive Kanäle oder in Interlace– Kanäle.

Darüber hinaus sind die Frequenzen für Fernsehübertragungen auch nicht beliebig zu vervielfältigen und eher ein knappes Gut im Wellenplan.

Daraus ergibt sich sehr schnell, dass die Verfahren unterschiedliche Anforderungen an den Übertragungsweg stellen.

Um dies zu kompensieren, werden die Signale unterschiedlich stark komprimiert.

Wenn also die EBU 1280x720 und mit 50 statt bisher 25 Vollbildern empfiehlt, bedeutet das zumindest erst einmal eine Verdoppelung der Datenrate.

Sollte es in einem späteren HDTV System sogar 1080 Zeilen und eine horizontale Auflösung von 1920 Bildpunkten geben, und das sogar noch bei 50 statt der bisherigen 25 Vollbilder pro Sekunde ist das eine weitere beachtliche Bandbreitenerhöhung, die entweder zu erheblichen Mehrkosten führt, oder aber man benutzt als Alternative mächtigere Reduktionsalgorithmen, die bei gleich bleibender oder nur unmerklich verändertet Bildqualität weniger Bandbreite benötigen und damit weniger Kosten auf den Produktions- und Übertragungsstrecken verursachen.

Oftmals wird die höhere Pixelanzahl von 1080i gegenüber der progressiven Übertragung hervorgehoben... aber, es ist nicht allein die Pixelzahl, die bei Bewegtbild zum Tragen kommt.

Gültig wäre das, für die Übertragung von Standbildern.

Bei Bewegtbild sind es die Bildpunkte pro Sekunde, die das Bild ausmachen. Und hier ist es nur durch die vorangegangene höhere Kompression u.U. sogar weniger als im progressiven Format.

Auch direkte Vergleiche können nicht wirklich angestellt werden denn was man bei solchen Versuchen tatsächlich vergleicht, sind die Qualitäten der benutzten Hardware der Formatkonvertierung.

Man darf nicht vergessen, dass die Formate vom Zeitpunkt der Generierung sich im originären Umfeld bewegen müssten, um wirklich verglichen werden zu können.

Eine andere Alternative wäre die Simulation unterschiedlicher Sendewege, wie sie in Realität stattfinden würden, um dann auf einem Konsumer– Monitor zusammen zu laufen, denn der Konsumer wird sich keine zwei Monitore, für die unterschiedlichen Übertragungsverfahren zulegen ... zumal die Auswahl der interlace– arbeitenden Monitore – soweit überhaupt vorhanden – ohnehin eingeschränkt ist.

Alle Untersuchungen haben ergeben, dass bei einem HD Signal mit 50 progressiv aufgezeichneten Bildern pro Sekunde und einer örtlichen 1280x720 Pixel Auflösung, auf einem Display mit einer Auflösung von 1366x768 die vom Betrachter wahrgenommene Bildqualität in allen untersuchten Genres als höherwertig wahrgenommen wird als bei einem HD Signal mit 50 interlaced aufgezeichneten Bildern pro Sekunde und einer örtlichen Auflösung von 1920x1080 Bildpunkten.

Da sowohl das 720p/50 als auch das 1080i/50 System durch eine sehr aufwendige Skalierung an die Auflösung solcher Displays angepasst werden müssen, kann davon ausgegangen werden, dass die dadurch entstehenden Verluste in der Bildqualität in beiden Systemen annähernd gleich stark ausfallen.
Diese Erkenntnisse lassen darauf schließen dass das beim 1080i/50 Format zusätzliche De- Interlacing, das die Bildqualität bekanntermaßen weiter beeinträchtigt, den Ausschlag für das 720p/50 System gegeben hat.
Da diese Displays mit so genannten schrägen Computerauflösungen momentan und voraussichtlich auch in der nahen Zukunft den Flachdisplaymarkt dominieren werden, ist dieses Ergebnis von besonderem Interesse.
Mit Hilfe dieser Ergebnisse lassen sich des Weiteren Rückschlüsse auf die Darstellung der beiden Formate auf einem Display mit der Auflösung 1280x720 ziehen.

Da das 720p/50 Format hier keinerlei Signalverarbeitung in Bezug auf Skalierung bzw. De-Interlacing erfährt, das 1080i/50 jedoch sowohl skaliert als auch de- interlaced wird, kann von einer deutlich höheren Bildqualität des 720p/50 Formates ausgegangen werden.

Hierzu sei noch angemerkt, dass die Abwärtsskalierung eines progressiv aufgezeichneten Bildes gegenüber einem nativ in der niedrigeren Auflösung aufgezeichneten Bildes zu einer Bildverbesserung führen kann (Überabtastung), durch unvermeidbare Fehler des vorangegangenen De- interlacing bei einem interlaced aufgezeichnetes Signal verschlechtert sich die Qualität des abwärtsskalierten Bildes jedoch im Vergleich zu einem nativ in der niedrigeren Auflösung aufgezeichneten Bildes[21].

---

[21] (Fehlerfortpflanzung bei der Skalierung)

Aufgrund dieser Erkenntnis lässt sich die Vermutung anstellen, dass ein 720p/50 Signal, dargestellt auf einem 1290x720 Display eine deutlich bessere Bildqualität liefert als ein 1080i/50 Signal, dargestellt auf einem 1920x1080 Display.

Folgerichtig musste eine Empfehlung für einen Produktions– und Sendestandard zugunsten des 720p/50 Systems ausfallen.

Neben der in den Untersuchungen ermittelten höheren Bildqualität spielt bei der Übertragung digitaler Signale die Datenreduktion eine entscheidende Rolle.

Progressiv arbeitende Systeme lassen sich um etwa 15–20% effektiver komprimieren als vergleichbare Interlaced System, so dass die Übertragungsrate bei vergleichbarer Qualität um diese 15–20% reduziert werden kann.

Dieser nicht unerhebliche wirtschaftliche Aspekt wird durch die Vorteile, die ein progressives System in Bezug auf Spezialtechniken wie Chroma– Keying, Slow– Motion oder Standbildwiedergabe bietet, zusätzlich untermauert.

Bezüglich der Technologieoptionen, die es bei einer solchen Entscheidung zu berücksichtigen gilt ist neben den Signal und Kompressionsformaten insbesondere die Frequenzplanung in Europa. Sie unterscheidet sich signifikant von der Situation in Nordamerika oder in Japan, wo HDTV bereits seit geraumer Zeit zum Alltag gehören.

Der Trend zu einem vielfältigen Angebot erfordert einen wirtschaftlichen Umgang mit dem verfügbaren Spektrum.

In der Konsequenz wird davon ausgegangen, dass für HDTV keine weiteren Frequenzen bereit stehen werden, so dass ein angemessener Kompromiss zwischen der erforderlichen HD Bildqualität und verfügbarer Bandbreite gefunden werden muss.

Daher ist es notwendig einen Codiergewinn mittels Progressiv Scan bei der Frequenzbudgetkalkulation zu berücksichtigen.

Ein marktwirtschaftliches Argument ist die Verfügbarkeit von HD– fähigen Set–Top–Boxen.

In den USA (60Hz) werden die beiden HD–Formate 1080i und 720p nahezu von allen STB unterstützt.

In Australien existieren sogar STB für HDTV die 50 Hz unterstützen.

Es ist offensichtlich, dass die Hersteller der STB aus der Einführung des Pay–TV in Europa gelernt haben und sich nicht mehr auf einen Einzelnen Weg kaprizieren wollen, sondern eine offene Plattform an-

bieten möchten und die Geräte möglichst ohne große Designände-
rung auch in Europa anbieten wollen.

Um einen geeigneten HD–Standard für Europa zu finden, mussten
ähnliche Überlegungen und Untersuchungen angestellt werden, wie
sie bei der Digitalisierung der Standardauflösungs–Produktionskette
getroffen worden sind[22].

Wichtige Fragen für HD in der Produktion sind Interoperabilität, internationaler Programmaustausch, Equipment Verfügbarkeit aber auch
die Frage nach hinreichender HD– Bildqualität für eine Vielzahl von
Verwertungsapplikationen und letztlich die Zukunftssicherheit.

Vor diesem Hintergrund ist es einwenig unverständlich, warum Europa nicht gleich den Schritt hin zur 30p bzw. 60p Übertragung gewagt
hat, zumal die Systemketten ohnehin autark laufen. (Akquisition – PP
– Tx – Rx – Monitoring)

Derzeit auch am weitesten verbreitet für die HD Produktion ist 720p,
nachdem FOX in den USA mehr als 50% der Sendeanteile in diesem
Format durchführt.

In Europa wird es sich ebenso entwickeln, nachdem das ZDF sich
auch für 720p entschieden hat.

Der Trend in der Kameratechnik zu progressiver Abtastung mit voller
HDTV Auflösung von 1920x1080 Bildpunkten und 60 bzw. 50 Frames
ist mit Sicherheit ein großer Fortschritt, um Artefakte zu verringern.

Eine Herausforderung stellt allerdings die Handhabung der damit verbundenen Datenraten von 3 Gbit/s (4:2:2) in der Studioumgebung dar.
Die derzeit breit verfügbare HDTV– Infrastruktur (HDSDI) kann maximal 1,5 GBit/s verarbeiten (Single–Link) und neue Schnittstellen wurden von der Industrie bisher im Studiobereich nicht avisiert und ob
HDMI sich als studiotauglich herausstellt bleibt wohl noch eine ganze
Zeit eine offene Frage.

Es ist also entweder ein Downsampling in der Kamera zu einem
Standard HDTV Signal– und Schnittstellenformat notwendig oder eine
"milde" Datenreduktion (etwa Faktor 3) zur Übertragung über HD–
SDI.

Eine HD Einführung in der Produktion bedeutet für viele Fernsehanstalten, die gerade mit dem Umstieg zu bandlosen Server– und
Netzwerkbasierten Produktionstechniken begonnen haben, dass die

---

[22] (Baseband–Standard, Recommendation 601, Kompressionsformate usw.)

Umstellung auf HDTV Datenraten eventuell eine Hard– und Software-aufrüstung erfordern werden.

Langfristig sehen viele Sendeanstalten, Gremien und Hersteller das 1080**p**/50 Format als das Fernsehsystem der Zukunft.

Dieser Standard ist sowohl in der ITU–R BT.709–5 als auch in der SMPTE 274M spezifiziert.

Die EBU hat diesen ebenfalls bereits perspektivisch in ihrer EBU Tech.3298–E aufgenommen. Interessant ist es, dass es über dieses Langziel offenbar keine Uneinigkeit gibt.

Ohnehin muss vor dem Hintergrund, dass Europa den großen Vorteil genießt, kein etabliertes Format im Markt zu haben und somit die Möglichkeit hat, zukunftssichere und moderne Technologien einzuführen, die Frage stellen, warum man "*alte Zöpfe*" aus "*grauer Vorzeit*" nicht abschneidet.

Dazu gehören sicher auch die Relikte aus der Filmtechnik wie 24 Bilder/sec, obwohl, wenn man den derzeitigen Trends folgen will, könnte 24p noch eine neue Renaissance erleben, weil es eines der wenigen Formate ist, aus denen heraus man mit bekannten Mitteln und Tools in die andern, weltweit benutzten Formate überführen kann.

Es fragt sich aber, warum es noch die Unterschiede zwischen 60p und 59,95p oder 29,97 und 30p gibt, denn wenn man heute 30p sagt, meint man in Wirklichkeit 29,97 oder wenn man 60p meint, wird man in 59,95 arbeiten.

Diese Formate stammen noch aus der alten Schwarz- Weiss- Fern-sehzeit in den USA, denn als plötzlich die Farbe und damit ein neuer Farbträger im Fernsehsignal dazu kam, blieb man 10% unterhalb der Sollfrequenz weil die Tonträgerfrequenz bei NTSC zu Interferenzen mit der dieser neu geschaffenen Farbträgerfrequenz führte.

Solche „Fehlkonstruktionen" führten dann schließlich zu den „krummen" Taktzahlen....

Vor dem Umstand, dass die Hersteller sowohl von Kameras, als auch der STB und Monitoren fast ausnahmslos kompatible Lösungen an-bieten, muss natürlich auch die Frage gestattet sein, warum Europa auf seinen 25 Bildern eigentlich beharrt?

Zumal es den zukünftigen internationalen Programmaustausch nicht eben einfacher macht.

Fernsehstationen, die bereits HDTV ausstrahlen verlangen zwar in ihren technischen Anforderungen die Ablieferung von 25/50 Frames/sec, weisen aber im selben Atemzug darauf hin, dass Ihnen bekannt ist, dass es so gut wie keinen internationalen Content in diesem Format gibt und sie daher auch gewandeltes Material akzeptieren.

Wer aber einmal eine solche Wandlung durchführen musste, der weiß, wie schwierig es ist, aus dem 30 Frame Feld und dem dazugehörigen Farbort und dem Sampling in die 25 Frame–Welt zu überführen und stellt sich eben diese Frage immer wieder ... warum geht das in Europa nicht in 30 Frame....?

Die nachfolgende Grafik verdeutlicht, wie „schief" die zeitlichen Parameter zu den unterschiedlichen Bildformaten liegen.

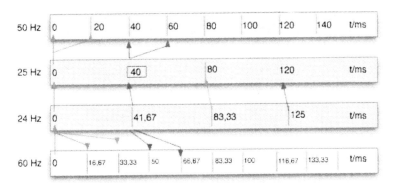

Die Systemkette ist, von der Akquisition bis hin ins Wohnzimmer der Fernsehzuschauer vorhanden und dennoch beharrt jede Region auf die eigenen Formate.

Befragt man dazu "Experten" so bekommt man Begriffe: wie „Systemtakte" oder „Frequenzen für Licht (Netzfrequenz)" ... vorgehalten... aber keine wirklichen Argumente, die das Nutzen von 25/50 Bildern/sek. In Europa zwingend machen.

Formate

Nun haben sich, ähnlich wie die Set–Top–Box Hersteller, die ihre Produkte einfach für jedes Format offen halten, auch die beiden Protagonisten im Markt des HDTV, Sony und Panasonic offenbar geeinigt, ähnliche Ziele verfolgen zu wollen. Speziell vor dem Hintergrund, dass auch der amerikanische Markt mit mehreren Systemen zu leben gedenkt.

Haben die Firmen anfangs noch versucht, ihre ideologischen Schwerpunkte durchzusetzen, um ggf. der Gewinner eines Rennens und damit Gewinner des gesamten Marktpotentials werden zu können, so haben sie jetzt wohl eingesehen, dass weder Sony mit seinem Favoriten für interlaced Übertragung, als auch Panasonic mit seinem Fable für progressive Abtastung das Rennen für sich entscheiden können.

Nachdem es bis jetzt also keine Gewinner gibt, möchte jetzt aber zumindest jeder der Beteiligten sicherstellen, wenigstens nicht zu den Verlierern zu gehören, falls sich der Markt doch noch für das eine oder andere Format entscheiden sollte. [23]

Das bedeutet zunächst einmal für die Kameras, dass sie zu Multiformat– Instrumenten werden und nicht nur das derzeit machbare verwirklichen, sondern auch den Schritt in die Zukunft wagen und den Versuch unternehmen, bereits den Konsens, nämlich das von allen sosehr angestrebte Format 1080p/50 bzw. 60 verwirklichen, wohl wissend, dass die Übertragungsraten, wie zuvor beschrieben, nur durch einen effizienteren Codec in einem wirtschaftlichen Rahmen gehalten werden können.

Die Definition der Videoformate geht auf die Empfehlungen der SMPTE zurück:

Grundsätzlich gibt es für HDTV lediglich 2 Varianten:

1920 x 1080 in interlaced und in progressiv mit den unterschiedlichen zeitlichen Auflösungen, nach SMPTE 274M und 1280 x 720, ebenfalls in unterschiedlichen zeitlichen Auflösungen.

Interessant, und im Zusammenhang mit HDV bemerkenswert ist, dass sämtliche hier angesprochenen 19 Systeme (11x 1920 und 8 x 1240) progressive Formate sind, bis auf Systeme 4,5 u. 6 aus der Reihe der 1920er Formaten, das als 1920 x 1080 /50/59.96/60/i (aktuelle Schreibweise: 1080i/25/29.98/30) ausgelegt sind.

---

[23] Wobei Panasonic mit seinem progressiv Format eigentlich schon nicht mehr der Verlierer werden kann.

TYP	MASSE	FRAMES PRO SEKUNDE	SCANMETHODE
720 24p	1280 x 720 Pixel	23,976	Progressiv
720 25p	1280 x 720 Pixel	25	Progressiv
720 30p	1280 x 720 Pixel	29,97	Progressiv
720 50p	1280 x 720 Pixel	50	Progressiv
720 60p	1280 x 720 Pixel	59,94	Progressiv
1080 24p	1920 x 1080 Pixel	23,976	Progressiv
1080 25p	1920 x 1080 Pixel	25	Progressiv
1080 30p	1920 x 1080 Pixel	29,97	Progressiv
1080 60p	1920 x 1080 Pixel	59,94	Progressiv
1080 50i	1920 x 1080 Pixel	25 (50 Felder pro Sekunde)	Interlaced
1080 60i	1920 x 1080 Pixel	29,97 (59,94 Felder pro Sekunde)	Interlaced

Interlaced kommt also in der HDTV Definition, bis auf diese Ausnahme, nicht dominant vor. Umso unverständlicher ist die lang anhaltende Diskussion um Progressiv oder Interlaced, speziell vor dem Hintergrund einer zukünftigen höheren zeitlichen Auflösung.

Auflösungen wie 1440 x 1080, die aus der 4:3 MPEG-2 Definition kommen, (High 14 Level) erscheinen in HDTV Definitionen gar nicht. Wohingegen das HDV1 mit 1240x720p eine „echte" HDTV Auflösung ist. Bei den progressiven Formaten ist allerdings auch festzustellen, dass das angestrebte 1080p/50 Format, für die zukünftigen HD-Ausstrahlungen noch gar nicht enthalten ist.

Vielleicht ist darauf zurück zu führen, dass es derzeit in den Kameras noch keine Berücksichtigung findet. Ein Nacharbeiten der Gremien wäre hier im Interesse einer Planungssicherheit wünschenswert.

Aber schauen wir uns für einen Augenblick noch einmal die Formate im Hinblick auf ihre „Kompatibilität" an: Würden man, wie schon angesprochen, in einer homogenen „Akquisitions– Welt" (nur einmal theoretisch), alles in 1080p/24 aufzeichnen, würden daraus durch die entsprechenden Mechanismen beinah alle andern Formate herzustellen sein.

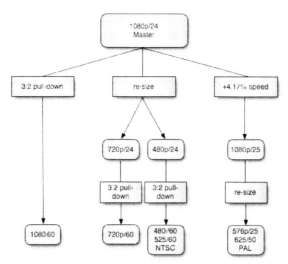

Leider ist die Video– Welt aber nicht darauf abgestimmt, solche Prozesse konsequent umzusetzen. Über die Gründe mag man nun spekulieren. Ganz sicher liegt es aber auch mit daran, dass nicht ausreichend hochwertige Tools in den NLEs angeboten werden, die eine **hoch qualitative** Wandlung, auch im Hinblick auf die unterschiedlichen Farbräume anbieten.

Datenreduktion
MPEG 2

Bevor unser Bild aber nun seine Reise durch den Camcorder fortsetzen kann, müssen die immensen Datenmengen, die bei der Abtastung anfallen, erst einmal auf das Maß reduziert werden, die für eine wirtschaftliche Aufzeichnung noch handhabbar ist.

Anfang der 80er Jahre fing alles damit an, dass Philips und Sony die CompactDisk (CD) herausbrachten. Dazu war es erforderlich, die Musikdaten zu digitalisieren und, damit sie auf das relativ begrenzte Medium passen, zu verringern.

Fernsehbilder beinhalten aber eine rund 10.000–fach größere Datenmenge, deren Übertragung in der ursprünglichen Form sich nicht wirtschaftlich gestalten ließ. Zur technischen Weiterentwicklung bei Speicherbausteinen und Prozessoren der Mikroelektronik ist die Entwicklung von mathematischen Datenreduktionsverfahren hinzugekommen. Beide Entwicklungen sind mit großer Geschwindigkeit aufeinander zugelaufen, so dass sich ihre Potentiale bereits Anfang der 90er–Jahre miteinander verknüpfen ließen.

Um die Größenordnungen zu verdeutlichen: Auf der einen Seite konnten z.B. Kapazität und Komplexität der digitalen Bausteine, die zur Speicherung und Verarbeitung erforderlich sind, binnen weniger Jahre auf das rund 100–fache gesteigert werden. Auf der anderen Seite ermöglichten moderne Datenreduktionsverfahren, wie z.B. der Anfang der 90er Jahre entwickelte und mittlerweile weltweit anerkannte MPEG–2 Standard, eine Reduzierung der Datenmenge von über 200 Mbit/s (bei HDTV mindestens 855 Mbit/s) auf nur 4 bis 9 Mbit/s – ohne sichtbaren Qualitätsverlust.

Zunächst für die Übertragung der Fernsehsignale eingesetzt, erwies sich der Standard schon sehr schnell als robust und sehr zuverlässig.

Die Qualität der Datenübertragung kann durch die erreichte Bitfehlerrate beschrieben werden.

Für Satellit und Kabel sowie die terrestrische Ausstrahlung wurde eine quasi fehlerfreie Übertragung erreicht. Eine Bitfehlerrate von 1×10^{-11} verdeutlicht dies.

Es bedeutet, dass in einem Container nur etwa alle 40 Minuten ein einziges fehlerhaftes Bit auftreten wird. Die Übertragung ist daher so zuverlässig, dass die für das digitale Fernsehen entwickelten Verfahren auch für andere Anwendungen (z.B. Datenübertragung) genutzt werden können.

Hinzu kommt, dass MPEG nicht nur einer der mächtigsten Standards weltweit ist, sondern aufgrund seiner hohen Verbreitung und Akzeptanz auch der am besten "Gepflegteste"; denn überall auf der Welt arbeiten Wissenschaftler und Programmierer ständig an der Weiterentwicklung, der Verbesserung und der Verfeinerung der Algorithmen. Weil sich so viele Broadcaster, Hersteller und Gremien dafür entschieden haben, das Verfahren auf der einen Seite des Fernsehgeschäftes einzusetzen, dachten sich viele Hersteller, es sei vielleicht auch eine gute Idee, das Verfahren auch auf der „andern" Seite des Fernsehens, nämlich in der Akquisition und der Produktion einzusetzen. Sie dachten sich, einmal in MPEG–2, immer in MPEG–2.

Weil das Verfahren aber ursprünglich für die Ausstrahlung gedacht war, bringt es für andere Anwendungen einige Nachteile mit sich.

Der Grund dafür ist ziemlich einfach: Wenn man ein Bild komprimiert, trennt man sich von Signalinhalten, die man vielleicht später in einer Nachbearbeitung noch einmal brauchen könnte.

Außerdem haben mehrfaches De– und Encoding Prozesse negative Auswirkungen auf das Bild, die sich im Laufe der Produktionskette als Rauschen und– oder als Artekakte zeigen.

Außerdem möchte man vielleicht noch etwas am Bild ändern (Blende, Keying o.Ä.) was durch das Verfahren auch nicht gerade erleichtert wird, weil es niemals dafür vorgesehen war.

Und wer nun glaubt, das Ganze sei eine amerikanische Idee und Erfindung, nur weil MPEG übersetzt *Motion Picture Expert Group* heißt, der täuscht sich. Der „Vater" von MPEG ist der Italiener Leonardo Chiariglione, der 1988 die MPEG Organisation ins Leben rief und bis heute die rd. 300 Experten in dieser Gruppe anleitet.

Was ist also MPEG und was ist es nicht?

MPEG ist lediglich und ausschließlich ein Satz an Kompressionswerkzeugen.

Es ist kein Ausstrahlungsformat und noch weniger ein Aufzeichnungs-format, auch wenn einige Hersteller ihre Rekorder danach bezeich-nen.

Für eine Aufzeichnung benutzen wir lediglich die MPEG–2 4:2:2 Tools oder in HDV die 4:2:0 Tools, die auch für die Ausstrahlung Verwen-dung finden. Es ist auch kein Kodieralgorithmus ... es ist lediglich ein Bitstream.

Auch wenn dies ein stark vereinfachter Weg ist, MPEG zu betrachten, so ist er doch absolut richtig.

Für die Reduktion der Daten bietet das Verfahren zwei grundsätzliche Kompressionsansätze:

Die **Redundanzreduktion**, bei der sich wiederholende Bildinformatio-nen nur einmal gespeichert und übertragen werden.

Weil auch Pixelwerte einer Videosequenz nicht unabhängig vonein-ander zu betrachten sind sondern mit den Werten des vorangegange-nen Bildes als auch den nachfolgenden Bildern korrelieren, stellt MPEG den Zusammenhang her. Dies geschieht in einer Bewegungs-schätzung (Motion Compensation).

Der zweite Kompressionsansatz besteht in der **Irrelevanzreduktion**.

Hierbei macht sich MPEG die menschliche Physiologie des visuellen Systems zu Nutze.

Bildinformationen, die unserem Auffassungsvermögen ohnehin ent-gehen würden, werden einfach weggelassen.

Im Gegensatz zur Redundanzreduktion ist dies eine verlustbehaftete Kompressionsmethode.

Weggelassenen Informationen können vom Decoder nicht wieder re-konstruiert werden.

Sehr wichtig ist das Verständnis, dass MPEG Werkzeuge weitestge-hend auf Schätzungen beruhen.

Schätzungen über Bewegungen im Bild, die dann in Tabellen einge-tragen werden und dem Decoder mitteilen, wie das Bild auszusehen hat. Dazwischen werden nur noch sehr wenige, „richtige" Bilder über-tragen.

Im Fall von HDV nur etwa jede halbe Sekunde ein Bild.

I (Intra) Frame nennt man solche „wirklichen" Bilder, die lediglich einer „milden" Datenkompression unterzogen worden sind, weil sie als Re-ferenzbilder für die Rückrechnung natürlich möglichst viel vom origi-nären Inhalt enthalten müssen.

Man kann also von einem Standbild sprechen, das intraframe– komprimiert ist, also lediglich innerhalb des Bildes seine Reduktion erfahren hat und damit unabhängig von vorherigen und nachfolgenden Bildern des Videostreams ist.

Das Komprimieren dieser Einzelbilder wird mit der diskreten Cosinus–Transformation (DCT) erreicht, die der JPEG–Komprimierung ähnelt.

I–Bilder kennzeichnen den wahlfreien Zugriff innerhalb eines Videostreams, d.h. nur hier kann der Videostream unterbrochen werden.

Wenn nur I–Bilder kodiert werden, also die Kodierreihenfolge die Form IIIIIIIIIIII usw. hat, entspricht dies qualitativ dem Motion– JPEG Verfahren (MJPEG).

Bisher übliche Verfahren haben das anders gemacht. Sie haben einfach alle Bilder einer stärkeren Datenreduktion unterzogen ... sie dafür aber auch alle gesendet. (MJPEG / DV / DVC-Pro).

Die Grundidee von MPEG ist aber zu sagen: Wenn sich in großen Teilen des Bildes ohnehin nichts tut, warum also sollte ich dann jedes mal wieder Bilder, die sich nicht verändert haben, dem gesamten Re-

duktionsprozess unterwerfen und jedes mal wieder dieselben Parameter übertragen ....

MPEG überträgt daher nur noch die Parameter, die sich verändert haben:

Auf diesem Bild bewegt sich lediglich der Hund.

Warum sollte das System also 25-mal pro Sekunde immer wieder dieselben Informationen über den sich nicht verändernden Hintergrund übertragen?

Genau das ist das Prinzip. MPEG beschreibt also nur, wie sich die „paar" Pixels verändern, und wie sie in den Folgebildern aussehen müssen.

Dazu ist das Verfahren in 7 Hierarchiestufen aufgebaut.

In der obersten Stufe befindet sich die Videosequenz, die in ihre Group-of-Picture aufgeteilt ist.

Die GoP hat immer dieselbe Abfolge von Bildern, bzw. Frametypen, um genau zu sein, denn wirkliche Bilder sind nur sehr wenige dabei.

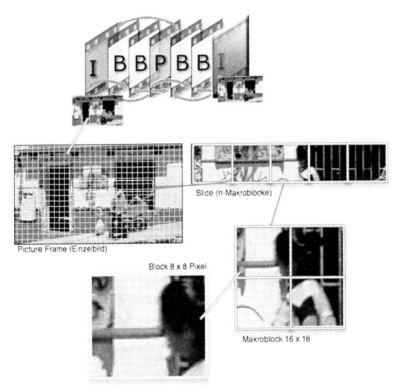

Jedes (wirkliche) Bild unterteilt sich wieder in die Slices.

Dies sind horizontal aneinander gereihte Makroblöcke.

Jeder dieser „n" Makroblöcke hat 16 x 16 Pixels und teilt sich wiederum in weitere 4 Makroblöcke mit je 8 x 8 Pixels auf.

Im MPEG4 Codec geht es in der Aufteilung sogar noch weiter und auch noch mit andern Aufteilungskonstellationen.

Dazu aber mehr nachfolgend. Das Prinzip ist jedoch identisch und wird im MPEG 4 Kapitel nicht wiederholt.

Weil MPEG in seiner Bewegungs-Vorhersage aber nicht „hellsehen" kann, schreibt es die wirklichen Bilder erst einmal in einen Bildspeicher, macht dann die endgültige Analyse und verwirft anschließend die Bilder, die nachfolgend nicht mehr nötig sind.

Vor dieser Motion Kompensation steckt, wie schon beschrieben die Erkenntnis, dass sich aufeinander folgende Bilder überwiegend nur minimal unterscheiden.

Es werden daher nur die Blöcke übertragen, die sich voneinander unterscheiden.

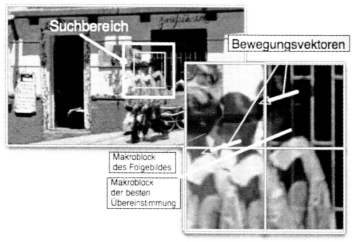

Diese Methode reicht natürlich nicht allein aus, weil sich bei einem Schwenk oder einem Zoom der gesamte Bildinhalt verändert.

Daher werden zusätzliche Bewegungen noch durch Bewegungsvektoren kodiert.

Solche Bewegungen sind allerdings auch Stress für das System.

Daher begrenzt man den Suchbereich auf jenen Bereich, der in der Nähe des Makroblockes liegt. So spart man Rechenpower und damit Renderzeit.

Dieser Suchbereich sowie die Definition der Ähnlichkeit werden bei der Encodierung festgelegt.

Daraus entstehen Listen und Zahlenkolonnen, aber keine Bilder.

Die Zahlenkolonnen haben aber aufgrund der Vektororientierung die Eigenschaft, fürchterlich viele NULLEN zu enthalten, die sich ganz ausgezeichnet eignen, weggelassen zu werden.

Bilder entstehen erst wieder, wenn im Decoder ein I-Frame als Referenz ankommt und die Änderungen aus den übertragenen Listen abgearbeitet werden.

So entstehen aus einem Großteil des Standbildes (I-Frame) und vielen kleinen Änderungsanweisungen die restlichen fehlenden Bilder, die in der GoP als P- und B- Bilder bezeichnet wurden.

MPEG–Encoder müssen hier also auf Bilder zugreifen, die in der Vergangenheit und in der Zukunft liegen, um eine korrekte Display-Order zu gewährleisten.

Um diesen zeitversetzten Vorgang zu ermöglichen werden Bildspeicher benutzt.

Das Verständnis ist wichtig, denn eben auf diesen Umstand ist die Schwierigkeit zurück zu führen, die bei einer späteren Bearbeitung im Editing-System entstehen, denn auf welches Bild wollen Sie schneiden, wenn gar kein Bild da ist?

Die Übertragung erfolgt, eingebettet in einen Transportstrom, der dann auch Ton und Zusatzdaten enthält, in der GoP. Hier wird übrigens auch die Zeitverknüpfung mit dem Ton eingesetzt, denn natürlich hat der Encodierprozess eine Weile gedauert und der Ton muss selbstverständlich wieder die passenden Bilder finden.

Das erste kodierte Bild in einer GoP ist immer ein I–Frame, also ein ganzes Bild, mit allen Inhalten.

(Ausnahme sind die so genannten „offenen GoPs", die minimal Bitrate einsparen, aber nur mit Einschränkung für das DVD-Authoring zu benutzen sind)

Eine typische Kodierreihenfolge könnte folgendermaßen aussehen: IBBPBBPBBPBBPI.

Im Header der Group of Picture befindet sich der Video Time Code sowie die GoP– Parameter, in denen Bit–Flags auch die geschlossene oder offene GoP charakterisieren.

Auf jeden Fall aber muss eine GoP immer vollständig sein, da MPEG nicht vorsieht, mit unvollständigen GoPs umzugehen.

Eine „offene" GoP bedeutet lediglich eine andere Reihenfolge in der Bildabfolge. GoPs können auch Verweise auf andere GoPs enthalten.

Hier noch einmal die hierarchische Struktur in einem Überblick.

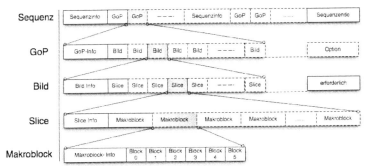

Im Picture Header wird die Bildstruktur beschrieben, indem es möglich ist, den Stream entweder in Vollbildern (Frames) oder in Halbbildern (Top– und Bottom–Fields) zu kodieren. Dies hat eine Bedeutung für Zeilensprung–Videos in HDV2 und für TV-Ausstrahlung.

MPEG 4 (AVCHD[24] / AVC–Intra)

Die neuen Consumer- Camcorder der AVCHD Klasse zeichnen zwar wieder in MPEG2 auf, benutzen aber wesentlich effizientere Werkzeuge aus der MPEG4 Entwicklung und, obwohl der gesamte MPEG 4 Entwicklungsblock noch nicht abgeschlossen ist, hat man die Codierwerkzeuge zumindest soweit ausentwickelt, das Produkte daraus entstehen können.

Dieses Format nennt die Industrie AVCHD[25] und ermöglicht Bilder bis zu 1.920x1080 Pixel Auflösung.

Recording Media		8cm DVD media/ SD Memory Card/"Memory Stick"/ Built-in Media			
Video	Video Signal	1080/60i 1080/50i 1080/24p	720/60p 720/50p 720/24p	480/60i	576/50i
	Pixels (horizontal x vertical)	1920×1080 1440×1080*	1280×720	720×480	720×576
	Aspect ratio	16:9	16:9	4:3, 16:9	4:3, 16:9
	Compression technology	MPEG-4 AVC/H.264			
	Luminance sampling frequency	74.25MHz 55.7MHz	74.25MHz	13.5MHz	13.5MHz
	Sampling structure	4:2:0			
	Quantifying bit number	8 bit (luminance/color contrast)			
Audio	Compression technology	Dolby Digital (AC-3)		Linear PCM	
	Bit rate after compression	64 ~ 640kbps		1.5Mbps (2 channels)	
	Audio channels	1-5.1 channels		1-7.1 channels	
System		MPEG-2 Transport Stream			
System bit rate		~24Mbps (~18Mbps for DVD)			
*firmenspezifisches Sonderformat: entspricht nicht den HD Spezifikationen nach SMPTE 296M					

AVC ist eigentlich kein neues Verfahren, sondern wurde bereits in den 90er Jahren im Zusammenhang mit dem *MPEG 4 Multimedia Framework* entwickelt und ist nur ein Teil des Gesamtkomplexes.

Beim 45. MPEG– Meeting wurde der Standard definiert. Oft wird der Codec auch bezeichnet als H.264. oder AVC/H.264, (MPEG–4 Part

---

[24] Advanced Video Codec High Definition
[25] Da MPEG in Layern und Level definiert ist, ist die genaue Bezeichnung: „Main Profile@Level Four" (MP@L4)
AVCHD ist ein eingetragenes Warenzeichen von Matsushita Electric Industrial Co., Ltd (Panasonic) und Sony Corporation.

10) ... oder sagen wir es anders herum ... für die Marketing– Strategen war die offizielle Bezeichnung zu technisch.

Da musste etwas „Griffigeres" für den Consumer her und so war der Begriff AVCHD geboren.

1999 „hackte" Gerome Rota den MPEG 4 Codec, den Microsoft proprietär aus einer frühen Draft entnommen hatte und zu ihrem MS–MPEG4 benutzte und er machte daraus den schon legendären DivX.

Microsoft konnte damals den Codec nicht in das AVI Container Format einbetten.

Der Hacker „Gej" modifizierte es aber so, dass die Einbettung in das AVI Format möglich wurde und änderte den Namen in DivX;–) 3.1.

Ab 2000 wurde eine legale OpenDivX, genannt MPEG–4–ASP Implementierung als Open– Source Projekt begonnen, die aber nicht konsequent weiter betrieben wurde.

Mittlerweile ist aber das „offizielle" MPEG4 ein gemeinsamer Standard von ISO[26] und IEC[27].

Das Verständnis ist wichtig, dass es sich bei H.264 AVC um einen gemeinsam erarbeiteten Standard handelt, der sein Gewicht dadurch erreicht, dass er von beiden Organisationen zur Umsetzung gebracht wird.

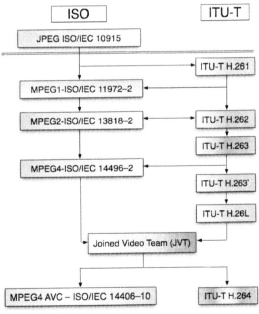

Es ist also sehr viel mehr als nur ein neuer Vorschlag für irgendein Encodierverfahren ... es ist der Ansatz eines übergreifenden Projektes der Videoexperten mit den Experten der Telekomunternehmen weltweit.

Das gesamte Verfahren, heißt eigentlich „Coding of audio–visual objects" (ISO/IEC 14496).

---

[26] (International Telecommunications Union)

[27] (International Standardization Organization)

Und, wie die Bezeichnung schon sagt, umfasst er weitaus mehr als nur ein Coding– Format.

Es ist ein Multimedia Bitstream– Format, ein ganzes Multimedia–Framework, für natürliches, aber auch synthetisches Audio– und Video Material und enthält eine sehr umfangreiche Toolsammlung für Video und Audio Kompression.

Der Gedanke von MPEG ist, die Vorgänger – MPEG1 und MPEG2–, nicht zu ersetzen, sondern ausschließlich zu ergänzen.

Der gesamte MPEG4 Standard fächert sich auf in 8 Sektionen:
> ISO/IEC 14496–1 (Systems)
> Tools: BiFS, Object Descriptors, FlexMux, MP4 File Format, etc.
> ISO/IEC 14496–2 (Visual)
> Natürliches und synthetisches Coding, sowie Gesichts und Körperanimation SO/IEC 14496–3 (Audio)
> Sprach Coding, General Audio Coding, Structured Audio, Text to Speech interface,....

> .... bis hin zu SO/IEC 14496–8.

Eine lange Reihe unterschiedlichster Tools, die in der nächsten Zeit noch für allerlei Überraschungen sorgen werden.

AVC–Stream:

Der AVC Standard ist also eine Weiterentwicklung von MPEG2–Techniken.

Er wurde so entwickelt, dass die bekannten MPEG2 Transport– und Modulationsmethoden weiter benutzt werden können.

Um es also klar zu sagen.

Die meisten Tools sind identisch, nur wesentlich verfeinert, verbessert und auch ganz erheblich erweitert.

Es wird auch bei AVCHD weiter im MPEG2 Transportstrom Format aufgezeichnet. Lediglich AVC-I wird zukünftig im MXF Fileformat übergeben.

Die Encoder– und Decoderelemente stellen aufgrund der zusätzlichen Aufgaben hingegen eine technische Herausforderung dar, die zunächst gemeistert werden muss.

Der Standard ist so ausgelegt, dass er für eine Vielzahl von Applikationen zum Einsatz kommen kann, beginnend bei der Bereitstellung von Videos auf iPods oder Handys bis zu D–Cinema–Anwendungen.

Deshalb gibt es im AVC Standard zahlreiche Profile und Level, wie schon zuvor in MPEG2. *„Main Profile@Level Three"* (MP@L3) ist für die 4:2:0 interlace SD– Videoauflösung geeignet, während Level 4 (MP@L4) für HD vorgesehen ist.

Beim MPEG– Comitteemeeting[28] wurden eine Vielzahl von Profile Ergänzungen verabschiedet, die mit *„Fidelity Rate Extensions"* (FRExt) bezeichnet werden.

Diese Ergänzungen erweitern die Anwendungsbereiche von AVC, indem sie Optionen für noch bessere Signalverarbeitungen erlauben, wie die 4:2:2–Codierung, höhere Abtastraten und verbesserte Quantisierungswerkzeuge.

Die Anwendungsmöglichkeiten von AVC werden damit abermals erheblich erweitert.

AVC ist so leistungsfähig, gerade weil es eine Erweiterung der bekannten MPEG 2–Verfahren ist und auf die Erfahrung mit dem Codec bei der Weiterentwicklung zurückgegriffen werden konnte.

Den Datenstrom beschreibt eine Sequenz komprimierter Bilder, wie in MPEG 2 beschrieben, die aus Teilbildern bestehen, die wiederum aus Makroblöcken mit Blöcken aus einer transformierten Beschreibung der Pixelstruktur zusammengesetzt sind.

Beide Techniken funktionieren nach dem Prinzip, das zufällige, räumlich komprimierte Bilder mit bewegungskomprimierten, geschätzten Bildern verschachtelt sind, um die enorme Menge von redundanten Daten benachbarter Bilder zu reduzieren.

Der maximale Kompressionsgewinn entsteht, wie schon bei MPEG2, durch die Möglichkeit, die Bewegung mit der niedrigsten Anzahl von Bits über eine große Gruppe von Videobildern zu beschreiben.

Dazu wird die Bewegung, auch wie bekannt, auf einer „Block–zu–Block" Basis errechnet.

Im einfachsten Fall wird sie mit Bewegungsvektoren übermittelt:

So z.B.: *„Dieser Block wurde um diesen Betrag in dieser Richtung bewegt."*

Die Ungenauigkeit dieser Technik kann ein Fehlersignal erzeugen, das mit den Bewegungsvektoren übertragen werden muss.

---

[28] Juli 2004 in Seattle

Der AVC– Standard hat verschiedene Verfahren, die die Genauigkeit der Bewegungsschätzung wesentlich verbessern und den Restfehler, und somit das Fehlersignal, das mitgeführt werden muss, erheblich reduzieren.

Wir finden in MPEG4, wie schon zuvor in MPEG2 zur Berechnung der Ungenauigkeiten und zur Kennzeichnung des Starts eines Decodier-prozesses unsere Referenzbilder (I-Frames) wieder.

AVC erreicht den größten Gewinn gegenüber MPEG–2 durch wesent-liche Verbesserungen bei den bewegungskompensierten Schät-zungsprozessen. Eine ganz wesentliche Verbesserung besteht darin, dass die Bewegungsvektoren auch über die Bildgrenzen hinaus zei-gen können.

Das hat erhebliche Auswirkungen auf Zooms oder Kamera-schwenks, denn die Bewegung wird erheb-lich flüssiger darge-stellt. Optional kann „Quater– Pixel- Motion Compensation", also auf ¼ Pixel genaue Bewegungsschätzung

genutzt- und die Bewegungsdarstellung weiter verfeinert werden.

Darüber hinaus wurde allerdings die Motion Vector Prädiktion gegen-über MPEG2 ganz erheblich verbessert.

Aus den Motion–Vektoren der drei umliegenden Makroblöcken wird der Mittelwert der x– und y– Koordinaten gebildet und die jeweilige Abweichung wird dann kodiert.

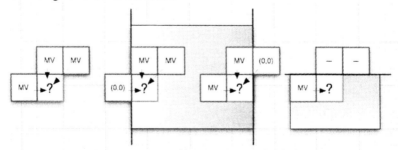

Die Motion Vektoren werden erheblich kleiner, weil der Unterschied zur Vorhersage häufig kleiner ausfällt.

Optional können den vier Luma–Blöcken jedes Makroblocks eigene Bewegungsvektoren zugeordnet werden.
Dadurch ändert sich die Vorhersagen (Prädiktion) entsprechend.

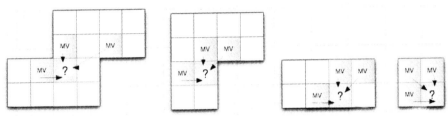

Dies ist eine ganz elementare Verbesserung, weil dadurch räumlich eng begrenzte Bewegungen erheblich besser isoliert werden.

Die Bewegungsvektoren für B–Frames können automatisch aus dem folgenden P–Frame bestimmt werden.

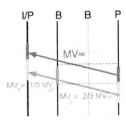

Der Motion Vektor des gleichen Makroblocks im I–Frame (Referenzbild) wird dabei entsprechend dem Abstand der Bilder skaliert.
Auf diese Art generierte Motion–Vektoren sind meist nah am Optimum und erzeugen beste Resultate bei langsamen, großflächigen Bewegungen. Mit dem Ergebnis geringster Motion–Vektor Differenz und damit einer erheblich höheren Codiereffizienz.
Weiterhin kann in AVC optional zur Bewegungskompensation eine globale Bildtransformation angegeben werden.

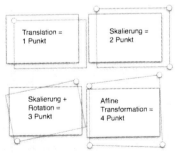

Die Parameter dieser Transformation werden mitgeteilt durch die Fluchtpunkte des Bildes (Schnittpunkt der Blickrichtung der Kamera).
Die Global Motion Kompensation belegt Bewegungsvektoren vor.
Dabei erhält **jedes Pixel**, nicht nur, wie bei MPEG2 jeder Makroblock einen eigenen Motion Vektor.
Darüber hinaus kann die Entscheidung, ob Global Motion Compensation eingesetzt wird, individuell für jeden einzelnen Makroblock gefällt werden.

 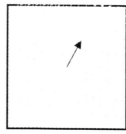

Das Problem, wenn ein nicht-GMC Makroblock neben einem GMC Makroblock angeordnet ist, benötigt die Motion Vektor Vorhersage einen Motion Vektor für den gesamten Block.

In diesem Fall werden alle Pixel– Motion Vektoren über den ganzen Block ermittelt.

Der Vorteil besteht allerdings darin, dass auch komplexe Bewegungen, Zooms usw. effizienter codiert werden können... allerdings, – und das ist die bittere Pille– ist das nur mit enormen Berechnungsaufwand machbar.

In der AC Coefficienten Prädiktion können, als weiterer wesentlicher Vorteil, in I– und P–Frames in jedem Block die erste Zeile oder die ersten Spalten von DCT Koeffizienten aus dem darüber liegenden oder links benachbarten Block übernommen werden.

Dadurch wird eine effiziente Codierung von vertikalen und horizontalen Kanten erreicht.

Wie man sieht, sind es gerade **neue Werkzeuge**, die den Algorithmus so vorzüglich machen.

Mit all diesen Maßnahmen werden gegenüber der MPEG2 Codierung daher folgende Vorzüge erreicht:

Der **erste** Schritt ist die verdoppelte Genauigkeit der Bewegungsschätzung.

(AVC bietet die interpolierte Schätzung auf einer Viertel–Pixel–Basis).

Der **zweite** Schritt ist die Anwendung von kleineren Blockgrößen.

(4x4- Daher lassen sich bewegte Objekte genauer verfolgen).

Der **dritte** Schritt ist der Einsatz einer höheren Zahl von Referenzbildern die zu einer genaueren Bewegungsschätzung beitragen.

Schließlich werden effiziente bidirektional geschätzte Bildinhalte, (B-Frames), viel häufiger benutzt.

Zahlreiche **weitere** Verbesserungen sind:

Neue Modi, die es erlauben die Intra– Referenzen noch effektiver einzusetzen.

Wie bei MPEG–2 werden die I–Bilder mit zwei Arten von bewegungs-adaptiven Bildern umgeben: P–und B–Bilder.

Die B–Bilder bieten auch hier die größte Dateneinsparmöglichkeit durch geeignete bidirektionale Bewegungsschätzung aus umgebenden anderen Referenzbildern.

MPEG–2 benutzt die bekannte „IBBPBBPBBP...“–Struktur.

AVC folgt zwar dem Prinzip, vergrößert aber die Anzahl der B–Bilder ganz dramatisch und bietet so mehr Möglichkeiten, die B–Bilder als Referenz zu anderen Bildern zu benutzen.

Das setzt natürlich auch einen entsprechend höheren Grad an Daten-sicherheit voraus, weil das Fehlen der B-Frames weitere Auswirkungen hat.

Das vorrangige Ziel der Bewegungsschätzung besteht in der Reduzierung des Restfehlers.

Das wird besonders bei kritischen Videosequenzen notwendig. Die Fähigkeit, die schwierigsten Szenen umzusetzen, ist ein Maß für die Einsatzmöglichkeiten der Kompression: Die niedrigste Datenrate für eine akzeptable Videoqualität.

Szenen, die für MPEG–2 eine Herausforderung darstellen, werden mit AVC besser umgesetzt.

Zum Beispiel sind Szenen mit sich wiederholenden Bewegungen, wie bei Blitzlichtern, stroboskopartigem Flackern für MPEG–2 problematisch, werden aber mit AVC durch die zusätzlichen Referenzbilder gut verarbeitet.

Eine feste Blockgröße bei der Bewegungsschätzung stellt einen bedeutenden Kompromiss dar.

Große Blöcke funktionieren gut bei großen, gleichmäßigen Flächen, während kleinere Blöcke eine bessere Verfolgung von bewegten Objekten ermöglicht.

Der Nachteil der kleineren Blöcke ist die höhere Anzahl von Bewegungsvektoren, die mit übertragen werden müssen.

Wegen dieser Problematik gibt es im AVC– Standard verbesserte Vorhersagetechniken, die es erlauben, die Bewegungsvektoren effektiver einzusetzen.

Bei MPEG–2 basieren die Bewegungsschätzungen auf 16×16 Blöcken.

AVC verbessert diesen Kompromisswert, indem dort ein adaptives, hierarchisches Verfahren mit Blockgrößen bis herunter zu 4×4 Pixel angeboten wird. Jeder 16x16 Makroblock kann in kleinere Teile zer-

legt werden (16x16, 8x16, 8x8, 8x4, 4x4) die dann jeweils verschiedene Bewegungsvektoren haben können. Makroblöcke können in
Partitions und sogar in Unter (Sub.) Partitions zerlegt werden.

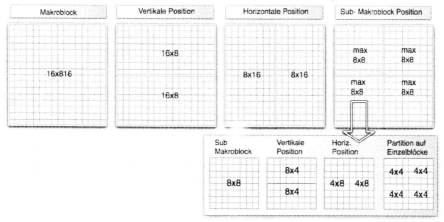

AVC erweitert auch das adaptive Halb– oder Vollbildcodierverfahren:
MPEG–2 verwendet eine bildbasierende, adaptive Halbbild– oder
Vollbildcodierung.

AVC hat zusätzliche Werkzeuge, mit denen die Halbbild– oder Vollbildcodierung auf Makroblockbasis angewandt werden kann. Codier-
möglichkeiten können also gemischt werden. Vielleicht hätten die
Grabenkämpfer um interlaced und Progressive warten müssen bis
AVC eingeführt ist... das Problem hätte sich so aufgelöst.

Dieses Verfahren hilft in Fällen bei denen sich Teile des Bildes besser
im Halbbildmodus, andere Bildbereiche wiederum besser im Vollbild-
modus codieren lassen.

Die neuen Methoden sind auch und vor allem als Verbesserungen bei
der Übertragung von gleichmäßigen Flächen zu erkennen.

Nachdem die Bewegungsvektoren im Codec berechnet sind, lautet
die nächste Aufgabe:

Übertragung der Restfehler. Fehlerbilder müssen mit einer Auflösung
übertragen werden, die die erforderliche Bitrate liefern kann.

Mit AVC wird das durch Verbesserungen an den bekannten MPEG–
2–Mechanismen erledigt.

Der erste Schritt ist die Konvertierung der Bildinformationen von quadratischen Pixelblöcken in einen Datenstrom aus Koeffizienten, die das
Frequenzspektrum dieses Blocks darstellen.

Daraus resultiert eine Hierarchie der Koeffizienten. Sie kann mit Hilfe einer Quantisierungstechnik eingestellt werden, um die Auflösung zu verbessern oder zu reduzieren.

Dadurch lässt sich die endgültige Datenrate präzise festlegen, aber auch begrenzen.

MPEG–2 benutzt die „Discreet Cosinus Transformation" (DCT) und verwendet eine 8×8 Pixel Blockgröße, ein reines Floating-Point Verfahren.

Das ist für einige Anwendungen akzeptabel.

In vielen Anwendungen wird aus Performanzgründen aber in Fix-Point implementiert.

Geringe Unterschiede zwischen En- und Decoder toleriert das Verfahren zwar, ansonsten bestehen aber strenge Vorgaben zur Rechengenauigkeit, die eben nicht von jeder Implementation eingehalten wurden.

Fehler bei der Berechnung führen dann zu Problemen zwischen Encoder und Decoder und zur Fehlerfortpflanzung durch P-Frames.

Um diese Schwachstelle bei den verschiedenen Implementationen zu umgehen, benutzt die AVC– Technik eine ganzzahlige neue 4 x 4 Integere– Transformation (im Main Profile 8x8).

Diese wurde für höchste Genauigkeit und einfache Signalverarbeitung entwickelt und kann mit 16–bit–Werten mit Addition und mit Bitshifting– Prozessen implementiert werden.

Der Einsatz dieser neuen DCT ist im Standard präzise beschrieben und festgelegt und wird zu einer ganz erheblichen besseren Videodecodierqualität führen, weil in der Vergangenheit hier eine ganz wesentliche Fehlerquelle lag.

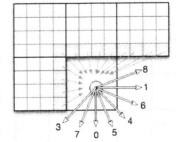

Die DCT kann nun sehr effizient implementiert und auf einer Vielzahl an Rechnerarchitekturen spezifiziert werden.

Das erlaubt u.A. eine erheblich verbesserte Vorhersage von Bildteilen, weil sich keine architekturbedingten Rundungsfehler mehr aufschaukeln können.

Ein anderer Bereich, der im Laufe der Zeit zu wesentlichen Verbesserungen führte, bezieht sich auf den Bitzuweisungs–Prozess Quantisierung oder Bitraten–Kontrolle ist der Schlüsselprozess, der im System festlegt, wie welche Bits am besten innerhalb der gewünschten Datenrate genutzt werden.

Die DCT ist komplett festgelegt und vorgeschrieben, so dass hier keine weiteren Verbesserungsmöglichkeiten mehr möglich sind.

Dahingegen bietet der „Quantisation Rate Control Process" das Potential für fortwährende Verbesserungen.

Die Prozesse zur Unterstützung der DCT– und der Datenratensteuerung werden von heutigen Rechnerprozessoren (CPUs) unterstützt und beherrscht.

In den bisherigen MPEG–Standards wurden Bildteile aus vorhergehenden und/oder darauf folgenden Frames vorhergesagt und nur die Differenz abgespeichert und übertragen.

In H.264 ist auch die Vorhersage durch Intra–Prediction **innerhalb** eines Frames möglich.

Die Pixelwerte eines Makro- oder Transformationsblocks werden aus den umliegenden Pixels vorhergesagt und nur die Differenz wird codiert. Das hat den Vorteil, dass AC Koeffizienten Prädiktion überflüssig wird. Bei der 4x4 und der 8x8 Prädiktion erfolgt die Vorhersage in einer von n e u n Richtungen.

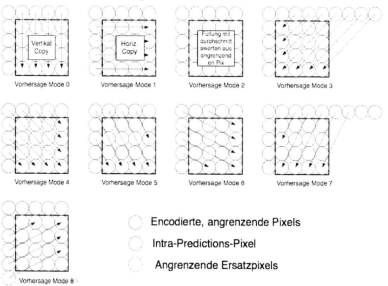

In der 16x1 sowie der Chroma Prädiktion erfolgt die Vorhersage in vier Richtungen, horizontal, vertikal, DC und Plan, womit ein Farbverlauf erzeugt werden kann.

AVC nutzt eine Technik aus dem ITU–TH.263 Standard, in dem ein Filter in die rückführende Schleife des Encoders eingefügt wird.

Diese Maßnahme verbessert die sichtbare Videopression, wenn die Quantisierung so stark einwirkt, dass die Blockfehler deutlich sichtbar werden.

Das De–Blocking–Filter, auch als „In–Loop–Filter" bezeichnet, sucht die Kanten der Blöcke und kombiniert sie mit denen der benachbarten Blöcke. Den Gewinn daraus sieht man am besten in großen Flächen und bei größter Kompression.

Damit erreicht man eine sehr hohe wahrgenommene Bildqualität.

Besonders im Zusammenwirken mit der verkleinerten Transformationsgröße von 4*4 ergeben sich große Verbesserungen.

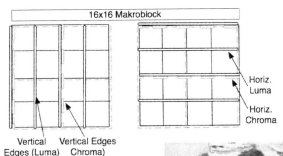

16x16 Makroblock

Vertical Edges (Luma) Vertical Edges Chroma)

Horiz. Luma

Horiz. Chroma

Die hierfür notwendigen Rechenprozesse werden von heutigen Computerprozessoren beherrscht.

Die letzte Stufe der Datenkompression ist die Entropiecodierung, bei der das „AVC Main Profile" leistungsstarke Techniken hinzufügt. Im H.264 sind zwei adaptive Verfahren verfügbar.

„Context Adaptive Binary Arithmetic Coding" (CABAC) und „ContextAdaptive Variable Length Coding" (CAVLC).

Das Prinzip entspricht dem Verfahren einer ZIP– Komprimierung auf einem PC. Sie speichern bestimmte Daten (z.B. Bewegungsvektoren, Bildinformationen..) abhängig von der Art der Daten und HäufigkeitsVerteilung ihrer Werte mit verschieden langen Bitfolgen ab.

Die Nutzlast wird bei diesem verlustfreien Prozess reduziert, um die Übertragungskanäle effektiv nutzen zu können.

Der CAVLC– Prozess ist eine verbesserte Methode der Huffmann–Entropiecodierung aus MPEG–2.

Der Unterschied besteht darin, dass die Tabellen „contextadaptive[29]" sind.

Der CABAC– Prozess liefert wesentliche Verbesserungen in der Größenordnung von 20% auf Kosten intensiver Rechenleistung – sowohl auf der Encoder– als auch der Decoderseite.

CAVLC funktioniert einfacher und basiert auf einzelnen ganzzahligen Grenzwerten.

Es geht noch einen Schritt weiter und verwendet anstatt ganzzahliger Bitfolgen eine arithmetische Codierung, die auch Bruchteile von Bits erlaubt.

Der Nachteil ist, dass es nicht so wirkungsvoll ist.

CABAC ist eine komplett festgelegte und vorgeschriebene Funktion, so dass es hier keine Möglichkeiten weiterer Verbesserungen gibt.

Die Unterstützung der CABAC– Funktion ist nicht zwingend vorgeschrieben, so dass nur die fortschrittlichsten Produkte ausreichend Rechenleistung dafür anbieten werden.

Die große Zahl der seriellen– Rechenzyklen, die zur CABAC– Funktion notwendig sind, können nur von modernen, leistungsstarken CPUs erbracht werden.

Diese beiden Methoden sind deutlich effektiver als die bisher verwendete Huffman Codierung.

In bisherige MPEG Standards konnte ein Bild aus höchstens zwei Referenzbildern vorhergesagt werden.

In H.264 können mehrere verschiedene Bilder, auch sehr viel früher gelegene und B–Frames als Referenzbilder dienen.

Bis zu 16 Frames können dies sein. Bilder können als „Long-Term Referenz Pictures" im Bildspeicher angelegt werden.

Dadurch wird eine erheblich bessere Codierung periodischer Bewegungen erzielt ... natürlich auf Kosten des Speicherbedarfs.

Ein umfangreiches Postprocessing ist der letzte, wesentliche Schritt zum besseren Bild: Darunter muss man sich Filter vorstellen, die auf dem Bild ausgeführt werden.

Das ist im Grunde genommen nichts neues, denn es hätte auch schon auf MPEG1 oder MPEG2 durchgeführt werden können... nur hat es niemand getan und erst in MPEG 4 beginnt man, die zur Verfügung stehenden Werkzeuge auch auszuschöpfen.

Dazu gehören das De– Blocking......

---

[29] (anpassungsfähige Zusammenhänge)

.... und das „Deringing". Darunter versteht man das Detektieren und Entfernen von hochfrequenten Artefakten.
Die nachfolgenden Softwaredecoder müssen das Postprocessing allerdings auch unterstützen.

Der „neue" AVC– Standard findet Beachtung, generiert aber auch Unsicherheiten über die wirkliche Leistungsfähigkeit.
Neben noch weiteren, Verbesserungen soll ein Feature noch zur Sprache kommen.

MPEG2 litt immer unter der nicht schneidbaren GoP-Struktur, in der lediglich an I-Frames Schnitte durchgeführt werden konnten.
Im H.264 gibt es nun die „switching slices". SI-und SP-Slices ermöglichen Übergänge zwischen zwei Datenströmen, ohne auf das nächste I-Frame warten zu müssen. Diese Slices können aus den jeweiligen Datenströmen rekonstruiert werden, bleiben aber gleichzeitig gültige Referenzen für den jeweils anderen Datenstrom. Ein Feature, das die Schneidbarkeit des Formates sicher erleichtert und bei den Videofreunden auch hochwillkommen sein wird.

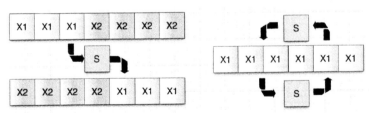

Auch Helligkeitsveränderungen werden innerhalb des Codecs durchführbar. Blenden müssten dann beispielsweise nicht mehr durch das NLE-System durchgeführt werden sondern könnten als Anweisung an den Codec erfolgen denn nach wie vor besteht das Manko einer Transcodierung an den Übergangsstellen.

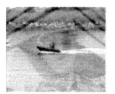

Viele Probleme sind mittlerweile innerhalb des Formates gelöst, nachdem man aus den praktischen Erfahrungen der MPEG2 Anwendungen die Schlüsse gezogen hat.

Nachfolgen noch einmal die Unterscheidungsmerkmals zwischen MPEG 2 und MPEG 4 in der Übersicht:

Funktionsblock	MPEG 2	MPEG 4 AVC
Intra- Prädiktion	DC Prädiktion pro Makroblock	4 x 4 räumlich 16 x 16 räumlich
Picture Coding Type	Frame Field Picture adaptive Frame/ Field	Frame Field Picture adaptive Frame/ Field Makroblock adaptive Frame/Field
Blockgrösse für die Bewegungskompensation	16 x 16 16 x 8,8 x 16	16 x 16 16 x 8,8 x 16 8 x 8 8 x 4,4 x 8 4 x 4
Genauigkeit der Bewegungsvektoren	Full Pix Half Pix	Full Pix Half Pix Quater Pix
P – Frame	Ein Referenzbild	Ein oder mehrere Referenzbild
B – Frame	Ein Referenzbild in jede Richtung	Ein oder mehrere Referenzbild in jede Richtung und weitere Prädiktionsmethoden
Schleifenfilter	Kein Filter	De-Blocking Filter
Entrophiekodierung	VLC	CAVLC CABAC
Transformation	8 x 8 diskrete Cosinus Transformation	Approximative, ganzzahlige DCT mit Blockgrössen 8 x 8 4 x 4

Fassen wir also kurz zusammen, dass die Vorzüge darin bestehen, dass natürliche und synthetische Ursprungsdaten in gleichem Maße gut komprimiert werden, dass Encoder inhaltssensitiv und nicht nur blockbasiert arbeiten, dass eine vorzügliche Skalierbarkeit den Codec auszeichnet, ihn als gleichwohl interessant machen für die verschiedensten Anwendungen und Nutzer und „last not least" es sich um einen ISO–Standard handelt, der, anders als proprietäre, von Einzelfirmen propagierte Lösungen auch für Home—Entertainment zur Verwendung kommt.

Eben aus diesem Grund haben sich einige Firmen zur Anwendung dieses ISO—Standards entschlossen und ihn in ihre Modelle integriert und im schnellen Takt werfen die Kamerahersteller ihre Produkte auf den Markt.

Leider ist auch in der Version 1 noch festzustellen, dass 1080 Format zwar in interlaced, aber nicht in progressiv, bis auf 24p, dem Consumer zur Verfügung stehen.

Wohl findet sich 1080p25 in der professionellen AVC-I Spezifikation wieder, aber auch hier ist Progressiv in 50/60 nicht zu finden. Es wird hoffentlich keine weiteres Jahr dauern, bis auch solche Broadcast Formate (1080p50/60) Eingang in die Camcorder finden.

Folgende Firmen waren von Anbeginn an die Unterstützer des Formates: Adobe Systems Incorporated, CANON INC., CyberLink Corporation, InterVideo, Inc., Nero AG, PIONEER CORPORATION, SAMSUNG ELECTRONICS CO., LTD., SHARP CORPORATION, Sonic Solutions, Ulead (Coral) Systems, Inc.

Daher ist es wenig nachvollziehbar, dass Sony und Panasonic das Format „zwischen den Zeilen" und vor allem in Pressemitteilung quasi für sich reklamieren. Apple ist auch erst eine Weile später dazu gestoßen, hat aber damit, den Standard in die iPods zu implementieren, sicher auch zum „späten" Durchbruch beigetragen.

Apples FCP unterstützt ab der Version 6.0.1 zumindest ein „Log" und „Transfer" Format für AVCHD.

Somit ist der Workflow noch nicht wirklich klar, speziell auch im Hinblick auf eine Ausspielung. Eine gangbare Lösung besteht zurzeit auch in der Verwendung externer Hardware. Blackmagic hat auf seiner Intensity Karte die HDMI Schnittstelle, über die man die Daten ebenfalls einlesen kann.

Der Workflow weist aber derzeit vor allem im Hinblick auf den Export noch zahlreiche Unbekannte aus. Natürlich kann man in viele andere Formate überführen, verliert aber bei sehr vielen die eigentlichen Vorzüge des AVC. Weiterhin ist bei der Benutzung anderer, nachgelagerter Codecs auch das Verhalten der Codecs zueinander noch unklar.

Es ist deshalb festzuhalten, dass zum gegenwärtigen Zeitpunkt (12/07) noch kein praktikabler Workflow existiert.

Daher sollte man sich entweder in Geduld fassen, wenn man einen der neuen AVCHD Camcorder erwirbt, oder noch einwenig damit warten, bis auch Firmen auf dem NLE Sektor nachgezogen haben, was durchaus noch einige Zeit in Anspruch nehmen kann.

Bei Apple hat es mehr als ein Jahr gedauert, bis die Firma auch das europäische progressiv– Format von HDV umfänglich unterstützt hat.

Wie immer, wenn solche Neuerungen auf dem Markt erhältlich sind, sind die Kamerahersteller schnell mit der Vermarktung der neuen Produkte und sprechen vermutlich zunächst den Amateur an, der seine Videos über HDMI, direkt im Monitor betrachten möchte.

Für Broadcaster aber ist es nicht nur wichtig, sondern auch komfortabler, einen Intra–Frame basierten Codec zur Verfügung zu haben, der mindestens die Qualität der hochwertigen Aufzeichnungsmedien, wie D5–HD hat, kein Prefiltering aufweist und über ausreichend Headroom verfügt, ein ausreichendes Multigenerationsverhalten sicher zu stellen.

Darüber hinaus muss ein solcher Codec in einem wirtschaftlich machbaren und technisch vernünftigen Bereich liegen, in dem man leistungsbezogene, preiswerte und robuste Camcorder herstellen kann. Diese Anforderungen erfüllt AVC–Intra.

		AVC-Intra				AVCHD			
Aufnahme Medium		P2Card				8 cm DVD (650 nm), SD-Memory-Card			
		Class50		Class100		HDTV		SDTV	
VIDEO	Videosignal	1080i/30	720p/60	1080i/30	720p/60	1080i/30	720p/60	480i/30	576i/25
		1080i/25	720p/50	1080i/25	720p/50	1080i/25	720p/50		
		1080p/30	720p/30	1080p/30	720p/30	1080p/24	720p/24		
		1080p/25	720p/25	1080p/25	720p/25				
		1080p/24	720p/24	1080p/24	720p/24				
	Anzahl der Pixel (H x V)	1440 x 1080 *	960 x 720 *	1920 x 1080	1280 x 720	1920 x 1080	1280 x 720	720 x 480	720 x 576 *
	Bildseiten-verhältnis	16:9				16:9		16:9/4:3	
	Kompression	MPEG-4 Part 10 H.264/AVC-I				MPEG-4 Part 10 H.264/AVC			
	Profile	High 10 Intra		High 4:2:2 Intra		High			
	Level	4.0	3.2	4.1		4.0	3.2	3.0	
	Transformation	8x8				8x8, 4x4			
	Picture-Typ	nur Intra-Picture				Inter-Picture, maximal GOP=15			
	Deblocking-Filter	nein				ja			
	Entropy-Coding	CABAC		CABAC/CAVLC		CABAC			
	Sampling	4:2:0		4:2:2		4:2:0			
	Quantisierung	10 bit (für Luminanz und Chrominanz)				8 bit (für Luminanz und Chrominanz)			
	Datenrate	54,3 Mbit/s		111,8 Mbit/s		bis zu 24 Mbit/s (6, 9, 13, 18)			
AUDIO	Kompression	keine, linear PCM				Dolby AC-3		linear PCM 16 bit/48 kHz	
		16/24 bit/48 kHz				64–640 kbit/s		1.5 Mbit/s (2 Kanäle)	
	Kanäle	2 – 16				1 – 5.1		1 – 7.1	
DATA	Dateiformat	MXF				MPEG-2-Transportstrom			

* Nicht Standard konform.: Der Standard sieht für 16:9 keine "non square" Pixels vor.

In der Übersicht erkennt man die Abgrenzung von AVCHD sowohl zu AVC-Intra, als auch zur SD Version.

Auch die unterschiedlichen Skaliermöglichkeiten von AVCHD werden aufgezeigt.

Bei AVCHD handelt es sich, wie aus der Tafel zu ersehen ist, um ein skalierbares Verfahren, also um ein Verfahren, das sowohl in unterschiedlichen Profilen, mit unterschiedlichen Werkzeugen als auch in unterschiedlichen Datenraten zur Verfügung steht.

Für AVCHD sieht der Standard 6, 9, 13, 18 und 24 Mbit/s. vor, jeweils zuzüglich der entsprechenden Bandbreite für den Ton.

Hersteller von Camcordern können nun also auswählen, welche Skalierungsstufe sie in ihre Geräte implementieren. Daraus können unterschiedliche Qualitäten an Camcordern erwachsen.

Weil aber alle Skalierungsstufen zunächst einmal mit dem Standard conform sind und sich alle „AVC" nennen können, kann man davon ausgehen, dass Konsumenten sich in diesem neuen „Dickicht" zunächst einmal wieder schwer zurechtfinden werden.

Dazu kommen noch die Logos, wie *FULL-HD* oder *HDready* und *HDready1080p*, die eigentlich nichts über die Bandbreite einer Aufzeichnung sagen, wohl aber dem Konsumenten die volle Qualität suggerieren.

Um es einmal deutlich auszusprechen:
Die Systembandbreite von AVCHD, bei Nutzung aller zur Verfügung stehenden Tools und Qualitätsmerkmalen ist 24 Mbit/s + Ton.

Alles darunter bedeutet in irgendeiner Weise eine Einschränkung der möglichen Qualität.

Auch Hinweise auf *FULL-HD* oder *HDready 1080p* sind lediglich Hinweise auf die räumliche bzw. zeitliche Auflösung des Formates und geben noch keine Auskunft darüber, welche Qualität jedes einzelne Pixel oder gar das ganze Signal hat. Darüber hinaus bezieht sich *FullHD* auch lediglich auf das Eingangs- Ausgangssignal, das jedoch auch durch Interpolation entstehen kann. *FullHD* **ist kein Gütesiegel!**
Die Vielfalt der AVC-Möglichkeiten eröffnet hier ein weites Feld für die Hersteller, unterschiedliche Qualitäten zu generieren.

Denselben Bezug haben beispielsweise auch die Bildauflösungen. Im AVC Bitstream kann man quasi alle beliebigen Auflösungen übertragen, die sinnvoll sind.

(Sie sollten durch die Makroblockgröße teilbar sein und eine ganze Zahl ergeben).

HDTV schreibt lediglich in den SMPTE Papieren 296M bzw. 274M 1920x1080 oder 1240x720 Bildpunkte Auflösung vor.

Wie die Auflösung aber von den einzelnen Produkten erreicht wird, ob mit voller Auflösung abgetastet wird, oder ob nur mit geringer Auflösung abgetastet wird und die in den Standards beschriebenen Auflösungen lediglich durch Interpolation, also künstlich erreicht werden, das sind Qualitätsmerkmale der einzelnen Hersteller bzw. Produkte und hat gar nichts mit dem Bitstream H.264/AVC zu tun.

Das sollte dem Konsumenten bewusst sein, wenn er sich für einen Camcorder entscheiden möchte.

Die Produktmanager der einzelnen Firmen sagen selbst dazu, dass die derzeitigen Produkte noch in die *„Point and Shoot"*- Abteilung gehören und meint damit jene Anwender, die keine Ambitionen haben, ihre Aufnahmen aufwendig nachzubearbeiten.

Die gegenwärtig erhältlichen Camcorder verfügen auch noch nicht über die umfängliche Palette an Möglichkeiten und Aufzeichnungsqualität, die AVCHD zu bieten hat.

Der Codec bringt zwar mit seinen umfangreichen Profiles und Leveln alle Möglichkeiten mit sich, HDV um Längen qualitativ zu schlagen, derzeit nutzt die Anbieterfirmen jedoch erst Teile davon in ihren Produkten.

Den Grund dafür mag man in der Speicherkapazität der als Datenspeicher eingesetzten miniDVD suchen, die dann schon nach 10-, anstatt der jetzt verfügbaren 15 Minuten Aufzeichnungsdauer voll wäre.

Auch lassen sich Flash-Speicher nicht mit einer beliebigen Datengeschwindigkeit beschreiben, wenn man Wert auf preiswerte Teile legt, wie sie derzeit noch in den Camcordern Verwendung finden.

Schnelle Speicher und Schreibgeschwindigkeiten, die es zulassen auch höhere Bandbreiten zu übertragen sind immer mit aufwendigen Buskonstruktionen und dem parallelen Beschreiben mehrerer Karten verbunden (siehe Flash-Memory in diesem Buch).

Die Schere zwischen der Consumer Kamera und der (Semi)- Professionellen Kamera wird sich also in Zukunft auch in dieser Hinsicht weiter öffnen.

Den HDTV Übertragungsstandard für das digitale Fernsehen hat H.264 bereits erreicht und die Fernsehstationen, die bereits in HD-Auflösung ausstrahlen, nutzen ihn bereits erfolgreich.

Wie lange es dauert, bis er auch in die Post-Produktion Einzug hält ist eine Frage der Hardwareentwicklung und wie die Broadcast Zulieferfirmen eine professionelle Variante vorantreiben.

Die ersten Kameras und Schnittsysteme sind bereits verfügbar und die die namhaften Hersteller von Codecs haben die Software zur Implementierung auch bereits vorliegen.

Die Zeichen stehen also auf Fortschritt.

AVC– Intra

Weil professionelle Technik nicht lange auf sich warten lässt hat Panasonic bereits die ersten Camcorder in dieser Variante in den Markt gebracht.

Panasonic spricht davon, dass der Codec doppelt so effizient sein soll wie ihr bisher benutzter DVCPro. Im Gegensatz zum „Consumer" Format, das in 4:2:0 die Farbe abtastet, arbeitet das AVC– Intra in 4:2:2 und ist gegenüber dem „Konsumer" Format, dass die MPEG–GoP–Struktur aufweist, aufgrund der ausschließlich verwendeten I–Frames erheblich einfacher und praxisbezogener zu schneiden.

Eine Besonderheit auf der Standardisierungsseite für AVC–Intra ist, dass im engeren Sinn nur der Decoder festgelegt worden ist. Er muss alle Profile der jeweiligen MPEG– Gruppe decodieren können und damit sicherstellen, dass jeder AVC Codec auch AVC– Intra– Ströme decodieren kann.

Lediglich auf das Zerlegen der Struktur unterschiedlicher Transportströme muss hierbei Rücksicht genommen werden, denn anders als die Transportströme der AVCHD, das aus Kompatibilitätsgründen und der Einfachheit halber auf den MPEG–2–Transportstrom (.m2t) zurückgreift, benutzt AVC–Intra das MXF Dateiformat.

Umgekehrt erlaubt MPEG wiederum im Encoderbereich bewusst weitere Freiheiten, um, wie schon bei MPEG–2, große Alleinstellungsmerkmale der Herstellerfirmen zu ermöglichen.

Um für den Broadcastbereich sicherzustellen, dass die Encoder sich möglichst gleich verhalten und sich damit eine gleich bleibend hohe Bildqualität über alle Hersteller hinweg garantieren lässt, ist die Auswahl der Tools für AVC–Intra in ein „Encoder Constrains", also einer Art Pflichtenheft, über einer „Recommended Practice" der SMPTE festgelegt worden.

Damit möchte man Alleingänge von Unternehmen verhindern, die zwar unter den „Mantel" von MPEG schlüpfen, deren Signale aber zu keinem Standard–En– oder Decoder kompatibel sind, wie es bei IMX zu MPEG–2 der Fall war.

Compressionsart	DV	DVCPro HD / 50	AVC-Intra Frame	
Streamdefinition	ISO/IEC 61834–2	SMPTE 314M SMPTE 370M	ISO/IEC 14496–10	
			SMPTE RP 2027	
MXF Mapping	SMPTE 383M		SMPTE RP 2008 / SMPTE 381M	
MXF Basis	SMPTE 377M, 379M (GC), 390M (OP-Atom)			

Das die Handhabung dieses Codecs leichter ist und sich schnell in Editing Systemen wiederfinden wird, hat Quantel bereits auf der NAB im April 2007 gezeigt, und eine funktionsfähige Edit–suite auf AVC–Intra Basis vorgestellt.

Durch den Wegfall aller möglichen Intermediate– Codecs und den damit zusammenhängenden Transcodierungen bei gleichzeitigem Wegfall aller pre– Filterings im Akquisition– Bereich des AVC Codec wird ein wesentlicher Beitrag zur Bildqualität geleistet.

Erstmals setzt sich auch eine Basis durch, die sowohl den Broadcastern, den Satellitenbetreibern, den Consumern und den Distributionsmedien ein einheitliches Format beschert.

Damit gehören Inkompatibilitäten auf der physikalischen Ebene endgültig der Vergangenheit an, was wiederum die Chipindustrie in die Lage versetzt, entsprechende Hardware– Unterstützung zu produzieren und damit Performanzengpässe in unzulänglichen CPU–Architekturen auszugleichen.

Die Skalierbarkeit:

... ist ein weiteres, besonderes Feature, aber auch bereits seit den MPEG2 Zeiten nicht Neues.

Wenn auch dieses Feature seine Vorzüge überwiegend in der Über- tragung und weniger in der Postproduktion entfaltet, so soll es hier doch nicht unerwähnt bleiben.

Schon zu MPEG2 Zeiten haben Pläne in der Fernsehausstrahlung vorgesehen, das digitale Format als „graceful degradation[30]" auszu- führen.

In der „Eile" der Set- Top- Boxen Hersteller und deren Ambition, mög- lichst schnell, möglichst viele Boxen für das Pay TV in den Markt zu bringen, ist dieses Feature allerdings unter den „Tisch gekehrt" wor- den.

Im Grunde genommen wird aber an einer Skalierbarkeit bereits seit mehr als 20 Jahren gearbeitet.

Die MPEG Gruppe rief im Dezember 2001 ein neues Forschungspro- jekt mit dem Namen *"Ad Hoc Group on Exploration of Interframe Wa- velet Technology in Video Coding"* ins Leben, weil es damals allge- meine Auffassung war, dass das sog. 3D Wavelet Coding die Schlüs- seltechnologie sei, skalierbare Algorithmen hoher Effizienz zu errei- chen.

Im Oktober 2003 gab MPEG dann abermals einen 'Call for Proposals' für hoch effiziente und universell anwendbare skalierbare Videokom- pressionsverfahren heraus und evaluierte die 14 eingehenden Vor- schläge ab Frühjahr 2004, 12 davon waren Wavelet–basiert und nur zwei befassten sich mit dem H.264 / MPEG4 AVC, einer davon kam vom *Heinrich–Herz Institut* in Berlin. In der anschließenden Definiti- onsphase wurden zunächst mehrere verschiedene Codecs unter- sucht, unter anderem auch die zahlreichen Wavelet–Codecs nach- dem Embedded– Coding– Prinzip in Kombination mit MCTF[31].

Es stellte sich jedoch heraus, dass eine skalierbare Erweiterung des AVC/H.264–Standards, wie vom deutschen Heinrich–Herz Institut vorgeschlagen, alle andern „out– performte" und den Wavelet– basierten Lösungen gegenüber eine bessere Kompressionsleistung zeigte und darüber hinaus noch eine Reihe von Komplexitätsvorteilen

---

[30] =schrittweise abnehmende Bildqualität im Gegensatz zu "sudden death" wo man entweder ein gutes Bild, oder gar kein Bild mehr hat.

[31] motion–compensated temporal filtering

aufwies.

Für einen skalierbaren Codec wird lediglich einmal der Bitstrom bei der höchsten Auflösung und Rate erzeugt, alle niedrigeren Auflösungen und Ratenpunkte werden hieraus durch einfaches Weglassen von Teilen des codierten Bitstroms generiert, wobei es auch möglich ist, mehrere Ratenbeschneidungen in Folge vorzunehmen, das heißt, die Qualität und Auflösung Schritt für Schritt zu verringern.

Beim nicht–skalierbaren Codec ist es dagegen notwendig, für jeden einzelnen Ratenpunkt einen separaten Codiervorgang (einschließlich ratenoptimierter Bewegungsschätzung) durchzuführen.

Bei dem Modus der zeitlichen Skalierbarkeit (hier nicht dargestellt), handelt es sich um einfaches 'frame dropping in der hierarchischen B–Frame– Struktur, die prinzipiell mit den anderen Formen der Skalierbarkeit ohne zusätzliche Kosten der Kompressionsleistung kombiniert werden kann.

Das der Standard ein weites Zukunftspotential hat, zeigen die **11 Profiles** auf, in die H.264 definiert ist. Jedes Profile wiederum 10 Level hat.

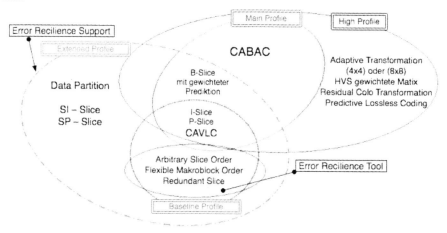

Die wichtigsten dabei Profiles sind:

Baseline Profile ist ausgerichtet und optimiert für Echtzeit Video Encoding und vornehmlich für CE Anwendung gedacht. Es unterstützt progressiv Video und verwendet I und P Bilder, sowie CAVLC Codierung

Main Profile ist vornehmlich für den Broadcast Markt vorgesehen. Es unterstützt sowohl, interlaced als auch progressiv Video im Makroblock oder Picture Ebene sowie Mode– Selection. Es findet I, P, B, Slicing mit gewichteter Prädiktion in sowohl CAVLC, als auch in CABAC.

Extended Profile ist vornehmlich ausgerichtet auf den eher fehlerbehafteten Kanal, z.B. für die Ausstrahlung von Mobilapplikationen. Hier können I, P, B, SP und SI Slices benutzt werden und es unterstützt sowohl interlaced als auch progressive Mode im CAVLC Coding.

High Profile hat erweiterte Funktionalität gegenüber dem Main Profile für eine höhere Effizienz der Kodierung, vornehmlich für HD– Content in 8x8 oder 4x4 Makroblöcken und den zuvor beschriebenen Werkzeugen.

High 10 Profile ist wie High Profile, jedoch in einer 10 bit Componenten Ausformung.

Level	Baseline Main	High Profile	High 10 Profile	High 4:2:2 High 4:4:4	Auflösung
1	64 kbit/sec	80 kbit/sec	192 kbit/sec	256 kbit/sec	128 x 96 /30.9 176 x 144 /15.0
1b	128 kbit/sec	160 kbit/sec	384 kbit/sec	512 kbit/sec	128 x 96 /30.9 176 x 144 /15.0
1.1	192 kbit/sec	240 kbit/sec	576 kbit/sec	768 kbit/sec	176 x 144 /30.3 320 x 240 /10.0
1.2	384 kbit/sec	480 kbit/sec	1152 kbit/sec	1536 kbit/sec	176 x 144 /60.0 320 x 240 /20.0 352 x 288 /15.2
1.3	768 kbit/sec	960 kbit/sec	2304 kbit/sec	3072 kbit/sec	352 x 288 /30.0
2	2 Mbit/s	2.5 Mbit/s	6 Mbit/s	8 Mbit/s	352 x 288 /30.0
2.1	4 Mbit/s	5 Mbit/s	12 Mbit/s	16 Mbit/s	352 x 480 /30.0 352 x 576 /25.0
2.1	4 Mbit/s	5 Mbit/s	12 Mbit/s	16 Mbit/s	720 x 480 /15.0 352 x 576 /25.0
3	10 Mbit/s	12,5 Mbit/s	30 Mbit/s	40 Mbit/s	720 x 480 /30.0 720 x 576 /25.0
3.1	14 Mbit/s	17,5 Mbit/s	42 Mbit/s	56 Mbit/s	1280 x 720 / 30.0 720 x 576/66.7
3.2	20 Mbit/s	25 Mbit/s	60 Mbit/s	80 Mbit/s	1280 x 720 /60.0
4	20 Mbit/s	25 Mbit/s	60 Mbit/s	60 Mbit/s	1920 x 1080 /30.1 2048 x 1024 /30.0
4.1	50 Mbit/s	62,5 Mbit/s	150 Mbit/s	200 Mbit/s	1920 x 1080 /30.1 2048 x 1024 /30.0
4.2	50 Mbit/s	62,5 Mbit/s	150 Mbit/s	200 Mbit/s	1920 x 1080 /64.0 2048 x 1024 /60.0
5	135 Mbit/s	168,75 Mbit/s	405 Mbit/s	540 Mbit/s	1920 x 1080 /72.3 2560 x 1920 /30.7
5.1	240 Mbit/s	300 Mbit/s	720 Mbit/s	960 Mbit/s	1920 x 1080 /120.5 4096 x 2048 /30.0

High 4:2:2 Profile unterstützt 4:2:2 Chroma Abtastung und 10 bit Componenten .... Es ist vornehmlich ausgelegt für Video– Editing und Post Production.

High 4:4:4 Profile unterstützt 4:4:4 Abtastung und bis zu 12 bit Componenten. Zusätzlich unterstützt es „lossless mode" und ein direktes Codieren von RGB Signalen. Dieses Profile ist vornehmlich für professionelle Anwendung und Grafik definiert.

An der Definition der Profiles sieht man, dass H.264 sehr viel mehr ist, als lediglich ein Codec für Konsumer– Camcorder.

Es ist, wie zuvor schon MPEG 2 eine umfassende Lösung für die Bearbeitung und die Ausstrahlung von Video und Audio.

Betrachten wir abschließend einmal die Rechnerleistung, die erforderlich ist, H.264 zu bearbeiten.

Obwohl man immer versucht, mit Beispielen, wie, dreifache oder achtfache Rechnerleistung zu verdeutlichen, so wird man der Sache doch damit nicht gerecht. Speziell die Bewegungsprädiktion stellt natürlich mehr Anforderungen an die Leistungsfähigkeit der CPU, muss man das Bild doch erheblich differenzieren um zu realistischen Einschätzungen zu kommen.

Zunächst sein nochmals daran erinnert, dass es sich auch bei MPEG4 um ein asymmetrisches Verfahren handelt, das geringe Anforderungen an die Dekodierung und höhere Anforderungen an das Encoding stellt.

Betrachtet man dazu einmal die unterschiedlichen Tools und Möglichkeiten entlang der Profiles und Level, so wird man schnell zu der Sicht kommen, dass die Rechneranforderungen damit einhergehen müssen.

	Baseline	Extended	Main	High	High 10	High 4:2:2	High 4:4:4
I und P Slices	Ja	Ja	Ja	Ja	Ja	Ja	Ja
B Slices		Ja	Ja	Ja	Ja	Ja	Ja
SI und SP Slices		Ja					
Mehrfach-Referenzframes	Ja	Ja	Ja	Ja	Ja	Ja	Ja
In-Loop Deblocking Filter	Ja	Ja	Ja	Ja	Ja	Ja	Ja
CAVLC Entropy Coding	Ja	Ja	Ja	Ja	Ja	Ja	Ja
CABAC Entropy Coding			Ja	Ja	Ja	Ja	Ja
Flexible Makroblock Ordn.	Ja	Ja					
Arbitrary Slice Ordnung	Ja	Ja					
Redundant Slices	Ja	Ja					
Data Partition		Ja					
Interlaced Codierung		Ja	Ja	Ja	Ja	Ja	Ja
4:2:0 Chroma Format	Ja	Ja	Ja	Ja	Ja	Ja	Ja
4:2:2 Chroma Format						Ja	Ja
4:4:4 Chroma Format							Ja
8-bit Sampling-Tiefe	Ja	Ja	Ja	Ja	Ja	Ja	Ja
9 und 10-bit Sampling-Tiefe					Ja	Ja	Ja
11 und 12-bit Sampling-Tiefe							Ja
8x8 vx.4x4 Transf.Adaptivity				Ja	Ja	Ja	Ja
Quantisation Scaling Matrix				Ja	Ja	Ja	Ja
Seperate Cb und Cr QP Cont.				Ja	Ja	Ja	Ja
Monochrome Videoformate.				Ja	Ja	Ja	Ja
Residual Color Transform.							Ja
Predictive Lossless Coding							Ja
	Baseline	Extended	Main	High	High 10	High 4:2:2	High 4:4:4

CABAC beispielsweise fordert erhebliche Rechnerleistung ab. Auch die Möglichkeit multipler Slices verändert die CPU Anforderungen.

Hinzu kommt natürlich die Geschicklichkeit, mit der Softwareprogrammierer bei der Generierung eines Encoders eine Lastverteilung auf eine vorhandene CPU vornehmen, und selbstverständlich noch die Architektur der vorgegebenen CPU, die ganz erheblichen Einfluss auf die Auslastung hat.

Betrachtet man einmal die Anforderungen entlang eines Bitstreams, sieht man, wie sich die Taktzyklen der CPU entlang der unterschiedlichen Bildtypen verändern.

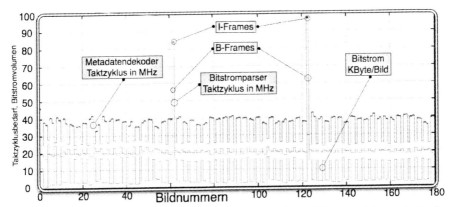

Bei einer entsprechenden dynamischen Lastverteilung wirken sich die Anforderungen auf unterschiedliche Rechnertypen wie folgt aus:

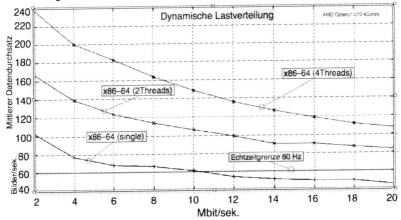

Bei Hinzunahme von CABAC verändern sich die Anforderungs-Verläufe erwartungsgemäß, stellen aber nach wie vor keine wirkliche Leistungsgrenze für moderne Rechner da.

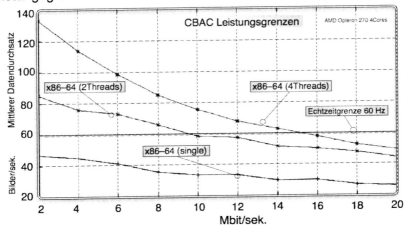

Dabei kann man schon fast die Frage als rhetorisch bezeichnen, wann leistungsfähige Prozessoren auch in die heimischen PCs Einzug halten.

Weniger vor dem Hintergrund eines 9 Cores in den gegenwärtigen Playstations, als vielmehr vor dem Hintergrund des IBM-Durchbruches, künftig Prozessoren mit 100 Kernen in einem Minichip unterzubringen und die bisher ungelöste Frage der Busse durch den Einsatz von Laserverbindungen innerhalb des Chips zu lösen.

Die dazu notwendigen Modulatoren sind mittlerweile 1000-mal kleiner als noch vor 2 Jahren.

Gelingt es nun auch noch, für die vorliegenden Prozesse bessere Architekturen in die CPUs zu bringen, wird das Thema Rechnerleistung wohl bald ein Thema der Vergangenheit bleiben.

Aufzeichnung:

Schon seit vielen Jahren gehen wir mit Datensignalen um und sind uns eigentlich gar nicht so richtig darüber bewusst ... Ob wir nun telefonieren, Musik hören oder wie in diesem Fall, Video erzeugen.

Alles läuft perfekt und die Ergebnisse sind gut, wenn auch nicht immer überzeugend. Die Daten kommen dabei von den unterschiedlichsten Medien: Aus irgend einem drahtgebundenen oder drahtlosen Devise, der Festplatte, beim Computer, der CR– Rom, der DVD oder, wie im Fall HDV, von einem Band, auf das die Daten, in Spuren organisiert, angelegt werden.

Allen gemeinsam ist jedoch, dass, wenn einmal Daten nicht gelesen werden können, sich das Ergebnis auch nicht mehr sehen lassen kann.

Was sich beim analogen Band dann als Bildstörung mehr oder weniger sichtbar bemerkbar gemacht hat, führt im digitalen System bis hin zum Zusammenbruch des Signals.

Nun unterscheiden sich die Systeme in ihren Aufzeichnungsverfahren ganz außerordentlich.

War noch vor wenige Monaten die Kassette, egal ob digital Beta, DVCPro oder DV Kassette im täglichen Einsatz, und wurden lediglich von einigen am Markt verfügbaren, externen Harddisk Recordern ergänzt, so hat Panasonic den Auftakt mit P2 gegeben, Daten generell in der Kamera bereits auf ein weniger anfälliges Medium zu schreiben.

Eine Weile fanden sich DVD- Recorder in den Sony Kameras, aber mittlerweile scheint auch Sony den Weg der Harddisk, bzw. des Flash-Memory in Bezug auf die Datenaufnahme eingeschlagen zu haben. In den neuen AVCHD Consumer Kameras gehören mittlerweile die Festplatten zur Standardausrüstung.

Das Bandmaterial für HDV sind jedoch handelsübliche miniDV– Kassetten und mit dem langsamen Ersatz dieses Formates dürfte auch das Speichermedium nur noch eine begrenzte Zeit verfügbar sein..

Bestimmte Hersteller bieten spezielle "HDV– Kassetten" an, die technisch gesehen baugleich mit DV– Kassetten sind, aber mit einer geringeren Fehlertoleranz ausgewählt werden (analog zum Auswahlverfahren für DVCAM– bzw. DVCPRO– Kassetten).

Technisch nötig ist die Verwendung solcher "Spezialkassetten" nicht.

Die Bandgeschwindigkeit von HDV ist die gleiche wie bei DV, daraus ergibt sich für die Kassetten die gleiche Laufzeit wie im "DV–Betrieb". Eine 60–Minuten–DV–Kassette speichert auch 60 Minuten HDV–Material.

Unterschiedlich sind jedoch die Bandbreiten innerhalb von HDV denn man unterscheidet zwischen HDV1 und HDV 2.

Was aber ist der genaue Unterschied?

Dazu müssen wir uns die Formate einmal im Detail anschauen:

HDV (High Definition Video)

Manchmal wird gesagt, das HDV gar kein *richtiges* HDTV sei und dass es nur von minderer Qualität aufgrund des Kodierverfahrens sei und nur *Real–HD* echtes HD sei.... alles Quatsch ... Die offizielle Definition von HDTV haben wir kennen gelernt und das Kodierverfahren MPEG2 ist derzeit nicht nur eines der Mächtigsten, sondern auch das am weitest verbreitetste und auch am besten gepflegte Verfahren, weltweit ...

Abgesehen davon hat HDV nicht einmal so direkt etwas mit HDTV zu tun, denn **HDV ist nichts weiter, als ein Aufzeichnungsverfahren** und bezeichnet einen Typus von Kameras, der vornehmlich im MPEG2 Kodierverfahren auf die Mini DV Kassetten aufzeichnet.

Die grundlegende Spezifikation von HDV wurde von Canon, Sharp, Sony und JVC bereits 2003 festgelegt.

Mittlerweile unterstützen 67 Hersteller von Akquisitions-– und Schnittsysteme sowie Interfaces und Adaptionen das Format.

Allerdings, so muss man einschränken, trifft dies uneingeschränkt lediglich auf HDV1 zu, denn das entspricht exakt den HDTV Spezifikationen, wie sie von der SMPTE definiert wurden.

HDV2 hingegen entspricht diesen Definitionen nicht. Es ist vielmehr aus einer 4:3 MPEG-2 Definition, der H14 entsprungen, die 1440 x 1080 vorsieht und mit Interpolation dann zu 1920 und zu 16:9 „geschummelt", hat aber daher natürlich nicht die durch die SMPTE geforderte Auflösung und so etwas wie 1440 x 1080 gibt es in keiner HDTV Spezifikation.

HDV basiert auf einer 4:2:0 Farb-Abtastung und 8bit Quantisierung und entspricht damit exakt dem Ausstrahlungsformat des digitalen Fernsehens, das ebenfalls mit 8bit 4:2:0 definiert ist.

HDV 1 arbeitet mit **progressiver** Auflösung von 1280x720 quadratischen Bildpunkten und unterschiedlichen Bildwiederholraten.
Es hat eine Bildstruktur von 6 Bildern pro GoP (IBBPBB) und zeichnet mit einer Datenrate von 19,4 Mbit/s folgende Komponenten auf:
MPEG 2 Video + Fehlerschutz (17,8 Mbit/s)
MPEG 1 Layer 2 Audio (384 kbit/s)
Metadaten (1,2 Mbit/s)
Eine akzeptable Datenrate für 720p30 Video mit einer 15 frame GoP benötigt lediglich 7,8 Mbit/s. JVC Camcorder benutzen eine Datenrate von 17,2 Mbit/s, also mehr als das doppelte, um die längere GoP zu kompensieren.
HDV ist dabei robuster als DV und bietet ein besseres Dropoutverhalten, weil eine 6–Frame GoP über 60 Spuren des Tapes „gestriped" wird, außerdem werden die I,B,P–Informationen „verkammt" in kleinen Blöcken über alle Spuren verteilt, so dass niemals ein komplettes I,B oder P Bild verloren gehen kann.
Sofern 50 bzw. 60p unterstützende Recorder auf den Markt sind, fangen diese die höhere Datenrate nur durch eine andere GoP auf, weil 720p HDV lediglich bis 19 Mbit/s definiert ist, oder aber natürlich durch einen doppelt so effizienten Coder.

Eine, von JVC angebotene Bildfrequenz von 720p/24 ist kein Teil der Spezifikation.
Ebenso wenig wie eine Canon-Variante, die sie 25F nennen. Hier sind die Bildwiederholraten in den Kameras halbiert.
Aus 50i wird dabei 25i und die Halbbilder werden anschließend in der Kamera zu Vollbildern berechnet. Eine Tätigkeit, die ansonsten im NLE durchgeführt wird.
Aus zwei Halbbildern entsteht aber natürlich kein vollwertiges Vollbild, wie sie von einem progressiv abgetasteten Sensor stammen würden, weil alle Interface-Artefakte nach wie vor im Bild erhalten sind.
Canon tut das wohl, weil sie keine echt progressive Abtastung anbieten können.
Man wird also kein 25F Format in den Spezifikationen finden. .

Subjektiv sehen die Ergebnisse aber so aus, als würde Canon hierzu pro Field mehr als die erforderlichen 576 Zeilen nutzen.
Dadurch ergibt sich bei der Interpolation ein besserer Schärfeeindruck als bei einem de- interleasten Bild, das auf 576 vertikalen Zeilen beruht.

HDV2 unterscheidet sich sowohl durch die Auflösung als auch durch das Aufzeichnungsverfahren.
Statt progressiver Vollbilder werden hier **interlaced** Halbbilder von 1440x1080 Bildpunkten im Seitenverhältnis 4:3 mit einer GoP-Länge von 15 aufgezeichnet.
Daraus ergibt sich ein anamorphes Bild.
Zeitliche Auflösung 25 Bilder/sec, aufgeteilt in 50 Fields (30Frames /60Fileds)
25 Mbit/s Aufzeichnungs–Bandbreite
Zusammengesetzt:
MPEG 2 Video + Fehlerschutz (23,4 Mbit/s)
MPEG 1 Layer 2 Audio (384 kbit/s)
Metadaten (1,2 Mbit/s)
HDV2 zeichnet rechteckige Pixels mit einem Verhältnis von 1,33:1 auf. Dadurch können die Pixels bei der Wiedergabe horizontal ausgedehnt werden und füllen so die Fläche von 1920 quadratischen Pixels.
Um 25 Mbit/s auf das Tape zu schreiben, weicht man von der ursprünglichen DV Vorgehensweise ab.
Der Datenstrom wird ebenso über 60 Spuren „gestriped" und mit ebenso „verkammten" Blöcken, wie bei HDV 1, aufgezeichnet.
HDV 2, also 1080i hat gegenüber (HDV1) 1,7–Mal so viele Pixel, aber lediglich das 1,3.–fache der Datenrate. Das liegt an der längeren GoP. Dadurch wird HDV2 anfälliger gegen MPEG Artefakte.
Auch werden Bewegungen durch die wesentlich längere GoP nicht so gut unterstützt.
Beide Verfahren definieren zwei Audio– Kanäle mit einer Sampelfrequenz von 48 kHz bei einer 16–bit Quantisierung und einer Kompression von 384 kbit/s nach MPEG 1 Audio– Layer 2 Spezifikation und weichen damit von DV ab, in dem ein PCM– Ton aufgezeichnet wird.
Auch unterscheiden sich die Formate in der Art der Aufzeichnung.
Ziel war es aber, die Aufzeichnung auf den, im Markt etablierten DV–Bändern vorzunehmen und auf kompatible Werte von nicht mehr als 25 Mbit/s zu reduzieren.

Sony propagierte in seinen Systemen sehr lange 1080i/**50**.

Mit Bezug auf die EBU Empfehlung der Darstellung ist das in der Tat irreführend, denn es werden nicht 50 Bilder pro Sekunde dargestellt, sondern natürlich nur 50 **Halb**bilder, die sich dann zu 25 **Voll**bildern nach dem De– Interlacing zusammensetzen, also in **Wirklichkeit 1080i/25**.

Der Chip in der Kamera nimmt das Bild aber nur mit 1440 x **540** auf, also jeweils ein Halbbild... danach wird das zweite Halbbild dazu gegeben und erzeugt die 1080 Zeilen und von 1440 auf 1920 wird anschließend heraufgerechnet ....

Bei 720p, also der progressiven Variante des HD werden vertikal 720 Zeilen dargestellt und horizontal 1280 Bildpunkte wobei die Sensoren eine Größe von 1356 x 824 haben.

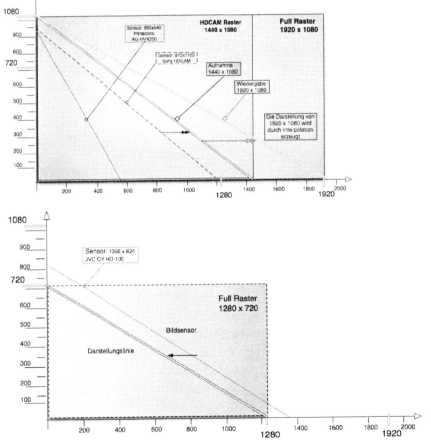

Nun ist über die Vor– und Nachteile der einzelnen Verfahren auch im Expertenkreis reichlich diskutiert worden.

Diese Diskussion soll hier nicht wiederholt werden, weil sich Fachleute darüber mittlerweile einig sind, dass das beste Verfahren nach wie vor aus einer Kombination beider Verfahren besteht und noch dazu bei einer Bildwiederholfrequenz von 50/60 Hz.

Also, entlang der EBU Empfehlung: **1080p/50** !

Jetzt gibt es aber weder Monitore in ausreichender Auswahl, noch Schnittsysteme, die dieses Format unterstützen würden... auch fehlt die Standardisierung derzeit noch. Und die Frage stellt sich, ob es tatsächlich noch in MPEG2 verwirklicht wird, weil MPEG4 (AVC) natürlich erheblich geringere Bandbreiten im Verhältnis zur Bildqualität liefert.

Außerdem ist HDV mit seinen 25 Mbit/s an den Leistungsgrenzen angekommen.

Wie aber verhält es sich mit den progressiven Formaten 1080p zum Format 720p.

Wenn sich die Fernsehanstalten nun darauf geeinigt haben, zunächst 720p auszustrahlen, welchen Vorteil könnte es haben, im Format 1080p aufzuzeichnen...

Eine Antwort wie: *„sie erreichen damit eine höhere Qualität...."* ist schnell gegeben.

Wenn die Antwort so einfach wäre... es kommt natürlich immer auf die Art der Abtastung an.

Wenn aber der Bildsensor eine volle räumliche Auflösung von 1920x1080 Bildpunkten hat, ergibt sich in der Kamera eine Kennlinie, die sich von den Kennlinien solcher Kameras unterscheidet, die originär mit 1280 x720 Bildpunkten abtasten, denn die Frequenzkurve der Kamera, die 1080p fähig ist, bleibt bis in hohe Frequenzen linear.

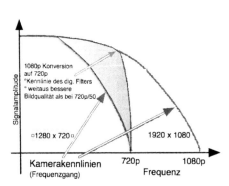

Damit kann aus diesem Signal ein 720p Bild mit erheblich höherer Qualität generiert werden, als aus den originär 720p Kameras. Sub– Sampling nennt man den Vorgang.

Den Signalgewinn ersehen Sie aus der Grafik.

Der Vorteil liegt in der Wiedergabeleistung hoher Frequenzen (feine Strukturen).

Dieser Vorteil trägt allerdings nur in dem beschriebenen Fall.... wird allerdings interlaced abgetastet, also nicht in der räumlich erforderlichen Auflösung ist eher durch das erforderliche De– interlasing mit einer Bildverschlechterung zu rechnen.

Daher sind der Bildsensor und das Abtastverfahren in hochauflösenden Kameras so elementar und sollte ein Beurteilungsschwerpunkt in Sachen Qualität sein.

Einer solchen Stream- Architektur müssen wir noch etwas Aufmerksamkeit schenken, weil sie aufzeichnungsspezifische Elemente enthält.

Nach der MPEG–2 Kompression entstehen zunächst einzelne Audio– und Videoströme, die sog. Elementary Streams (ES), die sich durch eine beliebige Länge auszeichnen.

In einem solchen Stream sind alle Elemente enthalten, die erforderlich sind, ein Videobild ... und nichts außer einem Videobild zu reproduzieren.

Lassen Sie uns einmal anschauen, wie ein solcher Videostream aufgebaut ist:

Der niedrigste Level eines solchen Straems ist ein Block aus DCT Koeffizienten. Jeder Block ist dabei abgeschlossen mit einem „End–of– Block" Code, sowie den fünf Luminanz– und den zwei Chrominanz Blöcken, die mit dem Makroblock verbunden sind.

Die codierten Blöcke werden durch den Macroblock– Header gekennzeichnet, der wiederum alle Kontroll– Informationen zu diesem Block enthält.

Das MPEG System Layer:

Ein Video Elementary Stream ist eigentlich nicht wirklich zu etwas zu nutzen, es sei denn, man möchte stumme Videoclips abspielen. Ein ES ist im Allgemeinen ein Teil eines MPEG System Layers, das ein separater Teil des MPEG–Standards ist und aus vier Gründen besteht:

1.   Eine sinnvolle Kombination aus Video, Audio und Zusatzdaten in einem Strom zu einem zusammengehörigen Multiplex herzustellen.

2. Dazugehörige programmspezifische Informationen in einen gemeinsamen Strom mit einzuflechten, die die Navigation und die Zugangskontrolle zu dem Strom regeln.
3. Einen Rahmen zu bilden, in dem Fehlerschutzmechanismen eingesetzt werden können.
4. Timing Informationen an den Decoder zu übertragen.

Aus den einzelnen Datenströmen werden mit einem Packetizer diese Packetized Elementary Streams (PES) hergestellt.

Dieser Strom wird in HDV2 nicht weiter verarbeitet, wohl aber in HDV1, wo weitere Daten zugesetzt werden und Fehlerschutzmechanismen, die über das Striping hinausgehen.
Die Daten werden in kleinere Paketlängen von 188 Byte zerlegt.

Aus den HDV 2 Anforderungen ergibt sich, dass der „robustere" Transportstrom für einen weniger robusten und mit erheblich weniger Datenreduktions– Algorithmen ausgerüsteten Packetized Elementary Strom (PES) aufgegeben werden musste.
Entsprechend höher waren die Anforderungen an das Aufzeichnungs– Medium: Band.

Der MPEG Transport Strom
MPEG Video, Audio und Data Streams werden üblicherweise kombiniert zu einem Transportstrom (TS), der aus festen Paketlängen von 188 Byte/Paket besteht.
Jedes Paket enthält einen Header, dem das Payload, also die Nutzdaten folgen, die wiederum aus einem Block aus Elementary Stream bestehen.
Der Header besteht aus einem (ein Byte) Startcode, der zur Synchronisation benutzt werden kann, gefolgt von einem packet identifier (PID), der aus einem 13–bit Code besteht und anzeigt, zu welchem elementary Stream das Payload gehört.
Die Aufgabe des Transportstrom Multiplexers ist es nun, die Elementary streams in Pakete zu unterteilen und sie entlang der Bandbreiten in denen sie generiert wurden, für den Transport vorzubereiten und mit den Datenschutzmechanismen und ggf. Metadaten zusammenzufassen.

Eine zusätzliche Komplikation besteht darin, dass Timing–Beziehungen, die zuvor in einem Packetized elemtary Stream (PES) bereits zusammengefasst worden sind, aufzulösen und in einen gemeinsamen Timing–Rahmen zu überführen.

Programm spezifische Informationen.

Ein Transportstrom kann mehrere Video, Audio und Daten Kanäle enthalten. Ein Decoder muss dann aber erfahren, welches Video und Audiosignal zusammen gehören, um einen Kanal darzustellen.

Das MPEG System Layer stellt ein 2–lagiges Navigationssystem zu diesem Zweck bereit. Einmal Pakete mit einem PID von Null, in dem der Programm Association Table (PAT) enthalten ist.

Dies ist eine Liste der Programme, zusammen mit den PIDs der folgenden Tables zu jedem Programm. Jeder folgende Table ist ein Programm Map Table (PMT), der wiederum die Informationen über die Elementary Stream enthält, die wiederum durch ihre PIDs identifiziert werden.

Die MPEG Spezifikation für Programmspezifische Informationen (PSI) beinhaltet weiter einen Network Information Table (NIT), der die Informationen über das nachfolgende, physikalische Netzwerk, z.B. Frequenzen und einen Table für Conditional Access enthält (CAT), das sind Zugangssysteme für Pay–TV.

Ein zusätzlicher Rahmen besteht in DVB spezifischen Daten, wie Service Informationen (SI), Bouquet Association Table (BAT) und einen Time an Data Table (TDT) sowie einen Running Status Table (RST). Dieser Rahmen dient den Broadcastern, zu einer besseren und serviceorientierten Programmübertragung.

Im amerikanischen ATSC System bestehen ähnliche Tables, die jedoch ebenso wie DVB nicht zur MPEG Spezifikation gehören.

Error Protection:

Der MPEG Standard spezifiziert nicht, wie Datenschutzmechanismen den Strömen zugeführt werden sollen, weil dies abhängig vom Ausstrahlungs– bzw. Aufnahmemedium ist.

Eine Möglichkeit besteht darin, jedem 188–byte Transportstrom Paket zum Beispiel einen Reed–Solomon Code beizufügen. Errorkorrektur ist wichtig weil die Variable–Längenkodierung, rekursive Vorhersage und begrenzte Re– Synchronisationsmöglichkeit bedeuten, dass einfache unkorrigierte Fehler in den Video Elementary Streams großen Folgeschaden anrichten können.

Timing Informationen:

Wahrscheinlich eine der wichtigsten Beschaffenheiten des MPEG System Layers ist das Vorhalten eines Mechanismus zur Synchronisation des Decoders mit den Zeitdaten des Encoders, wenn beide in Echtzeit arbeiten.

Der Decoder muss dabei in der Lage sein, die Master–Clock des Encoders nachzubilden. Jedes Bild, das der Decoder erhält veranlasst ein anderes Bild, diesen zu verlassen und die gespeicherten Daten an das Display weiter zu geben.

Schon sehr früh im digitalen Zeitalter hat man zum Transportzweck von Daten, mächtige Datenschutz– Mechanismen entwickelt.

Die Ingenieure und Mathematiker Reed und Solomon haben bereits 1960 einen der effektivsten Algorithmen fertig gestellt.

Um also Band– Aufzeichnungssysteme überhaupt funktionieren lassen zu können musste man derartige Algorithmen, die es gestatten, verloren gegangene Daten zu rekonstruieren, bzw. zu ersetzen in den Datenstrom implementieren.

Welche Korrekturalgorithmen dabei eingesetzt werden, bleibt, wie mit vielen Elementen der MPEG Toolsets, den Entwicklern der Hardware überlassen.

Grundsätzlich verfügt die digitale Datentechnik jedoch über mächtige Korrekturen, die das Signal bis zu sechs Zehnerpotenzen verbessern können.

Der besagte Reed–Solomon Code besteht aus 8–bit großen Codeblöcken, die mitgeführt werden und auf einfache Weise dekodiert werden können. Solche Verfahren werden beispielsweise auch in der Audio CD eingesetzt. Aber auch andere Verfahren, wie die Entrophiekodierung, deren Modelle bereits bei der Encodierung mit in das Signal integriert werden, gestatten den Schutz vor dem Verlust von Daten.

Meist merkt der Anwender nichts von diesen (technischen) Vorgängen. Leider manchmal offensichtlich auch nicht die Softwarehersteller der Capture– Programme, die häufig nur unzureichend, wenn überhaupt, die Daten wieder aufbereiten. Häufig wird lediglich der Payload aus dem Transportstrom isoliert und ins NLE–Programm eingeführt und der Fehlerschutz lediglich abgestriffen.

Dabei werden diese Algorithmen, die zusammen mit den Nutzdaten (Payload) aufgezeichnet wurden, nicht genutzt.

Häufig wird in dieser Beziehung eine Wissensstufe zu früh aufgehört zu denken. Es reicht eben nicht nur, den Payload zu entpacken. Man muss auch die zahlreichen Tools, die MPEG und andere Verfahren zur Verfügung stellen, zu nutzen wissen.

Das Resultat sind ansonsten Dropouts von unterschiedlicher Qualität, in Abhängigkeit der Capture Software.

Diese Rekonstruktion gelingt, je nachdem, wie groß der Datenverlust war, mehr oder weniger gut.

Als letztes Mittel, wenn die Daten nicht wirklich mehr nachzurechnen sind, tritt bei guter Software eine Verdeckung ein.

Die fehlerhaften Passagen werden relativ grob, aus Nachbardaten des Bildes interpoliert oder die letzten guten Datensätze werden mehrfach wiederholt.

Jeder von uns kennt das von der CD, wo urplötzlich kurz Musikteile hintereinander wiederholt werden und das Musikstück quasi „anhält".

Nun ist das im Video nicht ganz so einfach, weil außer dem Bild- und Ton- Signalen noch diverse andere Informationen mitgeführt werden, die nicht so einfach zu ersetzen sind.

Man kann sich leicht vorstellen, dass die Datenschutzmechanismen immer mächtiger werden müssen, je schlechter das Aufzeichnungs-medium ist.... natürlich sind auch hier Grenzen gesetzt, obwohl die derzeit verfügbaren bereits so gut sind, dass selbst bei Übertragun-gen von MPEG2 in relativ rauem Umfeld (SAT, Kabel, Hausantenne) jeder Zuschauer an jedem Tag in seinem Fernsehgerät beobachten kann, dass wenig Dropouts und Datenverlust sichtbar werden.

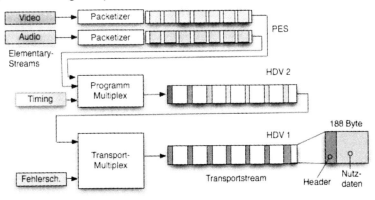

Was bei dem robusten HDV 1–(TS) ggf. noch durch Fehlerkompensa-
tion „bereinigt" werden konnte, führt bei dem HDV 2– (PES) unweigerlich zu Bild– und Tonausfall bei dem eine oder gar mehrere GoP be-
troffen sein können, trotz „Verkammung".

Hinzu kommt, erschwerend, dass sich NLE Systeme, die beispielsweise Schnittprogramme wie Apples FCP verwenden, an jedem
Time– Code– Sprung einen neuen Clip generieren.

Leider ist es Apple bisher nicht gelungen, dies unter 3 Sekunden zu
bewerkstelligen.

Mit andern Worten, ein Dropout vom Band, auch wenn man ihn beispielsweise durch die Datenkorrektur nicht einmal bemerkt, kann
mehrere Sekunden Ausfall des Videomaterial bedeuten, lediglich weil
der Timecode nicht interpoliert wurde.

Apple hat da noch genügend Raum für Verbesserungen.

Mittlerweile gibt es Workarounds, dieses Problem zu umgehen.

Spanische Videoleute haben sich mit den Hardwarefirmen zusammen
getan und für Lösungen gesorgt, nachdem Apple keine zufriedenstel-
lende Reaktion zeigte.

Allerdings funktioniert dabei die Clip– Teilungsfunktion nicht mehr
sondern der gesamte Beitrag wird in einem Stück eingelesen ... Ein
Workaround eben ... eines von vielen Workarounds die bei Apple immer häufiger helfen müssen.

Leider werden derartige Parameter nur selten in Testberichten angesprochen und ganz zu unrecht der „schwarze Peter" häufig dem Aufzeichnungsmedium: „Cassette" zugeschoben, unterstützt von den
Herstellerfirmen, doch vornehmlich ihre „Markenqualität" zu verwenden und auch bitte jedes Band nur einmal zu benutzen.

Dahinter steckt aber auch sehr viel Verkaufsstrategie.

Hinzu kommt noch ein ganz pragmatischer Ansatz:

Die Kopftrom-
mel, die die Da-
ten auf das
Band schreibt
geriet ebenso
an ihre physika-
lischen Grenzen

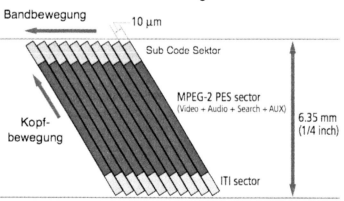

und war, solange es sie gibt, auch immer ein Hort ständiger Reparaturen. Sie muss nicht nur ständig gereinigt werden, auch nach einer Anzahl an Laufzeit– Stunden muss sie ersetzt werden.

Das ist für den Kunden teuer und trägt nicht eben zur Beliebtheit solcher Systeme bei.

Bei der HDV Aufzeichnung wurden alle Parameter der DV Aufzeichnung übernommen. So ist die Spurbreite 10µm und die Bandgeschwindigkeit 18,8 mm/s.

Auch der Azimut– Wert der Kopfneigung wurde beibehalten, so dass identische Kopftrommeln, wie bei DV Verwendung finden konnten.

Ein Kompromiss in Richtung Herstellungskosten.

Lediglich die Datenverteilung innerhalb der Schrägspur weicht ab.

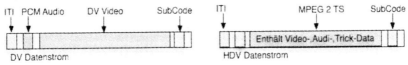

In den Bereich der Videodaten wird bei HDV1 der gesamte TS geschrieben, weil DV mit einer PCM Spur ausgestattet ist, HDV jedoch lediglich mit einem komprimierten Datenstrom.

Bei HDV 1 hat der TS eine Bandbreite von 19,7 Mbit/s. Ein Transportstrom hat weiter zusätzliche I– Frames, die Trickdaten, die einen schnellen Suchlauf mit sichtbaren Bildern ermöglichen. Ohne diese Bilder wäre eine Decodierung der MPEG2 Daten im schnellen Suchlauf nicht möglich.

Bei HDV 2 hingegen wurde die Struktur der Datenbereiche innerhalb der Schrägspuren grundlegend verändert. Die Unterteilung in separate Bereiche für PCM– Ton und Bilddaten entfällt völlig und der gesamte verfügbare Datenbereich wird zur Aufzeichnung genutzt. Die Gesamtdatenrate beträgt hier, wie bei DV 25 Mbit/s.

Die Mechanik in Videorecordern ist allerdings trotz Fehlerschutzmaßnahmen eine unsägliche Fehlerquelle.

Panasonic hat mit dem P2 System darauf reagiert und begonnen, all dies zu beseitigen. Hier werden Daten, direkt in ein Chip geschrieben und sind quasi frei von Verlusten (quasi)... und die Kamera frei von mechanischen Teilen. Das bedeutet, dass man die gesamten Datenschutz– Mechanismen abstreifen kann[32] und erheblich mehr Platz (räumlich und zeitlich) für das Pay– Load hat.

---

[32] ... dass dies nicht komplett zutrifft beschreibt die Problematik beim Beschreiben von Flash Memory nachfolgend.

Alles in allem hat sich das HDV1 Format in dieser Beziehung aus den erklärten Gründen als das wesentlich robustere Format gezeigt. Allerdings, und das soll hier nicht verkannt werden, ist es auch an der Leistungsgrenze angekommen.

Weder HDV1 noch HDV2 bieten vom Aufzeichnungsformat her eine vernünftige Erweiterungsperspektive. JVC hat die Reserven in HDV1 genutzt, um 720p50 in den GY HD 200er Kameramodellen darzustellen, aber dennoch dürfte die Wirkungszeit von HDV durchaus endlich geworden sein.

Mit zunehmenden Anforderungen an die Bildauflösung und trotz effizienterer Reduktionsalgorithmen müssen zukünftig mehr Daten gespeichert werden.

Für umfangreiche Datenschutzmechanismen ist da kaum mehr Platz, noch dazu weil Softwarefirmen sie häufig nicht unterstützen.

Ein anderes Speichermedium war daher früher oder später erforderlich.

Vergleichen wir einmal die Formate HDV1 und HDV2 mit dem neuen AVCHD Format: (Bei diesem Vergleich geht es zunächst um AVCHD, also nicht um das gesamte MPEG4 AVC/H.264).

HD-Formate

	AVCHD v1.0		HDV	
Aufnahmemedium	8 cm-DVD/Festplatte SD(HC)-Card/Memorystick		Magnetband (Mini-DV)	
Video				
Videosignal	1080/60i 1080/50i 1080/24p	720/60p 720/50p 720/24p	1080/60i 1080/50i 1080/25p 1080/24p	720/60p 720/50p 720/30p 720/24p
Pixel (horiz./vert.)	1920 x 1080 1440 x 1080	1280 x 720	1440 x 1080	1280 x 720
Seitenverhältnis	16:9	16:9	16:9	16:9
Kompressionsverfahren	MPEG-4 ACV/H.264		MPEG-2	
Abstastfrequenz für Luminanz-Signal	74,25 MHz 55,7 MHz	74,25 MHz	74,25 MHz	55,7 MHz
Abtastformat	4:2:0		4:2:0	
Bitrate	8 Bit (Luminanz/Chrominanz)		8 Bit (Lumin./Chrominanz)	
Audio				
Kompressionsverfahren	Dolby Digital (AC-3)		MPEG-1 Layer 2	
Bitrate	64-640 Kbps		385 Kbps	
Audio-Modus	1-7.1-Kanal		2 Kanal (Stereo)	
Allgemein				
System	MPEG-2 Transport Stream		MPEG-2 Transport Stream	
System-Bitrate	Bis zu 24 Mbps		25 Mbps	

Vom Standard nicht unterstützt. H.264 lässt in HD nur quadratische Pixel (1:1) zu.	MPEG 2: 4:3 Layer mit "non square" Pixels

Wir sehen, dass Hersteller das alte 4:3 Format aus MPEG 2 „herübergerettet" haben, obwohl H.264, AVC „non square" Pixels im Standard ausdrücklich nicht unterstützt. Es handelt sich also hier um ein proprietätes Format, das nicht von standardkonformen Dekodern verarbeitet werden muss.

Mit diesem MPEG 2 Level hat man sich in HDV beholfen, um 1920x1080 HD künstlich erzeugen zu können. Was dieses Format allerdings in AVC bewirken soll, in dem (echte) Full HD Auflösungen angeboten werden, bleibt allerdings fraglich. Vermutlich setzen die Firmen darüber noch alte Chip-Auflösungen und Konstruktionen aus Vorprodukten in den ersten Serien an Camcordern ab.

AVCHD, als auch HDV benutzen vom Aufzeichnungsformat her, einen MPEG2 Transportstrom. Generell ist es in AVC allerdings möglich quasi jegliches Format im Transportlayer zu verwenden.

Mit dem Übergang zu AVCHD haben die Hersteller das umgesetzt. Bei der Verwendung einer Harddisk muss man verhältnismäßig wenig Aufwand treiben, zusätzliche Schutzmechanismen in seine Datensätze einzubauen.

Hinzu kommt, dass das Abarbeiten der Schutzmechanismen natürlich auch Zeit in Anspruch nimmt. Die Datensätze werden aber immer umfangreicher.

Reichte das bei SD bzw. DV alles (auch zeitlich) noch aus, so sieht das bei höheren Bilddichten schon anders aus.

Aufzeichnungssysteme und Rechenkapazitäten in diesen Consumerorientierten Systemen geraten an ihre Leistungsgrenzen.

Die Verfeinerung und ein Ausbau in höhere Bandbreiten und damit in mehr Bildinhalte, sei es auf der inhaltlichen oder zeitlichen Basis, sind kaum mehr möglich. Deshalb gehen vermehrt Firmen dazu über, entweder andere effizientere Algorithmen für ihre Systeme zu verwenden, oder/und auf andere Speichermedien über zu gehen.

Glaubt man aber, Flash–Memory sei ein „unendlich" haltbares Medium, so täuscht man sich, denn bei jedem Schreib– bzw. Löschvorgang bleiben einzelne Elektronen in der isolierenden Schicht der Gates hängen und stellen so im Lauf der Zeit eine leitende Schicht her. Das Bauteil wird unbrauchbar und muss ausgetauscht werden.

Da Panasonic die Bauteile auf einer PCMCIA Karte aufgebaut hat, heißt der Defekt in einem Bauteil leider auch, dass die gesamte Karte ausgetauscht oder zumindest repariert werden muss.

Sony hat anfänglich begonnen, auf eine Laserdisk zu schreiben, die zwar bereits einen erheblichen Fortschritt gegenüber Tapes darstellt, in der Praxis aber auch noch ihre Schwächen zeigt. Die Konsequenzen hat Sony daraus sehr schnell gezogen und auch zum Speicherchip bzw. zur HD gegriffen.

Allerdings zeigen sich bei den neuen Systemen auch z.T. erhebliche Unterschiede im Preis, denn die P2–Chip Version ist natürlich die teuerste Lösung, zumal wenn man größere Aufnahmezeiten zu bewältigen hat. Auf die Flash-Memory Systeme soll später noch genauer eingegangen werden.

Generell aber ist das Flash-Memory für den Kunden eines der teuersten Medien, nicht nur in der Anschaffung, sondern auch im Workflow, denn entweder greift man auf eine geringe Datenrate zurück, was nicht im Interesse der Bildqualität liegen kann oder aber man hat nur, je nach Größe des Speicherchips, eine begrenzte Aufnahmedauer und wird um einen regelmäßigen Download in einen Rechner nicht herum kommen. Das ist nicht nur zeitaufwendig, sondern setzt natürlich auch die entsprechende Hardware „on Location" voraus.

Stellt sich also die logische Frage, warum dann nicht gleich auf dem externen Medium aufgezeichnet werden kann-

In der Tat nehmen die Angebote an solchen Speichermedien zu.

Adobe hat sei Programm bereits so benannt: „On Location". Es gestattet das Monitoring auf dem Laptop-Monitor, diverse Messmöglichkeiten und natürlich die Aufzeichnung auf die Harddisk des Rechners.

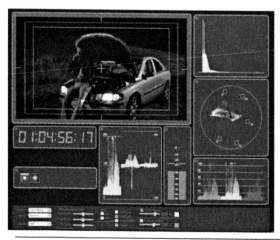

Adobe ist aber nicht die einzige Firma, die derartige Software anbietet. Der Pionier ist die „Scope Box" von Divergentmedia.

Solche Programme sind nicht nur ein willkommenes Hilfsmittel auf ein meist ohnehin vorhandenes Speichermedium zuzugreifen, sondern in den meisten Fällen auch ein „ADD ON". Die Software bietet Funktionen, die oft die vorhandenen Mankos in Sachen Kameraausstattung kompensieren. Das beginnt bei dem größeren Monitor, über die hilfreichen Messfunktionen und geht bis hin zu Zoomfunktionen und unterschiedliche Monitormasken. Variable und individuelle „Zebra" Möglichkeiten ersetzen häufigen Limitierungen der Kameras.

Auch fällt natürlich bei direkter Einspielung in den Rechner die Capture- Zeit weg, die eine Überspielung von Flash Memory in Anspruch genommen hätte. Der Content steht auch unmittelbar für einen „Rough-Cut" zur Verfügung, um eventuelle Anschnitte zu probieren, solange die Akteure noch am „Set" sind und eine Nacharbeit möglich ist..

Seit geraumer Zeit werden für zahlreiche, vor allem im Prosumer- Bereich angesiedelte Kameras bereits externe Harddisk-Rekorder angeboten, die ihr Signal aus den Fire- Wire Schnittstellen der Kameras beziehen und damit einen Ersatz der Aufzeichnungskassette darstellen. Häufig sind solche Geräte bereits Ersatz für die teilweise limitierte Aufnahmedauer der Speicherkarten. Allerdings bieten Sie ausschließlich die Möglichkeit der Aufnahme an, nicht aber die vielfältigen Kontrollmöglichkeiten. Dafür sind sie selten sehr viel größer als die eingebauten Festplatten und können zur (fast) festen Einheit mit der Kamera verbunden werden, was bei Laptops etwas schwieriger ist.

Auch müssen die Daten, wie vom Flash-Memory erst in einen Rechner überspielt werden, um sie nutzen zu können.

All diese Lösungen ersparen eine separate Abspieleinheit, sei es als MAZ für Bänder oder als Lesegerät für die Memory Karten, sofern nicht der Rechner mit einem entsprechenden Slot ausgestattet ist.

AVC- Aufzeichnung:
Im Konsumer–Bereich sind die ersten Camcorder mit Harddisk–Aufzeichnung und AVC Datenreduktion in den Läden ... JVC hat mit der „Everio" Serie den Reigen eröffnet.

Andere Firmen haben rasch nachgezogen. Der Vorteil liegt auf der Hand.... keine mechanischen Teile mehr im Camcorder, wenn man einmal die HD als störfreies Medium ansehen mag. Dadurch erhebliche Einsparung in den Herstellungskosten, größere Bandbreiten für den Payload, weil die ganzen Datenschutzmechanismen wegfallen (in

Aufzeichnung näher beschrieben) und weniger Aufkommen in den Servicearbeiten.

Das sind natürlich auch alles Entwicklungen, die letztlich dem Konsumenten zugute kommen.

Bleibt nur die Frage, wie kommen die Daten anschließend vom Chip oder der Disk auf den Computer ... oder den Fernseher

Wer nicht aus der Kamera abspielen will wird wohl um ein entsprechendes „Abspielgeräte" nicht herum kommen, die natürlich zusätzliches Geld kosten (Chip und CD– Rom), bei der HD ist es klar... aus der Kamera in den Computer ... falls der Computer einen passenden Kartenleser hat, könnte das auch noch funktionieren..

Wobei natürlich schon ein erheblicher Unterschied besteht, denn wenn ich früher aus der Kamera wiedergegeben habe, habe ich wertvolle „Kopftrommel– Stunden" verschwendet, denn die Kopftrommel ist ein hochwertiges mechanisches Teil und die Köpfe nutzen sich naturgemäß mit jeder Stunde Laufzeit, egal ob Aufnahme oder Wiedergabe, ab.

Wer also seiner Kamera eine möglichst lange und qualitativ hochwertige Zeit zubilligen wollte, hat von Wiedergabeaktivitäten aus der Kamera heraus abstand genommen.

Weil die neuen Recorder diese Mechanik aber (endlich) nicht mehr haben, stellt es kein größeres Problem mehr dar, aus den Kameras heraus abzuspielen.

Bei den unterschiedlichen Herstellern hat man die Wahl der Aufzeichnung entweder auf HD, wie bei JVC, oder auf Speicherkarte (SD Memory Card, Memory Stick), wie bei Panasonic, oder auf eine 8cm DVD, wie bei Sony.

Die Frage stellt sich eben nur, wie kommen die Daten in ein NLE ... und noch spannender, wie kommen sie wieder heraus?

Eine Harmonisierung wird sich sehr bald ergeben, wenn die HDMI-Schnittstelle den Einzug, nicht nur in die Kameras, sondern auch in TV-Geräte, Monitore und Computer gehalten hat. Plug- and- Play wird die Devise dann sein. Unkomplizierte, genormte Schnittstellen, die alle erforderlichen Nutz- und Zusatzdaten führt, denn zukünftig wird nicht nur Bild und Ton die Szene bestimmen, sondern zunehmend Metadaten. Es ist also dringend Zeit umzudenken. Die Videowelt- und Fernsehwelt wird sich verändern.

Flash–Memory

Es ist fast abzusehen, dass Flash Memory in der Aufzeichnung nicht mehr wegzudenken sind. In diesem Zusammenhang ist es auch interessant zu beobachten, dass selbst Firmen wie Sony, die die Aufzeichnung auf BlueRay DVD immer stark favorisiert haben, in neueren Kameramodellen (PMW EX1) auch zu Memory Cards übergegangen sind. Allerdings auf ein anderes Format, als Panasonic mit P2, das auf dem PCMCIA aufsetzt.

Die PCMCI– Association empfiehlt den Firmen allerdings, keine weiteren Entwicklungen auf diesem Stand mehr vorzunehmen, weil es zukünftig keine uneingeschränkte Unterstützung mehr erfahren wird. Daher setzt Sony bereits auf den neuen„PC–Express" Standard, einer Kooperation zwischen Sony & SandDisk. Für den PCMCIA Standard hält der Gerätehandel eine Adaption der PC – E– Karten vor. Mit 35Mbit/s können in 1920x1080 auf der 16 GB– HD Karte bis zu 50 min. gespeichert werden. In 25 Mbit/s sind bis zu 70 min speicherbar.

Sony speichert ein sog. MP4 Containerformat darauf ab und nennt ihn wieder einen „ISO– konformen Datencontainer", in dem MPEG2 Daten enthalten sind. Sie argumentieren damit, dass ihr Dateiformat auch in solche Schnittsysteme integrierbar ist, die mit dem MXF–Format noch Probleme haben. Es bleiben also Details abzuwarten, was Sony mit dieser „ISO– Konformität" wirklich meint und wie kompatibel sich das Format wirklich verhält ... denn „Konformität" ist noch lange keine „Kompatibilität.

Grund genug aber diesem Medium als Aufzeichnungsmedium und Ersatz für Bandaufzeichnung einmal mehr Aufmerksamkeit zu widmen:

Die Zelle des Flash Memory ist grundsätzlich nichts anderes, als ein Standard CMOS Transistor, der unterhalb des Steuer– Gates ein weiteres isoliertes Gate hat.
Ein Floating– Gate. Bei Anlegen einer Steuerspannung

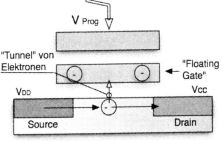

„durchtunneln" Elektroden die Isolationsschicht und sammeln sich im Floating Gate. Durch eine entsprechende Inversion im Transistorkanal wird dieser dauerhaft leitend und somit speicherfähig.

Zum Entfernen der Information muss eine entsprechend negative Spannung angelegt werden.

Das Durchdringen des Isolations– Oxids ist im Vergleich zu Transistor– Schaltzeiten ein sehr langsamer Prozess und hauptsächlich verantwortlich für die vergleichsweise geringe Schreibdatenrate dieser Bausteine.

Hinzu kommt, dass beim Löschen der Daten nicht immer alle Elektronen vollständig beseitigt werden so dass sich über die Lebensdauer eines Chips entsprechend viele Elektronen ansammeln, was wiederum dazu führt, dass der Kanal leitend bleibt und die Zelle nicht mehr löschbar ist.

Flash Memory ist also entgegen landläufiger Meinung, kein „unendlich" haltbares Aufzeichnungsmedium sondern ist auch, je nach Benutzungs– Intensität, auszutauschen.

Während in Mobiltelefonen vornehmlich NOR– Flashbausteine eingesetzt werden, finden in Massenspeichern überwiegend NAND– Chips Verwendung, bei deren Adressierung größerer Blöcke kein Nachteil ist.

Eine P2 Karte, wie sie von Panasonic für den Zweck der Videoaufzeichnung Verwendung findet, besteht aus 4 SD Karten in einem PCMCIA Kartentyp-II-Gehäuse.

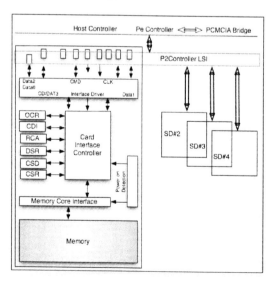

Die **parallele** Nutzung der 4 Karten sorgt dabei für eine optimale Ansteuerung.

Der P2-Controller ist das Herzstück der Karte. Um auf die 640 Mbit/s zu kommen müssen alle vier SD Karten gleichzeitig über den Host-Computer angesteuert werden.

Um die Kompatibilität mit allen existierenden Operationssystemen am PC Markt zu

Markt zu gewährleisten, wird bei P2 das FAT16- und FAT32 File-system benutzt. Allerdings bietet es die Möglichkeit die vorhandene Blockgröße von 512 kByte bzw. 2.048 KByte mit unterschiedlichen Clustern der Größe 32 kByte bzw. 128 kByte aufzufüllen. Dies bedeutet, dass gleichzeitig mehrere Files aufgezeichnet werden. Ferner werden die Files alle 2 Sekunden geschlossen. Dadurch kann die Karte während das System läuft, entnommen werden.

Grundsätzlich unterscheidet sich der Betrieb von Flash-Bausteinen in einem Echtzeit-System, in dem nicht wie in der IT Files neu abgerufen werden können, ganz erheblich.

Möchte man ein solches Speichersystem bei höher auflösenden TV Systemen oder solchen, mit geringerer Datenreduktion zum Einsatz bringen, stellt sich ein Flash Memory abermals erheblich komplexer da.

NAND Bausteine der 4–Gbit Generation verfügen über ein Page Register von 2048 Worten (+Fehlerschutz), über das alle Operationen ausgeführt werden. Während der externe Datentransfer mit 20 MHz noch verhältnismäßig schnell ist, besteht der Engpass im Transfer zwischen den Speicherzellen und dem Register, dem eigentlichen Programmiervorgang. Das Schreiben des Registerinhalts dauert ca. 700 µs.

Daraus folgt, dass auch die Anforderungen mit höher werdender räumlicher und zeitlicher Auflösung wachsen.

Eine Maximalanforderung also wäre ein mögliches Format 1920x1080 mit 30 Hz und 4:4:4 bei 10 bit Farbtiefe pro Pix. (60p sind noch nicht standardisiert).

Daraus resultiert, wie zuvor bereits benannt, eine Netto Datenrate von 1,86 Gbit/s. + Audio + Metadaten, also rd. 2 Gbit/s

Dieser Datenfluss muss über die gesamte Aufnahmezeit gewährleistet sein.

Eine Verzögerung würde den Datenfluss stoppen und unweigerlich zu einem Datenverlust führen. Dieser Unterschied ist ganz wesentlich gegenüber Speichern, wie sie in Computern Verwendung finden.

Dort können die Daten im Verlustfall ein zweites– oder weiteren Mal übertragen werden. Bei HDTV handelt es sich aber um ein Echtzeit–System.

Zwar lassen sich Daten in einem gewissen Umfang durch Zwischen-speicher ausgleichen, deren Dimensionierung aber in Anbetracht einer nicht vollständig bekannten Fehlerstatistik durchaus problematisch ist.

Eine Datenrate ist bereits bei 2 Gbit/s, auch ohne Daten– bzw. Defekt–Management eine Herausforderung ... An dieser Stelle sei der Vergleich mit einer PC Hardware erlaubt, wo über längere Zeit lediglich eine Datenrate von 200 Mbit/s aufrecht erhalten werden kann.

Man erreicht die hohe Datenrate auch lediglich durch Verwendung von Verkammung und der Verwendung einer großen Anzahl von Bausteinen.

Die Architektur ist so angelegt, dass der Bus während der Ladezeit eines Bausteines nicht blockiert bleibt, so dass mehrere Zellen bedient werden können.

Dabei werden zunächst die Register anderer Bausteine beschrieben, die dann in der maximal möglichen Geschwindigkeit nacheinander abgelegt werden. Dabei ist das System in seiner Größe so ausgelegt, dass nach Abschluss des letzten Registers, das erste Register wieder beschreibbar ist.

Nach der Worth–Case Programmierdauer richtet sich die Bußbreite ... in der beschriebenen Ausformung wären das mindestens acht Bausteine pro Bus.

Selbst bei maximaler Ausnutzung der Bandbreite von 20 MHZ bei 8 bit Busbreite wären das 160 Mbit/s abzüglich etwa 10% für die Adressierung, Befehlssätze und Bus–Contention.

Daran sieht man, dass für höhere Bandbreiten die Implementierung mehrerer Busse erforderlich ist.

Für die geforderten 2 Gbit/s bei höher auflösenden Systemen, wären das 14 parallele Busse. Aus Sicherheitsgründen wird man sich aber in diesem Fall für 16 Busse entscheiden, so dass immer 16x8=128 Flash–Bausteine **gleichzeitig** aktiv sind. Ja, Sie haben richtig gelesen: 128 Flash Bausteine! Zugegeben, es ist die Maximalforderung an ein HD System aber 1920x1080 mit 50 Bildern/s stellen selbst bei einer kräftigen Datenreduktion noch eine Herausforderung da und mit einem, oder zwei Flash-Bausteinen kommt man da nicht sehr weit. Es wird also auch hier mit zunehmenden Anforderungen kein billiger Spaß werden.

Natürlich entspannt sich eine solche Lage bei kleinen Bandbreiten, wie wir sie derzeit in HDV oder AVCHD haben

Und, was man ganz klar sagen muss, die Bausteine sind auch nicht fehlerfrei.

Wie eingangs bereits angerissen, muss darüber ein entsprechendes Defektmanagement stattfinden...

Einmal geht es um Herstellungsdefekte und zum andern um, bei Schreib- und Lesevorgängen auftretende permanent Defekte.

Ungewöhnlich bei Herstellungsdefekten ist, dass der Baustein keinerlei eigene Logik enthält, die defekten Blöcke zu maskieren. Auch ist die Herstellung völlig intakter Bausteine so gut wie unmöglich, so dass der Käufer eine gewisse Anzahl defekter Blöcke tolerieren muss ...laut Datenblatt bis zu 40 Defekte pro Baustein.

Zwar werden die Defekte markiert, für die Maske aber muss die Anwendungsprogrammierung sorgen.

Da die Markierungen im Chip aber gelöscht werden können, muss bereits bei der ersten Programmierung dafür Sorge getragen werden, dass entsprechende Tabellen erstellt und abgelegt werden.

Da es absehbar ist, dass die derzeitigen Übertragungsmethoden (HD SDI) durch ihre limitierte Bandbreite schon bald an ihre Grenzen stoßen wird, die Anforderungen an solch komplexe Systeme aber schnell wachsen, musste eine Möglichkeit geschaffen werden, mit dieses hohen Datenmengen in einem Workflow umzugehen.

Hinzu kommt, dass dies zukünftig wahrscheinlich in einem stärkeren IT-orientierten Umfeld stattfinden wird.

Viele Speichersysteme in Produktion und Postproduktion speichern Payload und Metadaten in proprietären Formaten und wandeln diese bei Ein- bzw. Ausgabe über Filter in das jeweils gewünschte Standardformat, MXF oder DPX, um. Für Flash-Packs geht das aus mehreren Gründen nicht.

Erstens ist die Flexibilität hierzu nur aus General-Purpose Prozessen beziehbar, die sich bei solchen Rechenleistungen aber nicht unbedingt erzeugen lassen, zum Andern setzt eine flexible Formatwandlung einen wahlfreien Zugriff auf individuelle Frames, Samples und Metadaten voraus. Dies ist im interlaced Betrieb des Flash Buss-Systems nicht möglich, beziehungsweise ist es nicht performant genug.

Daher zeichnen solche Systeme direkt im MXF File-Format auf.

Allerdings gibt es auch hier Unterschiede. Das Einpacken aller vorhandenen Daten in einen großen Filecontainer, so wie es der Operational Pattern OP1a empfiehlt, kommt dem angestrebten Ziel nicht näher.

Daher wurde von Panasonic eine eigenständige Variante aus SMPTE-390M gewählt. Dabei unterscheidet sich der physikalische Aufbau der Variante eines MXF-Files von der in der IT-Welt gebräuchlichen nicht wesentlich. Wohl aber gibt es Unterschiede in der Funktionsweise und im internen Aufbau.

Das Flash Memory wird wohl zukünftig zum universellen Medium für das Speichern unterschiedlicher Daten. Der große Vorzug liegt in seiner Kompatibilität zur IT-Welt. Mit MXF als Fileformat eröffnet es den Direktzugang auf die abgespeicherten Daten und die direkte Editiermöglichkeit, nonlinear auf dem Medium. Damit fällt das zeitraubende Digitalisieren der Daten weg. Metadaten werden mit xml unterstützt und können so direkt in die Verarbeitungssysteme übernommen werden.

Man könnte nun den Eindruck gewinnen, dass es sich bei diesem Speichermedium um das ideale Medium handelt. Aber Flash Memory hat auch ein paar Nachteile, die hier nicht verschwiegen werden sollen:

Das „**Bad Blocking**", das die Fehler der Speicherzellen beschreibt ist hier schon zur Sprache gekommen.

Das System muss also immer im Hintergrund ein „veryfying" vorhalten und die gerade geschriebenen Daten mit dem Inhalt des Speichers vergleichen. Ist die Fehlertoleranzschwelle überschritten muss der gesamte „Block" in die Tabelle der nicht benutzbaren Speicherblöcke übernommen werden. Die Videodaten müssen derweil in einen intakten Block übernommen werden. Diese hohe Speicherverwaltung trägt nicht zur Geschwindigkeit des Mediums bei und die Alterungsfehler führen nicht dazu, dass eine unbegrenzte Nutzung der teuren Bausteine möglich ist.

Das „**Bit-Flipping**" ist ein Fehler, der meist durch Softwarefehler oder einer Überprogrammierung einzelner Bits hervorgerufen wird.

Dem wird mit Fehlerkorrektur entgegen gewirkt. Aber Reed-Solomon oder Hamming- Codes belegen eben auch Speicherplatz, der besser für Footage benutzbar sein sollte. Hinzu kommt wieder das alte HDV-Problem, ob NLE- Software die Fehlerkorrektur unterstützt oder ob sich der Anwender wieder auf Drop- Outs vorbereiten muss.

Als dritter Fehler wäre da noch das „**Wear Leveling**", das noch aus den alten MS-DOS- Zeiten durch die Verwendung des Low-Leveling Filesystems bekannt ist.

Durch das ständige Beschreiben einzelner Blöcke verkürzt sich die Lebenszeit dieser Blöcke erheblich. Das Ergebnis ist eine ständige Abnahme der Speicherkapazität.

Mit Filesystemen wie JFF2 oder YAFFS versucht man, diesen Prozess statistisch besser zu verteilen. Verhindern kann man die Zerstörung der Zellen aber nicht.

Seitens der Anforderung der Filmindustrie werden die Auflösungen von HD bzw. 2k auf 4k sehr schnell steigen und damit die Datenrate ver**vier**fachen.

Gleichzeitig ist auch von steigenden Bildwechselfrequenzen über 60p hinaus für die Anwendung in Slow Motion zu rechnen, was nochmals die Datenrate auf ein Vielfaches erhöht.

Dem stehen aber nur technisch sehr langsam steigende Flash Datenraten gegenüber.

Was bleibt, ist die Klärung einiger Fragen im Workflow.

Wie kompatibel sind die Daten zu der breiten Palette der NLE-Anbieter?

Setzt das Auslesen der Daten, wie häufig in der Vergangenheit noch ein entsprechendes Lesegerät voraus?

Sind Daten von Sony und Panasonic ... und den weiteren Anbietern kompatibel?

Wie werden sich die Kosten der Speicherkarten entwickeln, denn 700 EUR für 100 min. Aufzeichnung kann man nicht wirklich als „preiswert" bezeichnen, speziell vor dem Hintergrund, dass man nicht nur kurze News-Clips macht.

Außerdem „verbrauchen" sich Flash-Memory Chips ebenso, wie wir gesehen haben und müssen nach einer Zeit ersetzt werden.

Zuletzt bleibt die Frage der Archivierung des Footage und die damit verbundenen Kosten zu klären.

Der Übergang auf eine neue Technologie mag ja aus technologischer Sicht ebenso wie aus der Sicht des Herstellers reizvoll sein. Ganz unproblematisch ist er aber für den Anwender nicht, der wie so oft, vom Hersteller mit der Lösung der Probleme allein gelassen wird.

Schnittstellen:

Und damit wären wir bei den Schnittstellen:
Wie schon erwähnt müssen die Daten natürlich aus der Kamera bzw.
vom Band, von der Disk oder vom P2–Chip irgendwie in den Rechner
übertragen werden, auf dem ich das Video schneiden will, oder aber
auch nur ansehen.
Zum reinen Ansehen reicht natürlich auch manchmal ein analoger
Ausgang der Kamera, nur die ganze Qualität des Bildes erreiche ich
damit meistens nicht, weil die Wandler in den Kameras nicht immer
von Spitzenqualität sind.
Schon ein paar Jahre alt und doch hochaktuell – ist nach wie vor die
IEEE1394, ein schnelles Interface, das alle anderen Peripherie– und
Massenspeicher–Schnittstellen verdrängen konnte, zuletzt die SCSI
Schnittstelle.
Dabei hatte Apple mit der Entwicklung dieses seriellen Anschlusses
schon 1986 begonnen. Die Ingenieure übernahmen den seriellen Bus
IEEE 1394. Dieser war zu der Zeit noch nicht als endgültiger Standard
verabschiedet und ursprünglich nur als Diagnosebus in parallelen
Backplane–Bussen gedacht.
1993 demonstrierte Apple die Weiterentwicklung unter dem Namen
Firewire, die später als IEEE 1394–1995 von der IEEE standardisiert
wurde.

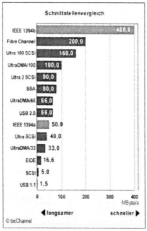

1394 wurde sehr schnell der Standard in der digitalen Videobearbeitung im Konsumer–Bereich. Sowohl Hersteller von Videoschnittkarten wie Fast oder Pinnacle, als auch Großkonzerne wie Sony, JVC und Panasonic setzen bei ihrer Unterhaltungselektronik auf den seriellen Bus. Bei Apple ist Firewire seit Anfang 1999 in den Desktop– Computern serienmäßig, Sony war im PC– Bereich der Vorreiter. Die Hersteller von Druckern, Festplatten und anderen Peripheriegeräte zogen rasch nach.
Ein Blick auf das Schaubild zeigt schnell,
warum 1394 neben der einfachen Handhabung so interessant war.
IEEE 1394–1995 ermöglicht bereits theoretisch eine Datentransferrate von bis zu 50 MByte/s, mit IEEE 1395b sogar 400 MByte/s. Wer

sich eingehend mit 1394 beschäftigt, hat die Wahl aus über 70 verschiedenen Spezifikationen. IEEE 1394–1995, IEEE P1394a, IEEE P1394b sind nur einige Beispiele, die gleichzeitig auch als Schnittstellenbezeichnung verwendet werden. Dazu kommen noch die Marketingbezeichnungen Firewire von Apple, i.Link von Sony und Lynx von Texas Instruments. Prinzipiell sind Firewire, IEEE 1394–1995, i.Link und Lynx kompatibel zueinander oder nur andere Bezeichnungen für dieselbe Sache. Allerdings unterscheidet sich i.Link schon äußerlich durch den kleineren vierpoligen Steckverbinder von den sechspoligen IEEE– und Firewire–Originalen. Der Unterschied: i.Link bietet keine Spannungsversorgung für externe Geräte über das 1394–Kabel.

1) IEEE 1394–1995: Definiert die grundlegende Architektur für Hard– und Software.

1) IEEE P1394a: Beschreibt Erweiterungen und Verbesserungen zur IEEE 1394–1995. Das betrifft vor allem den Physical Layer, Power Management und Software–Details.

2) IEEE P1394.1: Erweitert 1394 für Netzwerkbetrieb (Bridging).

0. IEEE P1394b: Definition für höhere Transferraten (800, 1600, 3200 MBit/s) und längere Kabel. Geräte nach IEEE P1394b sollen abwärtskompatibel zu IEEE P1394a sein.

0. IEEE 1212 oder _IEC_ 13213: Legt den Standard für die von 1394 genutzten Status– und Control–_Register_ fest.

. IEC 61883: Enthält Spezifikationen für den zeitkritischen Multimedia– Bereich.

0. 1394 TA Power Specs: Dieses Spezifikationen beantworten Fragen zu Spannungsversorgung und Power Management.

2) 800 IEEE 1394 ist ein internationaler Standard für eine kostengünstige digitale Schnittstelle. Sie wurde konzipiert für den Einsatz in Geräten der Unterhaltungselektronik, Kommunikation und Computertechnik und bietet folgende Eigenschaften: Datentransferraten von 100, 200, oder 400 Mbit/s beziehungsweise 12,5, 25 oder 50 MByte/s

2) Gemischter Betrieb unterschiedlich schneller Geräte mit 100, 200, 400 und 800 Mbit/s möglich

3) Dünne und preiswerte serielle Kabel

0. Einfache Konfiguration, da keine Abschlusswiderstände, Geräte– IDs oder Einstellungsverfahren notwendig sind

0. Der Anwender kann 1394–Geräte ohne Werkzeug während des Systembetriebs anschließen oder entfernen

. Die Spannungsversorgung der Geräte ist über das Datenkabel möglich. Dafür sind zwischen 8 bis 40 Volt bei maximal 1,5 Ampere vorgesehen

Als Peer–to–Peer–Netzwerk benötigt 1394 keinen dedizierten Host.

Bei USB fungiert der PC als Host.

Anschluss der Geräte

Prinzipiell ist 1394 eine simple Sache. Ein oder mehrere Geräte mit dem seriellen Kabel an den PC/Controller anschließen und fertig. Abgesehen von den Unwägbarkeiten eines Plug & Play– Betriebssystems, gibt es noch einige Einschränkungen. Die Geräte sind seriell hintereinander geschaltet wie in einer Kette. Bei Geräten mit zwei oder mehr 1394– Ports sind Verzweigungen möglich.

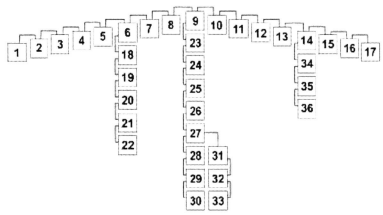

Die einzelnen Geräte werden hintereinander angeschlossen. Durch mögliche Verzweigungen ergibt sich eine Baumstruktur.

Grundsätzlich dürfen aber nur 16 Kabelstücke mit je maximal 4,5 Meter Länge in einer Kette sein, gleich von welchem Punkt des Netzwerks aus gezählt wird. Schleifen innerhalb und zwischen den verschiedenen Strängen sind streng verboten. Jedes Gerät muss für saubere Signale an seinen Ausgängen sorgen und sie entsprechend "auffrischen". Das Schaubild demonstriert eine gültige Verschaltung. Unabhängig vom Startpunkt ergeben sich dabei maximal 17 Geräte hintereinander.

Mit dieser Schnittstelle „leben" die meisten Computeranwender, die in der Videotechnik tätig sind, heute noch und sie ist nach wie vor gegenüber der USB2, nicht nur die schnellere, sondern auch bei Weitem die komfortablere Schnittstelle, weil USB nach wie vor einen Host benötigt.

Und dennoch könnte die Schnittstelle aufgrund anderer inhaltlicher Anforderungen demnächst aus den Geräten verschwunden sein.

HDMI

Verfügt man nämlich bereite über eine etwas neuere ... und auch eine etwas teurere Kamera, die bereits einen HD–SDI Ausgang hat, sieht das schon anders aus, wenn man sein Video betrachten möchte.... dann fehlt nur noch der Monitor, der ebenfalls einen HD–SDI Eingang hat ... und da hapert es meistens schon, denn diese Monitore sind derzeit noch exorbitant teuer und für den Consumer daher nicht wirklich interessant.

Neuere Kameras weisen dann schon eine HDMI (High Definition Multimedia Interface) Schnittstelle auf.

Diese Schnittstelle wurde von Pioneer entwickelt und 2003 erstmals auf den Markt gebracht. Sie zeichnet sich dadurch aus, dass sie nicht nur Bilddaten, wie bei HDSDI überträgt, sondern zusätzlich eine ganze Palette an Zusatzdaten.

Dabei ist natürlich der Ton, aber auch Daten zur Fernsteuerung ... und, natürlich kann man heute schon dazu sagen, Steuerdaten für Kopierschutz Mechanismen[33], weil heutzutage so gut wie keine Schnittstelle mehr Eingang in die Consumerindustrie findet, deren "Segen" von den Content– vertreibenden Majors nicht vorliegt denn nach wie vor ist einer der größte Zweige des Videogeschäftes natürlich die DVD.

Aber HDMI überträgt auch die Protokolldaten zu einer Vielzahl an Farbräumen und Standards.

Da nun HDMI den Eingang in die Consumerindustrie gefunden hat und sich quasi an jedem besseren neuen TV– Gerät bzw. Monitor wieder findet, sollte man die Einzelheiten einmal genauer beleuchten:

HDMI gibt es in den Ausformungen 1.2, 1.3 und 1.3a

HDMI 1.3 **verdoppelt die Bandbreite** der Datenrate gegenüber der 1.2 Version von bisher 4,95 Gbit/s (165 Mhz) auf 10,2 Gbit/s (340 Mhz). **Vorteile:**

Damit wird ein deutlich größerer Farbraum möglich, was z.B. Hautfarben und dunkle Szenen natürlicher erscheinen lässt.

---

[33] CSS Codierung mit HDCP Chip

Die Möglichkeiten der Auflösung werden um mehr als 400% gegenüber 720p HDTV gesteigert.

Ergebnis: Mehr Detailreichtum in komplexen Szenen.

Höhere Bildwiederholraten (Frame Rates) werden möglich: bis zu 120 Hz. Dadurch werden Bewegungen noch besser abgebildet und Bewegungs– Artefakte vermindert.

Über diese Schnittstelle ist es daher nicht nur möglich, datenkomprimierte Signale zu übertragen, sondern auch die unkomprimierten Signale, die über HDSDI beispielsweise einen Doppel– Link erfordert hätten.

Gegen diese hohen Datengeschwindigkeiten können bisher übliche Schnittstellen, wie IEEE 1394, USB und alles was es da bisher so an den Computern oder Zusatzgeräten gab, nicht konkurrieren.

Hinzu kommt die Fähigkeit, Ton in verschiedenen Ausformungen zu übertragen:

HDMI 1.2 überträgt Audiodaten bis zu 192 kHz mit Wortbreiten von bis zu 24 Bit auf bis zu 8 Kanälen.

Für HDMI 1.3 wurden Dolby Digital Plus und Dolby TrueHD aufgenommen.

Die maximale Pixelfrequenz für Videodaten mit *single– link* liegt für HDMI 1.2 bei 165 MPixel/s (Typ A) und für HDMI 1.3 bei 340 MPixel/s (Typ A/C).

Damit lassen sich nicht nur alle heutigen in der Unterhaltungselektronik eingeführten Bild– und Tonformate einschließlich HDTV bis hin zum bereits angesprochenen übertragen, sondern auch zukünftige Formate mit noch höheren Bildauflösungen.

Mit HDMI 1.3 kam auch die Unterstützung für höhere Farbtiefen hinzu. Bisher waren nur 24 Bit (RGB 4:4:4, YCbCr 4:4:4, YCbCr 4:2:2), 30 Bit und 36 Bit (YCbCr 4:2:2) möglich.

Die höhere Datenrate bei HDMI 1.3 erlaubt auch Farbtiefen von 30 Bit, 36 Bit und 48 Bit mit 10/12/16 Bit pro Farbkomponente (RGB 4:4:4, YCbCr 4:4:4).

HDMI 1.3 unterstützt zusätzlich zu den bisherigen Formaten SMPTE 170M/ITU–R BT.601 und ITU–R BT.709–5 das neue Farbraummodell xvYCC, das im Standard IEC 61966–2–4 definiert ist, und ermöglicht so einen sehr großen Farbraum zur Verbesserung der Farbdarstellung. Verbesserte Farbtiefe hat folgende Vorteile:

Die Fähigkeit von HD– Displays, Milliarden von Farben darzustellen wird nun auch durch das Übertragungsprotokoll von HDMI unterstützt.

Die Formel des neuen Farbraumes ist rückwärts kompatibel zu bisherigen Farbräumen und stellt in erster Linie eine Spreizung des Farbraumes dar, der über die mitgeführten Metadaten (**gamut related metadata**) an den Monitor übermittelt werden.

Dieses Signaling ist in erster Linie für die Steuerung der LED– Hintergrund– Beleuchtungen vorgesehen. Unterstützen Monitore dieses Protokoll nicht, wird die Darstellung im bisherigen Farbraum ausgeführt.

Die Hersteller proklamieren das 1,8–fache des bisherigen Farbspektrums.

Das sorgt für sanfte Farbübergänge und feine Farbabstufungen und hilft, störende Farbsäume (Doppelkonturen an Flächenrändern und Säume in Farbverläufen) zu verhindern. Erheblich größere Kontrast–Spannen werden möglich.

Die Anzahl der Graustufen (Farbabstufungen zwischen schwarz und weiß) wird vervielfacht. Schon bei einer 30–bit–Farbtiefe können mindestens 4-mal mehr Graustufen dargestellt werden und die typische Verbesserung wird voraussichtlich bei der 8–fachen Graustufendarstellung liegen – verglichen mit 24–bit–Farbtiefe beim bisherigen HDMI 1.2.

Dazu werden, wie schon erwähnt, spezielle Farbraum– Metadaten übertragen, die der Monitor allerdings umsetzen muss.

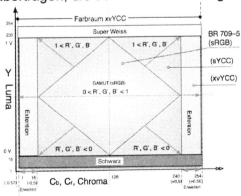

HDMI 1.3 beseitigt im Prinzip alle bisherigen Begrenzungen in der Farbdarstellung.

Das menschliche Auge ist in der Lage, ein wesentlich größeres Farbspektrum zu sehen, als dies bisher in Videobildern darstellbar war.

So kann konventionelles RGB nur einen Ausschnitt des tatsächlich sichtbaren Spektrums wiedergeben.

HDMI 1.3 unterstützt, wie beschrieben, das Nachfolgeformat xvYCC (Extended YCC Colorimetry for Video Applications), das tatsächlich die gesamte Skala der vom menschlichen Auge sichtbaren Farben abbilden soll. **Vorteile**:

Der xvYCC– Farbraum vergrößert die von HD– Signalen darstellbaren Farben um das 1,8–fache. Farbübergänge und Farbverläufe werden exakter wiedergegeben. Die Farben selbst werden natürlicher und lebendiger dargestellt.

Wohl gemerkt, sowohl das abspielende Gerät, als auch der nachfolgende Monitor müssen dieselben Parameter erfüllen ... sonst bleibt xvYCC nichts als ein weiterer zusätzlicher Parameter auf einer neuen Schnittstelle und, solange lediglich Sony als Entwickler solcher neuen Farbräume deren Nutzung angekündigt hat, sollte man die Wirkung einstweilen nicht überschätzen.

Man sieht aber, dass HDMI weit mehr ist, als eine schlichte Signal-übertragung, wie wir sie bisher von den analogen Signalen RGB, YUV etc. kennen.

Allerdings hat die Bearbeitung der Monitorsignale auch ihre Schatten-seiten ... die Zeit ... denn anders als in den bisherigen Videosignalen, handelt es sich bei HDMI um ein gemeinsames Video/Audio Signal.

(Siehe auch hierzu das Kapitel MONITORE, aus der sie die vielfältige Bearbeitung eines Monitorsignals entnehmen ersehen können.)

Jede Signalbearbeitung, speziell wenn sie komplex ist und ggf. nur durch eine Zwischenspeicherung erfolgen kann, nimmt Zeit in An-spruch. Wir wissen, dass jedes Bild 25 ms dauert.

Muss ich also ein Bild zur Bearbeitung zwischenspeichern, kann ich es frühestens nach diesen 25ms wieder in den Videostrom einfügen.

Habe ich es auf der gesamten Bearbeitungsebene aber mit mehrerer Bearbeitungsstufen zu tun, fällt diese Zeit mehrfach an.

Das heißt, gegenüber dem Ton, kommt mein Bild immer später....

HDMI führt in den Metadaten nun auch zeitliche Informationen mit, die in der Umsetzung bewirken, dass der Ton in ein entsprechendes „Ausgleichs"– Delay geführt wird, das den zeitlichen Versatz elimi-niert, d.h. der Ton wird ebenso lange „festgehalten" wie das Bild in der Verarbeitung benötigt. So wird schließlich wieder Synchronität herge-stellt. „lip–Sync" wurde das Verfahren bei HDMI genannt.

Mit den neuen Schnittstellen– Definitionen geht natürlich auch der Umstand einher, dass andere Anforderungen an die Kabel gestellt werden müssen. Wie schon eingangs erklärt, führt die Erhöhung der Bandbreiten zur Erhöhung des Jitters[34] auf den Kabeln.

Konnten relativ langsame Datenverbindungen bisher noch über preiswerte (CAT5) Kabel abgewickelt werden, kommt mit zunehmender Bandbreite immer höherwertiges Kabel (Koax) ins Spiel.

Aber nicht nur das, bisher wurden auf CAD5 Kabeln meistens Zweiweg–IP–Verbindungen abgewickelt, deren Protokolle es zuließen, verloren gegangene Pakete nochmals anzufordern und zu senden.

Das funktioniert bei HDMI natürlich nicht, obwohl in den Spezifikationen auch ein Dual– Link für einen eventuellen Rückkanal vorgesehen ist. Grundsätzlich ist auf der Schnittstelle jedoch kein Fehlerschutzmechanismus vorgesehen.

Erschwerend kommt hinzu, dass es sich nicht mehr um serielle Formate handelt, sondern um eine Parallelstruktur. Es wird also immer stärker darauf ankommen, Kabel mit günstigen Tolleranzwerten zum Einsatz kommen zu lassen... selbst unsere altbewährten Koaxkabel entsprechen nur selten den hohen zukünftigen Anforderungen ... denn Daten waren bisher noch nie so schnell unterwegs, wie in der Zukunft. Wir werden uns in Zukunft wohl auch vermehrt auf optische Verbindungen bereits in Konsumer–Bereich einstellen müssen.

Die wohl komfortabelste Lösung bietet ein amerikanischer Hersteller an, der HDMI „drahtlos" gemacht hat:

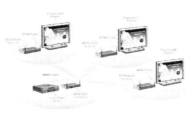

Wireless HDMI Installation

Was aber die Schnittstelle durchaus kritikwürdig macht ist der Umstand, dass sie mittlerweile tief in die Signalverarbeitung der Geräteebene eingreift und könnte somit der Flaschenhals für zukünftige Weiterentwicklungen werden.

Man sieht aber auch, dass in der Kommunikation zwischen Camcorder und einem angeschlossenen Gerät nicht nur das passende Kabel stecken und das nötige Übertragungsprotokoll implementiert sein muss. Auch die andern Rahmenparameter müssen nun exakt stimmen ... ist es nicht der Fall ... bekommt man anstatt eines schlechten

---

[34] Jitter=Taktzittern bei der Übertragung von Digitalsignalen, eine leichte Genauigkeitsschwankung im Übertragungstakt (Clock)

Bildes, wie in der „guten alten" Analogzeit, gar kein Bild ... und auch keinen Ton mehr.

Hier nun die Spezifikationen im Überblick:

HDMI-SPEZIFIKATIONEN IN CHRONOLOGISCHER REIHENFOLGE					
Einführung	Dezember 2002	Mai 2004	August 2005	Dezember 2005	Juni 2006
max. Bandbreite	4,95 GBit/s, 165 MHz	4,95 GBit/s, 165 MHz (Stecker Typ A); **10 GBit/s 165 MHz (Typ B)**	4,95 GBit/s, 165 MHz (Stecker Typ A); 10 GBit/s 165 MHz (Typ B)	4,95 GBit/s, 165 MHz (Stecker Typ A); 10 GBit/s 165 MHz (Typ B)	**10,2 GBit/s, 340 MHz (Stecker Typ A, Typ C)**
max. Bildformat	1080p/60 Hz	1080p/60 Hz	1080p/60 Hz	1080p/60 Hz	1440p/120 Hz
Tonformate	8 PCM, Dolby Digital, DTS, MPEG	8 PCM, Dolby Digital, DTS, MPEG, **DVD-Audio**	8 PCM, Dolby Digital, DTS, MPEG, DVD-Audio, **SACD**	8 PCM, Dolby Digital, DTS, MPEG, DVD-Audio, SACD	8 PCM, Dolby Digital, DTS, MPEG, DVD-Audio, SACD , **Dolby Digital Plus, TrueHD und dts-HD**
Farbraum	24 Bit RGB/36 Bit YUV	24 Bit RGB/36 Bit YUV	24 Bit RGB/36 Bit YUV	24 Bit RGB/36 Bit YUV	24 Bit RGB/36 Bit YUV, **Deep Color 30, 36 und 48 Bit RGB/YUV, xvYCC-Farbraum (IEC 61966-2-4)**
Steckertyp	Typ A	Typ A, B	Typ A, B	Typ A, B	Typ A, **Mini-HDMI (Typ C)**
Sonstiges	-	-	-	**CEC-Unterstützung, Prüfung für Kabellängen**	CEC-Unterstützung, Prüfung für Kabellängen, **Lip Sync**

Wenn Sie also auf Ihrer Kamera in einem europäischen Format, egal ob 1080i oder 720p .... aber eben mit 25 Bildern/sec ... oder vielleicht zukünftig mit 50 Bildern/sec aufgenommen haben, dann reicht es noch nicht, dass Ihr Computer über die passende Schnittstelle, egal ob HDSDI, FireWire, USB oder eben HDMI verfügt, solange die treibende Software, und das ist irgend eine Art von Capture– Programm, dieses Format nicht unterstützt.

Nehmen wir als Beispiel einmal ein sehr weit verbreitetes NLE (Non linear Editing), das Apple FCP (Final Cut Pro). Einmal ganz davon abgesehen dass heutzutage das Massengeschäft mit dem Verkauf von Musik für Firmen wie Apple viel lukrativer geworden ist, als sich um die Grafik– und Videospezialisten in aller Welt zu kümmern, die nicht nur die Hardware, sondern auch die Software benutzen, ist der **erste** Markt, wahrscheinlich für jede amerikanische Firma, natürlich ihr heiß geliebtes „Homeland".

Nun unterscheiden sich die Systeme ja fataler Weise darin, dass A-merika 60 Hz gestützt ist, wohingegen in Europa alles in 50 Hz läuft. Getrieben von der Netzfrequenz wird alles daraus abgeleitet, obwohl das heute überhaupt nicht mehr nötig wäre aber es ist noch keinem gelungen, die alten Zöpfe abzuschneiden.

Aber Apple hat eben, basierend auf den 60Hz bzw. 30 Bildern/sec, die daraus resultieren, ihre Software auf den Markt gebracht und für fast zwei Jahre den europäischen Markt völlig ignoriert und auch offensichtlich „verschlafen" dass mittlerweile mehr und mehr Camcorder Hersteller auch den europäischen Absatzmarkt ins Visier genommen haben, weil der Absatz von Produkten, die nicht kompatibel mit den europäischen Anforderungen waren offenbar nicht darstellbar war.

Das bedeutete aber, dass Final Cut Pro HD für den HD– Schnitt in Europa nicht zu verwenden war und damit stellte sich dem Konsumer natürlich auch die Frage der Sinnhaftigkeit einer Anschaffung einer entsprechenden Kamera.

Als erstes hat Apple dann das 1080i Format mit 25 Bildern/sec unterstützt und damit wohl den Marketingversprechen von Sony mehr Glauben geschenkt als den meisten Experten in den Fernsehstationen Europas. Nun ist es zugegebener Maßen nicht ganz trivial, die Softwaretools für 25p zu schreiben, weil es bei den 50Hz ja nicht belassen ist, sondern auch die Lage des Farbraumes eine andere ist, aber wenn man es den Experten bei Apple zutraut, dieses Problem beherrschen zu können, dann liegt die Vermutung nahe, dass es sich bei der exklusiven Apple– Unterstützung von 1080i um eine kommerzielle Vereinbarung mit andern Firmen gehandelt haben mag.

Immerhin konnten diese für den entscheidenden Zeitraum einer Systemeinführung in Europa behaupten, kein NLE würde das Konkurrenzformat (720p) in Europa unterstützen und so Druck auf die Entscheidungsgremien (und auch auf die Konsumenten) ausüben.

Dass sie damit auf das falsche Pferd gesetzt haben, hat die Geschichte mittlerweile gezeigt. Bedauerlich nur, dass dadurch viele Entwicklungen in den Labors der Zulieferindustrie für Computerhardware auch verzögert worden sind.

Erst 2006 ist es Apple dann endlich gelungen, auch 720p in der Ausformung mit 25 Bildern/sec in ihre Software zu implementieren. ... wenn auch noch sehr unbeholfen, denn beim Einspielen des Videomaterials benötigt die Software an jedem Szenenanfang (Timecodewechsel) immer rd. 3 Sekunden, den neuen „Take" zu erkennen sich zu synchronisieren und eine neue GoP aufzubauen.

Dadurch gehen jeweils die ersten 3 Sekunden eines jeden Takes verloren. Was manchmal, speziell im Dokumentations– Umfeld zur fatalen Folge hat, dass wertvolle Szenenteile verloren sind.

Wichtig im Zusammenhang mit Schnittstellen ist das Verständnis, dass es sich bei Schnittstellen immer nur um ein physikalisches Layer handelt, also so etwas, wie eine Steckdose, wenn der Vergleich erlaubt ist. Und, obwohl der Stecker passt, muss weder Strom darauf sein, noch muss das Endgerät dieselbe Spannung vertragen, die auf der Steckdose angelegt ist.

Ebenso wichtig ist das Format, das zwischen den Geräten übereinstimmen muss. Dabei ist es völlig irrelevant, ob das Signal über HDSDI, IEEE1394 oder irgendeine andere Schnittstelle geleitet wird. Die Schnittstelle ist immer nur das physikalische Layer der Verbindung.

Das bezieht sich nicht nur auf die Verbindung Camcorder – Computer, sondern natürlich auch auf die Verbindung Computer – Monitor, wobei in diesem Fall bei HDMI sich zusätzlich noch die Frage stellt, wie gehe ich mit dem übertragenen Ton um?

Und in Bezug auf die NLEs natürlich auch die Frage, unterstützt mein Programm die Inhalte von HDMI.

Wie wir aber gesehen haben muss man sich manchmal auch die Frage, stellen, wann– und wird jemals– mein NLE dieses Format unterstützen.

Solche Fragen sind aber zu klären, bevor man sich für eine neue Kamera oder ein NLE entscheidet.

UDI (Unifies display interface)

Es konnte natürlich nicht lange dauern bis sich die „Computerleute" in Sachen Schnittstelle zu Wort melden würden.

Das UDI soll die neue digitale Standardverbindung für PCs, Notebooks und Monitore, HDTVs und Projektoren werden.

Jedenfalls nach dem Willen der an der Entwicklung beteiligten Firmen, Apple, Intel, LG, National Semiconductor, Samsung und Silicon Image, Nvidia, Thine, Foxconn, und JAE.

UDI soll kompatibel sein zum bisherigen digitalen DVI– Anschluss und unterstützt wie das ebenfalls DVI– kompatible HDMI die Signalverschlüsselung HDCP als Maßnahme gegen das Kopieren des Signals.

Wie HDMI/DVI überträgt auch UDI die Daten per *Transition Minimized Differential Signalling*, soll das Verfahren aber flexibler nutzen können und mit anderen Techniken kombinieren.

Die neue Schnittstelle soll ein kleineres und arretierbares Steckerformat erhalten.

Mittlerweile liegt die Final– Specification V1.0a vor und einer Umsetzung steht nichts mehr im Weg.

UDI ist abwärtskompatibel zu DVI und HDMI. Auch den Kopierschutz HDCP (High Definition digital Content Protection) mussten die Entwickler integrieren.

Im Gegensatz zu DVI oder HDMI, bei denen hohe Lizenzgebühren an Silicon Image gezahlt werden müssen und die Endgeräte nicht unerheblich verteuern, sollen diese bei UDI laut Intel sehr gering sein.

Dadurch will das UDI– Konsortium die Akzeptanz dieser Schnittstellen bei vielen Herstellern weiter steigern. Außerdem soll das einheitliche Interface sowohl für Konsumer– Elektronikgeräte als auch für PCs geeignet sein. Erste Produkte mit einem UDI wird es laut Intel aber nicht vor Mitte 2008 geben.

Wie HDMI arbeitet auch UDI ähnlich wie PCI– Express. Über drei differentielle serielle Leitungspaare, den so genannten Data– Link, überträgt UDI die RGB–Bildinformationen von der Quelle zum Anzeigegerät. Die Synchronisation übernimmt eine zusätzliche Clock– Link– Verbindung, die im GHz– Bereich arbeitet.

Der Vorteil von UDI ist, dass die variable Clock– Rate proportional zur erforderlichen Pixel– Clock– Frequenz arbeitet.

Auch die neue Schnittstelle nutzt das 8b10b–Encoding zur sicheren Übertragung der Nutzinformationen. Für den Austausch von Konfigurationsdaten zwischen den Geräten besitzt UDI einen Control– Link (I2C–Bus). Dieser arbeitet mit einer maximalen Geschwindigkeit von 100 kHz. Darüber hinaus stehen weitere Leitungen wie 5–V– Spannung, Hotplug–Detection oder externe Stromversorgung zur Verfügung.

Als Standard besitzt eine UDI– Sendequelle wie zum Beispiel ein PC einen U(T)–Anschluss. Dieser kann über ein geeignetes Adapterkabel an ein UDI– Display oder an einen HDMI– fähigen Fernseher angeschlossen werden.

Um Verwechslungen vorzubeugen, besitzt das Display den Anschlusstyp U(R).

Da UDI zu HDMI abwärtskompatibel ist, kann der Anwender ein Kabel mit HDMI– Stecker an das Fernsehgerät anschließen. Weitere Vorteile einer UDI–Steckverbindung sind laut Intel kompakte Bauform, hohe Übertragungsraten bei geringen Signal– Interferenzen und ein verbesserter Schutz gegen elektromagnetische Interferenzen (EMI) sowie eine zusätzliche Spannungsleitung, um Fremdgeräte damit zu versorgen.

 *(DisplayPort)*

Die Bestrebungen des UDI– Konsortiums laufen den Bemühungen der VESA[35] zuwider, die mit dem *DisplayPort* ebenfalls eine neue digitale Universalschnittstelle zur Verbindung von Computern, Bildschirmen, DVD– Playern und Projektoren etablieren will.

Entwickelt und bei der VESA zur Standardisierung eingereicht wurden die DisplayPort–Spezifikation von einem Konsortium aus ATI, Dell, Genesis Microchip, HP, Molex, NVIDIA, Philips, Samsung und Tyco.

Allerdings setzt DisplayPort nicht auf DVI– Kompatibilität und nutzt eine HDCP– Alternative von Philips als Kopierschutz – schließlich ist die TMDS– Technik von Silicon Image zur DVI– Signalübertragung patentgeschützt.

Fazit

Es gibt mehrere, fast gleiche gute Ansätze um einen geeigneten Video– Standard zur Übertragung von HD– Inhalten zu etablieren. Sie alle besitzt eine hohe Übertragungsrate und eine kompakte Bauform. Zusätzliche abwärtskompatibel haben sie alle und bietet den von der Musik– und Filmindustrie geforderten Support für den Kopierschutz HDCP.

Allerdings bleibt die Frage, ob eine solche neue Schnittstelle überhaupt nötig ist. Denn HDMI weist außer einer etwas geringeren Bandbreite und dem Fehlen einiger Kontrollfunktionen sowie der "kompakteren" Bauform genügend Potential auf, um aktuelle Bildinhalte in HD– Qualität darzustellen. Zudem gibt es bereits HDMI– Lösungen für den PC, die Filme per HDMI zum Fernseher übertragen. Darüber hinaus hat das HDMI– Konsortium die Ankündigung aus Januar 2006 umgesetzt und die Bandbreite in der nächsten Revision der Spezifikationen erhöht und einen kleineren kompakten Anschluss vorgestellt sowie neue Features implementiert.

So ist es auch nicht verwunderlich, dass die UDI–SIG– und das VESA Konsortium weiter händeringend nach neuen Mitgliedern sucht, um so

---

[35] Video Electronics Standards Association

die zukünftige Marktdurchdringung von Produkten mit einem entsprechenden Anschluss zu erhöhen.

Auch die VESA (Video Electronics Standards Association) war nicht müßig und hat am 13. August 2007 den 2. Pot– Plug Test unter Beteiligung von Agilent, Advanced Micro Devices (AMD), DCP LLC, Dell, Genesis Microchip, Intel, LG.Philips LCD, Molex, NVIDIA, Samsung Electronics, Tektronix und Tyco in Californien durchgeführt.

Auch hier stand die Interoperabilität zu DVI und HDMI im Vordergrund des Tests. Ansonsten, wie könnte es anders sein, ebenso ähnliche Spezifikationen.

Es scheint, als würde das Konsumenteninteresse generell gegenüber dem Lizenzgeschäft in den Hintergrund treten. Jedenfalls ist aus technischer Sicht nicht wirklich nachvollziehbar, worin die eigentlichen Unterschiede in den vielfältigen Entwicklungen liegen sollen. Es ist wahrscheinlich nur wieder einmal mehr wieder eine Frage dessen, wohin das Lizenzgeld fließen wird.

NLE: (Non Linear Editing):

Mit den neuen digitalen Medien kamen selbstverständlich in den 90er Jahren auch die dazugehörigen Schnittsysteme.

Im Gegensatz zu linear-Schnittsystemen, an denen meist ein paar Bandmaschinen angeschlossen waren und das Ergebnis gleich wieder am Ausgang auf eine Bandmaschiene ausgespielt wurde, haben wir es bei NLEs mit Schnitt- und Bearbeitungssystemen zu tun, die meist keinen Echtzeitansprüchen standhalten.

Die „bandlosen" Medien hielten Einzug in die Editsuiten. Sie berechnen (rendern) die neuen, veränderten Bilder nur so schnell, wie es ihre Rechenleistung zulässt denn, wie wir später noch sehen werden, sind auch die wenigsten Rechner- Architekturen dafür ausgelegt, derart spezialisierte Aufgaben schnell genug wahrzunehmen.

Das Moor'sche Gesetz besagt zwar, dass sich alle 18 Monate die Anzahl der Transistoren auf den Prozessoren verdoppelt, es besagt aber nicht, dass sich die Leistungsfähigkeit gleichwohl verdoppelt und erst recht nicht, dass die Rechner- Architekturen sich den immer stärker steigenden Anforderungen anpassen.

Es besagt auch nicht, das sich die Entwicklungskosten „lediglich" verdoppeln, denn die Kosten folgen leider einer völlig andern Gesetzmäßigkeit.

Darauf also zu hoffen, dass demnächst die CPU's unserer PC-Systeme geeignet sein werden, den steigenden Anforderungen in diesem speziellen Bereich zu folgen, ist reines Wunschdenken.

Die Wahrscheinlichkeit ist größer, dass eine Steigerung der Leistungsfähigkeit der Rechner sich nur noch periphär auf die Verarbeitungsperformanz im Videosektor auswirken wird, weil eine Veränderung der Rechnerarchitekturen nicht in Aussicht stehen.

Doch gerade dies würde eine deutliche Verbesserung, selbst bei der augenblicklichen Rechnerleistung mit sich bringen.

Unsere Rechner wären bereits heute leistungsfähig genug, den Anfordeungen zu entsprechen, hätten sie nur eine angepasste Struktur.

Dazu aber mehr in einem späteren Kapitel.

Als die nicht linearen Schnittsysteme eingeführt wurden, waren die meisten Broadcaster nicht wirklich davon begeistert, denn was nur wenige Minuten, nachdem das Band in die Maschine eingelegt war, auf der andern MAZ als fertiges Produkt vorlag, musste in den neuen Systemen erst einmal „digitalisiert" werden, wie es hiess ... „capturen" würde man heute dazu sagen, bevor man auch nur den ersten Schnitt machen konnte.

Dasselbe, wenn das Produkt eigentlich schon fertig war ... Es musste gerendert und auf MAZ wieder ausgespielt werden. Je nach Länge des Beitrages ein zeitraubendes und in den Augen vieler Redakteur auch unsinniges Verfahren, das lediglich Nachteile statt wirklich erkennbarer Vorteile brachte.

Neue Technologien und Verfahren hatten also nicht unmittelbar erkennbare Vorzüge.

Am Workflow hat sich aber seitdem kaum etwas geändert:

Unterschiediche Prozesse verteilen auch heute meist noch den Worklflow im NLE.

1) Einspielen (capturen)
2) Bearbeiten (editing)
3) Ausspielen (export)

Wie wir später noch sehen werden, sind diese Prozesse unterschiedlich gut durch die einzelnen Editing-Systeme unterstützt.

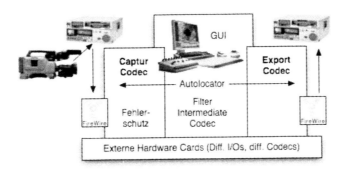

Grundsätzlich muss man bei einem NLE zwischen verschiedenen Komponenten unterscheiden:

1) Unterstützte Codecs für die Wiedergabe
2) Das grafische User Interface
3) Hardware-Interfaces
4) Filter und Transcodier-Tools
5) Unterstützte Codecs zur Ausspielung

Heutzutage nennt sich beinah jedes kleine Schnittprogramm für eine Handvoll Euro: NLE. Es gibt keine Mindestanforderungen an solche Systeme.

Der Konsument muss sich also schon sehr genau umsehen, um das für ihn „maßgeschneiderte" Schnittsystem zu finden.

Und der Markt ist unübersichtlich.

Vom kleinen Softwareprogramm, mit dem man einfache Schnitte und Bearbeitungen machen kann, bis hin zur kompletten Lösung, meist bereits mit dezidierter Hardware und in bester Broadcastqualität ist alles am Markt erhältlich. Für jeden Betrag und jeden Geschmack.

Selbstverständlich unterscheiden sich die NLE´s nicht nur in der Leistungsfähigkeit ... sondern ganz besonders im Preis.

Werden die kleinen, einfachen Schnittprogramme oft schon den Kameras als Software- Tools kostenlos beigelegt, muß man für „ausgewachsene" und von Hardware unterstützte Systeme immernoch 5-6-stellige Eurobeträge zahlen, je nachdem in welcher Ausstattung man die Unterstützung wünscht.

Dazwischen ist fast alles und für jeden Geldbeutel passend zu finden.

Aber worin unterscheiden sich NLE´s nun?

Bei einer Hardwareunterstützung ist es klar ... in den entsprechenden Computerteilen, dem Bedienpannel und u.U. den mitgelieferten Monitoren... auch bestehen die CPU´s meist aus dezidierten Rechnern und DSPs, die an für die Videobearbeitung optimiert sind.

Aber auch in der Serviceleistung, denn für den Preis werden die Anwender selbstverständlich vom Hersteller in jeder Hinsicht unterstützt und die Vorgänge im System werden bis ins letzte Detail transparent gehalten, denn dies wird von den Anwendern, meist Broadcaster oder größe Produktionshäuser, vorausgesetzt.

Doch worin unterscheiden sich die Software-NLE´s ?

Zunächst einmal in eben der angesprochenen Transparenz, denn die meisten Programme bieten weder qualifizierte Unterstützung, noch bieten sie Transparenz in Sachen Codecs, obwohl diese Transparenz im Hinblick auf ein qualitativ hochwertiges Produkt gerade notwendig wäre.

Um das einmal genau zu betrachten, müssen wir uns einen Workflow einwenig intensiver ansehen:

Wenn Footage eingespielt wird, geschieht meist nichts anderes, als das das File, vom Tape, bzw. vom Memory-Stick auf die Festplatte übertragen wird. – Denkt man-.

In Wirklichkeit geschieht bei einem guten Schnittprogramm bereits an dieser Stelle die Arbeit, denn das Videomaterial ist mit einer Reihe von Fehlerschutzmechanismen versehen, die den Datenverlust bei der Übertragung (über Band oder Stick) verhindern sollen denn eigentlich wird der schlechte Ruf den das Tape hat, dem Medium nicht wirklich gerecht, wie wir im Kapitel Aufzeichnung sehen konnten.

Nur, je größer die GoP wird, umso größer ist auch die Wahrscheinlichkeit eines sichtbaren Datenverlustes. Bei GoPs die nur aus: I.B.I.B.I.B bestehen, wie der Sony Beta, brauche ich nur sehr spärliche Schutzmechanismen.

In längeren GoPs steigt aber der „Schutzbedarf". Leider setzen aber mächtigere Schutzmechanismen sowohl die Bandbreite voraus, als auch die Software der Wiederherstellung.

Weil auf den HDV2 codierten Bändern jedoch kein Platz mehr für DS-Mechanismen war, auf den HDV1 Bändern aber sehr wohl, haben sich die meisten NLE Hersteller gesagt ... dann lassen wir es doch gleich ganz weg.

Und hier besteht bereits ein Unterschied. Gute NLEs bieten die Software zur Rekonstruktion der fehlerhaften Stellen an.

Hierzu stehen unterschiedliche Methoden zur Verfügung und weil die Software meist nicht weiss, welche der standardisierten Verfahren vom Kamerahersteller benutzt wurden, muss ein gutes NLE sie alle können... oder wenigstes eine Auswahl der häufig Vorkommenden.

Weniger gute NLE´s erkennen zwar auch, dass ausser dem Payload noch andere Daten vorhanden sind, streift diese aber einfach ab, ohne den wertvollen Inhalt zu verwenden.

Sie isolieren also den Payload, der meistend nur aus dem Audio- und Videostrom besteht, bestenfalls noch elementare Metadaten wie Timecode, und laden diese Daten unverändert in den Schnittrechner. Kein Fehlerschutz, keine weiterreichenden Metadaten ..... nichts.

Nur Video und Audio, mit dem Erfolg, dass jeder Dropout vom Band sich im Footage wiederfindet, obwohl man ihn hätte eleminieren können.

Aber die „Schuld" am Mangel an Fehlerschutz liegt nicht immer beim NLE Hersteller.... mache Kamerahersteller bilden auch keinen Fehlerschutz ab und sorgen so natürlich auch für verstärkte Drop-Outs.

Selbst der Konsument ist nicht selten selbst schuld. Konvertierungsprogramme, vom einen Algorithmus in einen andern, oder einfach das Ändern der File-Endungen sorgen so gut wie immer dafür, dass aus dem Fehlerschutz „nichts mehr wird". Der Benutzer stellt sich schon hier u.U. schlechte Bilder her, denn konvertiert werden lediglich die Fileformate die Audio- und Video betreffen.

HDV2 nutzt allerdings die Bandbreite des Bandes bis zum letzten Bit für die Übertragung des Payloads aus, sodass gar kein Platz für den Fehlerschutz mehr besteht .... Es ist also nicht immer nur das NLE ... manchmal auch eine Systementscheidung.

Übrigens ist der Fehlerschutz nicht, wie man vermuten könnte, nur auf das Speichermedium Band reduziert, wie wir im Kapitel „Flash-Memory" gesehen haben.

Auch in diesen „höherwertigen" Speichermedien finden, wenn auch nicht so umfangreich, solche Schutzmechanismen statt und müssen vom NLE Hersteller ebenso unterstützt werden.

Wir sehen also schon, dass das so oft wegen seiner Drop-Outs gescholtene Medium Band gar nicht immer der „Sündenbock" ist.

Oft liegt der Fehler, oder besser gesagt der Mangel dort, wo man ihn gar nicht vermutet hätte.

Nun werden noch einige andere Daten im Strom mitgeführt, die ebenfalls vom NLE „verstanden" werden müssen.

Sofern das System einen Time-Code mitliefert, sollte dieser von einem guten System nicht nur gelesen und übertragen werden, sondern ein gutes System erkennt auch ggf. Aussetzer bis zu einem gewissen Grad.

Entweder werden die Fehler aus den zuvor erwähnten Fehlerschutz-Mechanismen abgeleitet oder es bestehen eigene Algorithmen, die erkennen, wann ein TC-Fenster fehlerhaft ist und ob es sich um einen TC-Abbruch (Szenenwechsel) oder lediglich um eine TC-Lücke von wenigen Frames handelt.

Diese Lücke wird von guter Software interpoliert und rekonstruiert.

Bei einer weniger aufwendigen Programmierung führen solche Übertragungsfehler nicht selten zum Abbruch oder zum Generieren eines Szenenwechsels im NLE.

Auch ist es eine Frage des Speichermanagements im Schnitt-programm, wie Szenen übertragen werden und welche Übertragungs-geschwindigkeit beim Einspielen in das NLE bereitgestellt wird, denn der laufende Datenstrom wird beim Capturen natürlich nicht unterbrochen sondern stellt unweigerlich seine 25 Bilder in jeder Sekunde zur Bearbeitung an.

Ein schnelles Softwaresystem legt die einzelnen Takes ohne Verlust von Frames, bzw. ggf. mit einem Frame Startverlust auf der Fileebene ab. Die Unterschiede liegen hier in einem guten- oder weniger guten Speicher- und Filemanagement und in der geschickten Task-Verteilung innerhalb des Host Rechners.

Da die Anforderungen an die Rechenleistung der CPU hier eher gering sind, sollten sich diesbezüglich auch keine Einschränkungen bei weniger performanten Systemen herausstellen, denn meist wird die erforderliche Leistung zulasten der gleichzeitigen Bilddarstellung verlagert.

Leider arbeiten nicht alle Consumer Kameras so, dass eine Szene auch in Bezug auf die Aufzeichnung der MPEG-GoP Struktur „lupenrein" abgeschlossen wird.

Lupenrein heißt, die letzte GoP zu schliessen und alle Header und Timestamps zu setzen, so dass das Capture Programm keine unvollständigen GoPs vorfindet, die natürlich auch nicht lesbar sind..

Viele Kameras stoppen einfach dort, wo auf „Stop" gedrückt wird. Das führt dazu, das sich jede Menge unvollständige GoPs auf dem Band befinden.

Spielt man ein solches Band ein, so wird ein Decoder bzw. ein De-Multiplexer über all diese unvollständigen GoPs „stolpern" und muss danach mühsam versuchen, sich an einer vollständigen GoP wieder zu synchronisieren.

Dabei muss vor allem die Speicherverwaltung der Bereiche absolut synchron arbeiten, die den Ton „behandeln".

Schlechte Programme können das nicht besonders gut und das Ergebnis besteht in einem asynchronen Ton, dessen Synchronität bei einem fortlaufenden Einspielen, das nicht in Szenen unterteilt wird, sugzessive abnimmt.

Dass vom Schnittprogramm auch die entsprechenden Protokolle der Schnittstellen bedient werden müssen, auf denen die Camcorder zuspielen ist klar.

Nur um eine angemessene Einspielung vornehmen zu könne und auch die Möglichkeit eines Offline-Editing zu gewährleisten muss der Camcorder auch vom Captureprogramm gesteuert werden könne.

Und das ist mehr als „Start"/"Stopp".

Auf der FireWire Schnittstelle besteht zu diesem Zweck ein Protokoll-Layer, das natürlich entsprechend auch vom NLE unterstützt werden muss. Dazu gehört aber auch im NLE ein gut arbeitender Autolocator, der im schnellen Vor/Rücklauf den Timecode lesen kann und seine Annäherungspunkte entsprechend der Reaktionszeit des Camcorders vernünftig setzt, sodass ein schnelles Auffinden des Suchpunktes möglich ist.

Natürlich kann man den Stopppunkt z.B. immer auf den Suchpunkt setzen. Das wird dazu führen, dass der Camcorder immer über den Suchpunkt hinausläuft und die gewünschte Marke erst nach langer Zeit findet und sich darauf positioniert.

Ein guter Autolocator sollte in einem guten Schnittprogramm schon selbstverständlich sein.

Aber es gibt natürlich noch ein ganz anderes wesentliches Unterscheidungsmerkmal.

Selbstverständlich müssen die Systeme auch den Code und das Format des einzuspielenden Materials „verstehen".

Dazu müssen die Codecs und Formatparameter in den Librarys der Schnittprogramme vohanden sein.

Nun ist es aber so, dass Firmen natürlich keine Formate entwickeln, damit die Videowelt nur einfach schöner und besser wird.

Die Firmen, und MPEG ist so gesehen natürlich eine „Firma", entwickeln oft in jahrelanger Arbeit einen Codec oder einen Algorithmus, um damit Geld zu verdienen.

Die derzeitige Liste der Patentinhaber am H.264 umfasst derzeit:

DAEWOO Electronics Corporation, Electronics and Telecommunications Research Institute (ETRI), France Télécom S.A.*, Fraunhofer-Gesellschaft zur Förderung der angewandten Forschung e.V., Fujitsu Limited, Hitachi, Ltd., Koninklijke Philips Electronics N.V., LG Electronics Inc., Matsushita Electric Industrial Co., Ltd., Microsoft Corporation, Mitsubishi Electric Corporation, NTT DoCoMo, Inc., Nippon Telegraph and Telephone Corporation, Robert Bosch GmbH, Samsung Electronics Co., Ltd., Scientific-Atlanta Vancouver Company, Sedna Patent Services, LLC, Sharp Corporation, Siemens AG, Sony Corporation, The Trustees of Columbia University in the City of New York, Toshiba Corporation, Victor Company of Japan (JVC)

NLE-Hersteller haben sich, wie man sehen kann nur selten an der Entwicklung solcher Algorithmen beteiligt und würden nun, durch deren Benutzung ihrerseits damit Geld verdienen.

Daher sind die meisten Algorithmen und ganz besonders die guten Algorithmen patentrechtlich geschützt.

Die Frage nach der Lizensierung solcher Etwicklungen tritt natürlich in den Vordergrund.

Für die AVC-Lizensierung wurden beispielsweise zwei Patent-Pools eingerichtet:

Einer von der Firma MPEG-LA (Licensing Authority), die bereits die Patent-Pools für MPEG2 erfolgreich verwaltet, und einer, den *Via Licensing* betreibt, eine Tochterfirma von *Dolby Laboratories*, denn der Ton unterliegt selbstverständlich auch lizenzrechtlichem Schutz.

Die „Royalties", also die Einnahmen für die Patenthalter setzen sich etwa wie folgt zusammen:

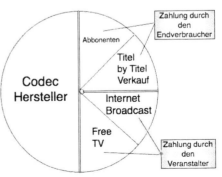

Anhand der Grafik ist zu sehen, dass rd. 50% der Einnahmen von Codec Herstellern kommen, die Ihre Systeme mit H.264 ausrüsten.

Kleine Firmen zahlen eine einmalige Gebühr für die Nutzung der Lizenzen von $US 15K, wenn die Geräte weniger als 50K kosten und der Jahresumsatz geringer als 0,5M$ ist.

Ansonsten werden pro Encoder/Decoder US$ 0,25 fällig. Pauschal kann man die Lizenzen für $ 2,5 M bzw. $ 4 M erwerben, wobei das auch die Kappung der Jahresprämie darstellt..

Für DVD-Content werden 2,5 Cent per 90 Min+ und für Pay-per-View 0,25 Cent pro Film fällig.

Die Liste der einzelnen Lizenzgebühren ist noch länger und man kann daran schon ersehen, dass Software ein lohnendes Geschäft für die Erfinder, und weniger für die Lizenznehmer sein kann.

Vor dem Hintergrund ist zu erklären, dass auch Microsoft aus einem frühen Draft heraus, ebenfalls einen Codec entwickelt hat, den sie als VC1 bezeichnen und bietet hierfür ebenfalls Lizenzen für Interessenten, die in ihren Geräten kein AVC unterstützen wollen.

Allerdings deckt diese angebotene Lizenz nicht die Rechte anderer Patenthalter ab, deren Technologie in VC-1 verwendet wird.

Durch die Offenlegung der VC-1 Spezifikation kann es sich Microsoft nun nicht mehr leisten, Patentansprüche Dritter zu ignorieren.

Um wettbewerbsfähig zu sein, muss das Unternehmen aber auch auf andere grundlegende Patente zurückgreifen.

MPEG-LA hat deshalb für VC-1 einen weiteren Patent-Pool aufgelegt und Patenthalter so genannter essenzieller Patente aufgefordert, sich zu melden und dem Pool beizutreten. Unmittelbar nach diesem Aufruf im Januar 2005 hatten sich bereits zwölf Firmen mit entsprechenden Patentansprüchen gemeldet.

Anders als bei Microsoft üblich verpflichten sich Firmen, die Technologien in den MPEG-Standard einbringen, sich unter so genannten RAND[36]-Bedingungen, Zugang zu der patentierten Technologie zu gewähren.

Streng genommen gilt diese Zusage für alle Produkte, die für sich in Anspruch nehmen, dass sie zum MPEG-Standard konform sind.

Das kann bedeuten, dass eine Firma ihre Kodierungspatente zu den RAND-Bedingungen in den MPEG-Pool einstellt, aber für den VC-1 Patent-Pool deutlich höhere Preise verlangen kann.

Das wiederum kann bedeuten, dass Microsoft schon aus diesem Grund nicht konkurenzfähig anbieten kann.

---

[36] Reasonable And Non-Discrimenatory

Darüber hinaus hat es vom VC-1, anders als bei MPEG niemals eine Referenzimplementierung eines En – oder Decoders gegeben, sodass auch die Planungssicherheit in Bezug auf Veränderungen nicht gegeben ist.

Aber MPEG ist, wie beschrieben, kein En- oder Decoder sondern beschreibt lediglich den Bitstream. En- und Decoder aber werden von qualifizierten Firmen geschrieben.

Firmen wie Tomson, Philips oder auch CyberLink , die nunmehr seit fast 20 Jahren an der Verwirklichung von MPEG beteiligt sind, haben in der Gestaltung hochwertiger Algorithmen einen beträchtlichen Vorsprung und haben ihre Möglichkeiten natürlich genutzt, diese nicht nur zu schreiben, zu testen sondern selbstverständlich auch zu schützen.

Möchte nun ein NLE-Hersteller einen solchen Codec seinen Kunden anbieten, wird er um die Lizenzgebühr nicht herum kommen.

Oder aber, und das findet man gar nicht so selten, er bietet sein Programm in rudimentärer Form, mit ein paar wenigen, preiswerten Algorithmen, meist aus dem Public-Domain Bereich an und sagt, wenn der Anwender beispielsweise DVCProHD, den hauseigenen Panasonic Codec bearbeiten möchte, dann müsse er sich dies-oder-jenes Plug-In kaufen, oder eben aus dem Internet herunter laden.

Er umgeht also die Lizenzzahlung dadurch, dass er die Kosten entweder auf den Konsumenten abwälzt oder aber indirekt annimiert, sich Codecs, oft über obskure und nicht selten illegale Quellen zu besorgen.

Der Konsument sieht darin keinen Mangel, weil er meist nicht einmal um lizenzrechtlichen Umstände von Codecs weiß.

Ein weiterer Weg besteht darin, Algorithmen einzusetzen, die den „guten" Algorithmen „nachempfunden" sind.

Es soll Firmen in der PC-Welt geben, die mit solchem Re-Engineerings reich geworden sind...

Meist sind diese Algorithmen aber alles andere als das Original und den guten Algorithmen nur ähnlich, weil gerade die Feinheiten, die allerdings auch die Güte eines Algorithmus ausmachen, nicht mit programmiert werden können.

Eine völlige Übereinstimmung mit dem Ursprungsalgorithmus würden zur Erklärungsnot führen.

Es sind also Algorithmen zweiter und dritter Wahl, die nicht selten in NLE´s bereitgestellt werden.

Solche Schnittsysteme glänzen auch meistens nicht mit allzuvielen Informationen über diese Inhalte, denn je weniger der Konsument erfährt und vergleichen kann, umso weniger müssen solche Hersteller die Schwächen offenlegen.

Die Güte eines NLE´s ist also durchaus ablesbar, ob der Hersteller „Marken"-Algorithmen anbietet, oder die Verfahren unmittelbar über einen Intermediate Codec leitet, denn dies ist für den hersteller zwar die billigste, für den Anwender aber zugleich die schlechteste aller Methoden. Ein Haufen Public-Domain Codecs und ein Hinweis darauf, wie man an die andern Codecs kommt oder die Zwangs-Transcodierung über einen „Hauscodec" deuten immer auf ein nicht so starkes NLE hin.

Der „hauseigene" Intermediat Codec, auf den erst einmal alles transcodiert wird, ist meist in Ermangelung der Original-Codecs implementiert und auch, wenn man darauf hinweist, dass man so unterschiedliche Formate in der Timeline mischen kann, so ist das noch lange kein Grund dafür, keine „originären" Codecs anzubieten, mit denen sich, im Gegensatz zu intermediate Codecs, verlustfrei arbeiten läßt.

Die Problematik von Transcoding und Kaskadierung ist hinlänglich in diesem Buch behandelt worden.

Leider gehen Anwender, anders als die Broadcaster mit diesem Thema um. Die Broadcaster werden, seitdem es die digitale Videobearbeitung und die Datenreduktion gibt von Ihren Instituten, der EBU und dem IRT vor der Kaskadierung und Transcodierung von Reduktionsalgorithmen gewarnt und stellen die entsprechende Anforderungen an die Schnittsysteme, bevor sie in die Sendeanstalten aufgenommen werden, denn die Broadcaster tragen auch die Verantwortung für eine durchgängig störungsfreie Signalführung.

Privatkunden und Video-Produktionsfirmen sind da eher benachteiligt und haben nicht die Möglichkeit, sich in einer solchen Qualitätstiefe zu informieren und unabhängig beraten zu lassen. Sie müssen, den Versprechungen der Hochglanzprospekte glauben, auch wenn darin niemals das stehen wird, was für eine qualifizierte Abschätzung nötig wäre.

Und solang das Bild am Ausgangsmonitor manierlich aussieht, sind sie oft schon ganz zufrieden.

Einwenig ist das, als würde man ein Produkt nach der Verpackung beurteilen.

Wenn allerdings Qualitätsansprüche auf diese Minimalanforderungen abfallen, dann ist vermutlich auch die Systemwahl nicht so schwierig.

Denn dann spielt ausschließlich der Kaufpreis die entscheidende Rolle.

Ist allerdings die Anforderung eine andere, und davon gehe ich aus, sonst hätten Sie dieses Buch nicht erworben, dann spielt die Berücksichtigung dieser Faktoren eine elementare Rolle.

Aber bleiben wir noch einen Augenblick bei diesem wichtigen Thema.

Die neuen GoP-orientierten MPEG Verfahren haben eine weitere Besonderheit, ausser der Tatsache, dass sie GoPs enthalten:

Es sind nämlich so genannte „asymmetrische Verfahren", die sich dadurch definieren, dass der **En**coder sehr viel komplizierter ist, als der **De**coder.

Ursprünglich waren solche Verfahren einmal ausschliesslich für die Übertragung vorgesehen. Daher war es beabsichtigt, auf der Broadcast-Seite, also auf der Seite der Fernsehanstalt, sehr viel Aufwand mit der Erzeugung der Signalqualität zu betreiben, dafür aber auf der Decoderseite, also der Seite des Fernsehzuschauers, so wenig Aufwand wie möglich zu haben.

Das hatte den Vorteil, dass die Geräte, die sehr viel zu leisten hatten und sehr teuer waren (sind), nur in geringen Stückzahlen einzusetzen waren, und daher technisch aufwendiger hergestellt werden konnten.

Dafür aber die Elemente, die millionenfach in den Set-Top-Boxen und Fernsehern der Zuschauer waren, einfach und damit preiswert zu halten waren.

Die Encodiermethoden sind daher ganz erheblich schwieriger als die Decodiermethoden. Aus diesem Grund ist das Wiedergeben solcher Formate in den NLEs auch relativ einfach, unproblematisch und für die Systeme leicht zu bewerkstelligen.

Oft geben auch die Hersteller die Decodieralgorithmen kostenlos für die diversen PC-Player ab, nicht aber die Encoder.

Aber selbst, wenn ein NLE Hersteller über die erforderlichen Lizenzen verfügt, beispielsweise MPEG2 oder AVC zu benutzen, so erwirbt er lediglich das Recht, die darin enthaltenen „Werkzeuge" zur Datenkompression zu verwenden.

Vergleicht man z.B. MPEG mit einem Produkt, etwa einem NLE, so ist MPEG darin soetwas wie bei einem Auto der Motor. Der Motor hat kein Fahrgestell und kein Getriebe und selbst die Reifen fehlen.

MPEG verfügt also nicht über all die Features, die ein Produkt ausmachen ... Die Karosserie, die Bremsen, und den Komfort.

Daher unterscheiden sich auch die Produkte ganz erheblich, obwohl sie alle MPEG benutzen. Das eine Auto ist sehr komfortabel, das andere sehr spärlich, das eine hat gute Fahreigenschaften, das andere eben nicht.

So ist es auch bei den NLE´s.

Die erforderlichen Algorithmen zur Implementierung und somit zum Erreichen eines guten und zugleich effizienten Reduktionsverfahrens sind ganz bewußt in den Pflichtenheften nicht definiert worden und sind ausschliesslich Sache der Hersteller.

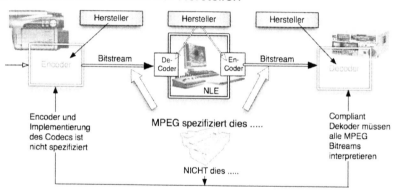

Dies ist geschehen, um jedem Hersteller, der MPEG nutzt, die Möglichkeit für seine Alleinstellungsmerkmale zu schaffen.

Eine Standardisierung soll stets die Interoperabilität zwischen Produkten verschiedener Hersteller gewährleisten. Das bedeutet, dass ein standardkonformer Bitstream, der durch einen Encoder der einen Firma erzeugt wurde, von Decodern anderer Firmen einwandfrei und gleichwertig dekodiert werden kann.

Um dieses Ziel und gleichzeitig ein Höchstmass an Zukunftssicherheit zu erreichen, wurden bei allen ITU-T und MPEG Standards grundsätzlich nur der Decoder und die Bitstream-Syntax spezifiziert. Das bedeutet auch, dass die Standards den Encoder nicht festlegen.

So lässt er sich auch kontinuierlich verbessern, ohne dass die Decoder verändert werden müssen, solange der Encoder standardkonforme Bitströme erzeugt.

Broadcaster z.B., vertreten durch die EBU bauen ihre Sendedienste vorzugsweise auf offenen Standards auf. Diese Strategie gibt ihnen langfristig Investitionssicherheit und ein hohes Maß an Unabhängigkeit von einem bestimmten Zulieferer.

Der Sender kann jederzeit das beste und günstigste Videocoding kaufen und die zuvor erstellten Sendbänder bleiben funktionsfähig.

Es kann also durchaus sein, das MPEG von dem einen Hersteller sehr gut und von dem andern Hersteller nicht so gut implementiert wird.

Zeigen wir dafür ein kurzes Beispiel zum besseren Verständnis auf.

Es ist einwenig technisch aber verdeutlicht, dass Hersteller eben nicht nur in die Schublade greifen müssen und schon ist ein Algorithmus im NLE.

Seit DV-Zeiten spezifiziert das so genannte „Blue-Book" die Genauigkeit der DCT Algorithmen.

In der Implementierung bestehen allerdings die erwähnten Freiheiten, so dass die Genauigkeit allzu häufig zugunsten einer schnellen Verarbeitungsgeschwindigkeit im NLE auf der Strecke bleibt.

Zahlreiche Hersteller sehen eine Profilierungsmöglichkeit ihrer Software darin, dass sich mit ihr möglichst schnell arbeiten lässt.

Leider betrachtet der Konsument solche Qualitäten nicht bewusst und versteht das schnellere Verfahren auch als das bessere Verfahren.

Er lässt sich in dieser Beziehung täuschen, denn oft geht das schnellere Verfahren erheblich zulasten der Bildqualität.

Nicht das schnellere NLE ist unbedingt auch das bessere NLE!

Der Standard setzt beispielsweise voraus, dass der Videostrom auf Frame- Basis komprimiert wird.

Aufgrund der Interlace- Struktur des Bildes können aber auch einzelne Frames/Fields durchaus unterschiedliche Inhalte haben, was bei bewegten Bildern zum Problemen in der DCT Verarbeitung führt.

Die Standard DCT generiert eine große Menge an AC-Koeffizienten, erzeugt durch die Vertikalfrequenz, die selbst durch einen hohen Quantisierungswert nur schwer zu komprimieren ist.

Um dieses Problem zu umgehen sieht der Standard einen DCT- Modus vor, der statt 8x8 Makroblöcke diese interlaced in zwei unabhängige 4x8 Blöcke und erzeugt so zwei DCTs die insgesamt wieder 64 DC und AC Koeffizienten erzeugen.

Man nennt dies den 2-4-8-DCT-Mode. Der Standard schreibt vor, wie man dem Decompressor mitteilt, welcher DCT Mode benutzt wurde.

Allerdings werden die Algorithmen, die die DCT- Weise während der Kompression wählen nicht durch den Standard definiert.

Diese werden nun proprietär durch die Firmen festgelegt, die die Encoder implementieren.

Allerdings kann man auch mit „Gewalt" beide DCTs durchführen und anschließend nur jene benutzen, die wenig DCT Koeffizienten produziert hat. Das Umschalten zwischen den DCT- Modi versetzt den Decoder allerdings in hohen Stress.

Ein guter DCT Algorithmus sollte daher nur einen Mode über einen längeren Zeitraum wählen, was zu einem Kompressionsgewinn von bis zu 10% und zu einer geringeren Artefaktbildung führen kann.

Der Standard schreibt anschließend vor, dass die so erzeugten DC/AC- Koeffizienten mit einem Floating-Point Wert in einer mathematischen Bewertung gewichtet werden.

Das entspricht einer Vor-Quantisierung und ist bereits verlustbehaftet, wenn Koeffizienten bei der Rundung gegen „Null" laufen.

Bis zu diesem Punkt werden die Prozesse vom Standard bis auf die beschriebenen Ausnahmen vorgeschrieben.

Die DCT-Daten eines gesamten Frames werden nun unterteilt in 270 (SD) Video-Segmente.

Jedes Video-Segment ist wiederum unterteilt in 5 Makroblöcke.

Das bedeutet dass ein Rahmen 1350 Quantisierungswerte annehmen kann. Nun schreibt der Standard wiederum nicht den Quantisierungswert eines Videosegmentes vor der bei der Kompression eines Frames benutzt werden muss.

Das wird wieder der Implementierung durch die Softwarefirma überlassen.

Um jedoch eine feste Datenrate von 25 Mbit/s auf dem Band zu erreichen muss das Videosegment mit dem *Huffman Entrophy Algorithmus* quantisiert in einen Datenraum von 2560 Bits untergebracht werden.

Wie der Quantisierungsfaktor vor dem Hintergrund der Bildkomplexität gewählt wird, um 2560 Bits möglichst optimal zu füllen, bleibt wieder der Implementierung überlassen.

Wählen die Programmierer aber einen zu kleinen Q-Faktor, wird der

Datenstrom überschritten und AC Koeffizienten werden nicht gespeichert. Das Resultat ist Artefaktbildung.

Wählt man ihn zu niedrig, so wird der Datenraum nicht ausgenutzt.

Wählt man ihn präzise, beinhaltet der Codec so viele Koeffizienten wie möglich und passt dennoch in den vorgegebenen Datenraum, bei minimal auftretenden Artefakten.

Außerdem kann zwischen den 5 Videosegmenten noch festgestellt werden, ob sich Flächen darunter befinden, die mit einer höheren Quantisierung zu besseren Ergebnissen führen und andere ggf. mit weniger Quantisierung bereits gute Ergebnisse erbringen.

So kann zwischen den Sektoren ausgeglichen werden. Die Algorithmen, die diese Wahl treffen werden durch den Standard ebenfalls nicht vorgeschrieben.

Ein guter Algorithmus wird aber immer die 2560 Bit maximal ausnutzen und imstande sein, unter den 5 Räumen eines Videosegmentes zu unterscheiden.

Es ist allerdings auch möglich, dass ein schlechter Algorithmus nur in der Lage ist 50% des vorhandenen Datenraums zu füllen und ist dennoch mit dem Standard kompatibel.

Üblich am Markt sind etwa 70%. Wobei es guten Algorithmen auch gelingt, über 80% zu erreichen. Nur ist eben die reine Prozentzahl noch kein wirklicher Maßstab für gute Qualität.

Es kommt nicht unerheblich darauf an, wie die Schwerpunkte in der Einschätzung der sensiblen Bilddaten gelegt werden.

Diese Schwerpunkte sind ein ganz signifikantes Maß für die Effizienz eines Coders.

Nun sind solche Verfahren und Algorithmen erheblich von Erfahrungen abhängig und zählen ganz selbstverständlich auch zum geistigen Kapital jener Firmen, die sie entwickelt haben.

Gute Algorithmen sind daher, wie schon erwähnt, patentrechtlich geschützt, weil deren Entwicklung oft über viele Jahre reicht.

Firmen, die beispielsweise in Europa vom ersten Tag an das Geschehen in Sachen digitaler MPEG Entwicklung nicht nur begleitet sondern maßgeblich beeinflusst haben, haben in dieser Hinsicht heute natürlich den entsprechenden Wettbewerbsvorteil gegenüber jenen Firmen, die erst mit dem neuen Markt und dem Aufkommen des Internets sich dem Thema NLE und Video gewidmet haben.

Ihnen bleibt häufig nur, gute Algorithmen unter Lizenzierung zu benutzen, oder eben mehr schlecht als recht, eigene zu entwickeln, die sich dann häufig in den zahlreichen „billig"- NLEs wieder finden und bedauerlicher Weise von sehr vielen Anwendern kritiklos hingenommen werden.

Hauptsache das Verfahren läuft schnell.

Dass dies aber durchaus kontraproduktiv ist, bemerken sie häufig auch mangels Vergleichsmöglichkeiten nicht.

Es gibt für Algorithmen eine ganz Reihe von Firmen die ihre Dienste anbieten. - *ateme, - elecard, - libavcodec, - mainconcept, - moonlight, - nero, - videosoft*, um nur einige zu nennen.

Sie, und viele andere bieten die unterschiedlichsten Lizenzpakete zu Preisen etwa um die 20 US$ bis hin zu 500 $ pro Lizenz an.

Möchte der NLE-Hersteller mehrere, unterschiedliche Codecs anbieten, so fallen solche Kosten natürlich mehrfach an. Man sieht also schon, dass da so mancher Hersteller doch geneigt sei mag, lieber zum "public Domain" zu greifen, als zum hochwertigen Werkzeug für den Videomacher.

Auch aus diesem Grund ist es so wichtig, die Videowelt zur Kompatibilität zu bringen denn **EINEN** „vernünftigen" und vor Allem kompatiblen Codec dürften sich alle NLE´s leisten können.

AVID hat sich im Februar 2007 für die Implementierung des *„dicas MPEG4AVC/H.264"* Codec entschieden und sich damit einen der derzeit fortgeschrittensten Codecs ausgewählt.

AVID unterstützt in seiner Library beispielsweise rd. 30 Codecs unterschiedlicher Qualität.

Sicher keine Library für ein kostenmäßig nicht vergleichbares System aber ein Indikator dafür, dass die Formatvielfalt derzeit durchaus problematisch für NLE-Hersteller sein kann und Grund genug, ein übergreifendes Format einzuführen. Einige Hersteller haben ihre Produkte in eine Consumer- und eine Broadcast-Version geteilt, um die kostspieligen Lizenzen auch wirklich nur in den Mengen zu verkaufen (und zu bezahlen), die der Markt erfordert.

Verlassen wir aber jetzt erst einmal dieses schwierige Thema der Bearbeitungsalgorithmen und wenden uns dem Thema **User-Interface** zu.

Jener Schnittstelle also, mit der der Anwender am meisten Kontakt hat und die auch er nur allein nach seinen Anforderungen beurteilen kann.

Das betrifft sowohl die Unterstützung von Bildschirmdarstellungen, als auch die von Schnittstellen und zusätzlichen Erweiterungskarten.

Es betrifft aber auch eine Ebene, die für den Benutzer nicht so direkt zugänglich ist.

Die Ebene der Plug-Ins denn die Filter oder Bearbeitungsschritte sind natürlich auch nur so gut, wie die Programmierung, die dahinter steckt.

Ohne wieder in die Tiefe gehen zu wollen, sollen aber einige, wenige Beispiele das Thema transparent machen:

So das Thema De-Interlacing oder Formatwandlung wo in irgendeiner Weise, Frames miteinander „verrechnet", also interpoliert werden müssen.

Allein hier gibt es mindestens 5 gebräuchliche Verfahren, nach denen vom einfachen Ineinanderkopieren der Field, bis hin zur komplexen Bewegungsberechnung über mehr Bilder und Frames feinste Bild- und Bewegungsauflösungen realisiert werden.

Nun kann ein NLE natürlich zu einer einfachen Methode greifen, oder gleich eine ausgezeichnete Bildberechnung vornehmen.

Es kann aber auch wieder, wie schon zuvor bei den Algorithmen sagen: *kauf es Dir woanders..*" Leider sagen die Softwarehersteller dies nicht so offen, denn dann wüsste man wenigstens, woran man ist.

Sie überlassen es vielmehr den Benutzern festzustellen, dass es irgendwo noch bessere Filter oder Plug-Ins gibt.

Bis dahin tragen sie häufig wenig dazu bei, dass die Produkte, die die Käufer ihrer Software erstellen, die bestmögliche Qualität erreichen.

Natürlich ist es verständlich, dass eine Software, die für wenige EUR im Internet zu erwerben ist, nicht dieselben Features haben kann, wie kommerziell genutzte Editing-Systeme.

Nur sollen sie dann auch nicht den Schein erwecken, dass sie alles bestens beherrschen und die Bilder erzeugen, wie sie besser nicht sein könnten.

Stattdessen wird mit Features und Phantasienamen wie Smart- Ren- dern, Lossless Funktionalitäten angepriesen, über die der Benutzer etwas hinein interpretieren kann, was in Wirklichkeit gar nicht vorhanden ist.

Da wird mit Begriffen wie „native" Code operiert und dem Benutzer etwas suggeriert, was in Wahrheit gar nicht so ist, wie er es sich vorgestellt hat.

Überhaupt haben sich die Zeiten in Sachen NLE drastisch verändert, seit AVID in den 90er Jahren die ersten Schnittsysteme auf der Apple-Plattform in die Fernsehanstalten und Produktionshäuser verkauft hat.

Zu der Zeit bestand für den Hersteller gar keine andere Möglichkeit, als dem Kunden gegenüber Transparenz zu zeigen und eine Qualität zu ermöglichen, die jeder Kritik Stand hielt.

Nun, die Zeiten haben sich geändert.

Wohl aber auch die Qualitätsanforderungen denn die schnelle Überspielung von AVC auf irgendeine Disc ist Mode geworden.

Allerdings auch die Preise, denn das System war zur damaligen Zeit nicht unter 250 TDM zu bekommen ... heutige Softwaresysteme gibt es schon um die Preiskategorie von 100-500 EUR.

Selbst Systeme wie Apples FinalCutPro und Adobe Premiere sind für Preise um die 1000 EUR im Verhältnis zu den alten Preisen noch günstig. Gut, es war damals die Hardware dabei, und die war damals auch nicht so billig wie heute, aber die Differenz bleibt dennoch beachtlich.

Nur das alles ist keine Begründung dafür, weniger Qualität und weniger Transparenz zu bieten.

Derzeit steht das NLE wieder an einer entscheidenden Weichenstellung und das zuvor geschilderte Problem, des Erfordernisses der Implementierung unterschiedlicher Algorithmen, dürfte sich recht bald zwar nicht aufgelöst aber doch entschärft haben, denn AVC (HD oder I) wird in kommenden Generationen das Bild im Wesentlichen prägen. Weil dieser Algorithmus aber von seinem Komplexheitsgrad und den spezifischen Anforderungen an eine CPU Architektur ohnehin ein Umdenken erforderlich macht, werden kommende Systeme sich dieser Anforderungen stellen müssen.

In einer neuen Generation an Schnittsoftware werden die Aufgaben auf unterschiedliche Componenten verteilt und nichts wird mehr so sein, wie es einmal war...

Entscheiden Sie Sich also erst für ein Kameraformat, wenn Sie den gesamten Bearbeitungsweg ... bis hin zum Monitor geklärt haben!!

Das soll nicht heißen, dass Sie Sich nicht für ein neues, innovatives Format entscheiden sollen.... Sie tragen nur ein höheres Risiko, dass Sie die „Früchte" Ihrer Arbeit vielleicht nicht sofort in vollem Glanz genießen können, weil sie voraussichtlich erst zu einem späteren Zeitpunkt eine befriedigende Nachbearbeitung oder erst später ein DVD Authoring damit machen können.

Sie tragen aber auch das Risiko, dass sich ein solches innovatives Format vielleicht am Markt gar nicht durchsetzt und Sie langfristig auf ein Produkt gesetzt haben, dass von der Industrie und den Softwarefirmen nicht weiter unterstützt wird, so wie wir bei dem 1080i Format erst jüngstens feststellen mussten, nachdem sich die Broadcastwelt für die progressiven Formate entschieden hat und diese nun auch im Consumermarkt überwiegen.

In Bezug auf das NLE sind daher noch einige Einzelheiten zu beachten.
Die Formatfrage ist nun hinlänglich geklärt... wenn Sie also im HDV- oder AVC– System mit dem europäischen Format 720p arbeiten wollen, achten Sie darauf, dass das NLE 25p unterstützt oder vielleicht sogar schon 50p, was der nächste Schritt wäre, der für Europa unmittelbar bevor steht.
Besser noch, es unterstützt 1080p/50. Dann haben Sie für eine ganze Weile „ausgesorgt".
Dazu gesagt werden muss allerdings auch, dass dieses Format in AVC bisher nicht standardisiert worden ist. Es ist daher zu vermuten, dass Hersteller es erst implementieren, nachdem dieser Schritt durchgeführt ist.
Unterstützt das System, derzeit 50p noch nicht, Sie haben sich aber für eine solche innovative Kamera entschieden, gibt es manchmal kleine Tools von meist unbekannten Softwarehäusern, die sich des Problems angenommen haben und Workarounds anbieten, mit denen man das Signal bzw. das Format an das NLE angepasst bekommt.
.... **Aber Vorsicht !!** Kompressionsalgorithmen sind eine gefährliche Sache und ein Verständnis der Materie ist hilfreich, fehlerfrei damit umzugehen.

Das ist manchmal in den „Internetbuden" nicht der Fall, die solche Adaptionen schreiben. Oft kommen diese aus dem „Internet"– Datenbereich und können zwar Files in irgend einer Form so wandeln und packen, dass anschließend anders geartete Files dabei herauskommen aber manchmal tut das dem Bild nicht wirklich gut und nur, wer sich über die Konsequenzen für den Algorithmus wirklich im Klaren ist, schreibt gute Tools:

Beispiele dafür gibt es reichlich, so das Problem der Wandlung von p30 auf p25 (und umgekehrt). Es gibt ausreichend Tools, die die Interpolationsalgorithmen im Computer umgesetzt haben und die Bilder umrechnen können. Heraus kommt ein File des jeweils anderen Formates.

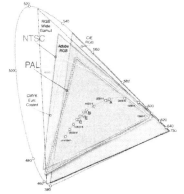

Dass aber in der jeweils anderen Welt 30p (NTSC) oder 25p (PAL) der Farbraum eine andere Lage hat, berücksichtigt so gut wie keines dieser Tools..... da wird einfach die Interpolation... mehr oder weniger gut, weil es, wie wir bereits beschrieben haben, unterschiedliche Interpolationstiefen gibt, ausgeführt. Einmal ganz davon abgesehen, dass die Ergebnisse meist nicht wirklich überzeugend sind. Hinzu kommen unterschiedliche Arten der Farbabtastung (Unterabtastung) und deren Aufzeichnungsverfahren. Im Fall von DV wird in der NTSC Welt in 4:1:1 abgetastet, in der PAL–Welt aber in 4:2:0. Was Sie nun auch immer wandeln, ob von NTSC nach PAL oder umgekehrt ... eines er beiden Signale verliert bei einer solchen Umsetzung 50% seines ohnehin schon geringen Chromaanteils denn 4:2:0+4:1:1=4:1:0
So ist eben auch die Anwendung von solchen Hilfsmitteln oft funktionell ansprechend, für ein hochqualitatives Produkt unter Umständen aber sehr gefährlich.
Auch wird in solchen Tools gern in einen andern Codec, also von MPEG 2 in einen beliebigen andern Codec überführt, ohne dass die Programmierer, und das bezieht sich auch auf so manche Ratschläge in Foren, sich über die Konsequenzen im Klaren sind.

Oftmals werden Datenreduktionen nur als singuläres Mittel gesehen, dessen Ergebnis auf das Gesamtverhalten einer Ausstrahlung von der Akquisition, bis zum Kunden bezogen wird.

Der überwiegende Teil derjenigen, die mit der Erstellung von Bildmaterial beschäftigt sind, bildet die eigenen Prozesse nur selten in einem Gesamtkomplex ab.

Das ist weder Kritik, noch soll es irgendwie zum Vorwurf gereichen... es ist schlichtweg zu wenig Information über die Detail in der Signalverarbeitung eines Ausstrahlungsweges.

In der Grauzone dieses Informationsdefizits liegt jedoch die große Gefahr einer technischen Entwicklung, die ständig an Komplexität zunimmt.

Um Signalqualität einmal vor dem Hintergrund einer Verarbeitung darzustellen betrachten wir doch einmal einen typischen Signalverlauf:

Am Anfang steht immer Licht ... natürlich auch Ton, aber der sei hier einmal unberücksichtigt.

In hochwertigen Kameras werden die Signale von den Bildsensoren, in der Regel in RGB, also in 4:4:4 an die A/D Wandler geführt.

Die internen Verarbeitungen sind qualitativ durchaus unterschiedlich, für eine allgemeine Betrachtung hier aber unerheblich, denn, sofern man nicht transparent auf eine der wenigen Aufzeichnungsformate geht, wird das Signal zur Aufzeichnung einer weiteren Datenreduktion zugeführt: Bleiben wir also bei unserem Beispiel HDV.

In der Bild- Vorverarbeitung haben schon Funktionen wie die Kantenschärfung und Rauschunterdrückung (um nur diese zu nennen), das Bild beeinträchtigt.

Sie erhalten am Ausgang zur Bandaufzeichnung ein Signal in der technischen Qualität: (8bit/4:2:0/MPEG2). Sobald das Signal nun aufgezeichnet wird, ist es mit dem Rauschen (Noise) der Bandaufzeichnung behaftet.

Sie erhalten also ein (8bit/4:2:0/MPEG2/N) Signal.

Das Verständnis ist wichtig, weil ein Signal anschließend zwar verändert, in seiner technischen Qualität aber niemals mehr verbessert werden kann, weil all diese Maßnahmen destruktiver Natur sind.

Sie können zwar mit Filtern, z.B. Rauschfiltern Signale nachträglich bearbeiten, werden aber immer damit auch andere Bestandteile Ihrer Bildinformation beeinflussen.

Geht man nun von diesem Tape in ein Editing-System, so wird man dies auf zwei grundsätzliche Arten machen können.

Über eine Datenschnittstelle, oder über eine Decodierung. Recorder, wie beispielsweise die Sony– Digi– Beta lassen es beispielsweise nicht zu, Daten direkt zu überspielen, sondern setzen eine Decodierung voraus und erlauben dann die Übertragung über SDI.

Landläufig wird die Übertragung „transparent" genannt, wobei man hier deutlicher unterscheiden muss, zwar ist die physikalische Schnittstelle transparent aber das Signal ist es schon lange nicht mehr.

Am Anfang der Kette war es einmal transparent aber danach hat es sowohl Unterabtastung als auch eine Datenreduktion erfahren.

Bildbestandteile, auch wenn das menschliche Auge das Fehlen vielleicht nicht wahrnimmt, sind bereits nicht mehr vorhanden.

Das Signal ist also nicht mehr transparent... ggf. ist es jetzt „uncompressed, obwohl auch das nicht mehr wirklich stimmt, denn die reduzierten Anteile lassen sich nicht wirklich wieder „zurück zaubern", bestenfalls neu berechnen, also interpolieren.

Man muss also bei technischen Vorgängen mit der Semiotik sehr genau umgehen, um nicht einfach von Marketingworten in die Irre geführt zu werden.

Wird also ein Signal über eine unkomprimierte Schnittstelle in ein Editing System eingespielt, oder in ein unkomprimiertes Format überführt, bedeutet dies nicht, dass es dadurch besser wird, ganz im Gegenteil.

Bei jeder Dekomprimierung und einem anschließenden Encoding ist die Qualität nur so gut, wie das System es erlaubt. Also nur so gut, wie beispielsweise Hardwarewandler sind und auch nur so gut, wie Dekompressions– Algorithmen sind und natürlich auch nur so gut wie der nachlaufende Encoder ist.

Eines muss man sich nur immer wieder vor Augen führen ... Ihr (8bit/4:2:0/MPEG2/N) Signal wird nicht besser, ganz im Gegenteil, sie haben jetzt, selbst wenn Sie wieder in einen MPEG2 Encoder einspielen, bereits die zweite Generation, also (8bit/4:2:0/MPEG2/N(2)).

Benutzen Sie einen andern, nicht MPEG2 Encoder, verschärft sich die Problematik um die Abweichungen im neuen Algorithmus (siehe Transcodierung).

Nun bieten sehr viele NLEs die Bearbeitung im „native" Codec an.

Was heißt das?

Native heißt nach der Definition der Hersteller nichts anderes, als dass das NLE einen identischen Encoder verwendet, also in unserem Fall ein MPEG2 Encodierverfahren.

„Native" heißt lediglich: der identische Codec, nicht aber dieselben Files und schon gar nicht dieselben Algorithmen!

Etymologisch hergeleitet heißt „native" : *in der Muttersprache.*

Es heißt in diesem Fall nicht, dass im codierten Verfahren alle Schnitte durchgeführt werden und es heißt ebenso wenig, dass das Originalfile beim Export unverändert bleibt... es heißt lediglich, dass nicht umcodiert wird in andere Codecs (Sprachen).

Das Material wird zur Herstellung eines Exportfiles im „native" Codec neu, (zwar im Originalcodec) codiert, also decodiert und zum Aufbau eines neuen Programmstroms erneut encodiert. Dabei werden alle Elemente hinzugefügt, die über einen Bearbeitungscodec laufen mussten. Native heißt also lediglich, dass kein Zwischencodec (Intermediate) eingesetzt wird.

Native heißt nicht, dass physikalisch dieselben Files sich im Exportmaterial wieder finden, wie das beispielsweise in einem Transcodierverfahren wie dem MOLE™ Verfahren der Fall ist.

Wie wir aber gesehen haben, sind weder die Algorithmen von identischer Güte, noch sind nach dem Decoding die Bilder identisch, weil MPEG auf Schätzung beruht.

Aus diesem Grund kann es durchaus vorkommen, dass das Re– Encoding dadurch, dass es anderes, vom ursprünglichen Originalbild abweichendes Material zu Bearbeitung vorgelegt bekommt, auch andere Schätzungen vornimmt. Dadurch können andere, weitere Artefakte zum Bild hinzukommen.

Das Bild hat also eine beliebige Chance mit jeder neuen Generation an Qualität zu verlieren. Auf gar keinen Fall werden bereits im Bild befindliche Artefakte (Blockbildung, Unschärfen usw.) eliminiert, denn bei einer verlustbehafteten Kompression werden Bestandteile nicht rekonstruiert.

Native heißt also nichts anderes, als das das Signal nicht in einen **andern** Codec überführt wird.

Schon sehr früh gab es Verfahren, um GoP– orientierte Codec zu schneiden.

C–Cube Microsystems hat, seitdem es MPEG gibt, auf diesem Gebiet geforscht, weil sie als Hersteller der Encoding– Chipsätze von Anbeginn an mit dieser Problematik konfrontiert waren.

Deren „DVxpress–MX" Chip war wohl der erste, komplett digitale mixcompression Chip für MPEG–2 (4:2:2 , 4:2:0 und 4:1:1).

Aber um die Anforderung zu erfüllen konvertierte der Single– Chip–Converter zunächst ins digitale– Baseband mit einer Latenzzeit von sieben bis acht Frames.

Lucent Technologies und Sony haben lange experimentiert, I–Frames in eine GoP an beliebiger Stelle zu inserieren.

Solange man auf einem parallelen Weg dem Decoder diese Anomalie mitteilen konnte, hat das prima funktioniert. Dazu mussten aber nicht-Standard- konforme Decoder her, denn im Standard sind solche Eingriffe nicht vorgesehen.

Bei einem „normalen" Transportstrom ist es demnach unmöglich. Solche Lösungen sind lediglich in geschlossenen Systemen geeignet, aus denen als Produkt ein Baseband– Produkt ausgespielt wird, das dann beispielsweise auf Digi– Beta neu encodiert wird oder in einem Sendemischer, der erst im Sendemultiplex ein gültiges Standardformat entstehen lässt..

Wie editiert man aber in einem NLE sonst ein Frame, das gar nicht existiert.

Für die meisten Hersteller von NLE´s ist die Lösung ganz einfach:

Alle Frames existieren!

Sie rechnen einfach alle Bilder aus und überführen sie in einen I–Frame only Codec.

Manchmal schrecken sie selbst nicht davor zurück, damit zu werben, es würde das Bild verbessern, wie Apple das z.B. tut.

Einige Anwender glauben auch, würde man sein 8 bit Format in ein 10 bit Format überführen, würde das zur Bildverbesserung beitragen. **Glauben Sie so etwas nicht!**

Geht man über in einen solchen „uncompressed" Codec, fügt man durch den neuen Codec nicht nur eine weiter „Bildgeneration" hinzu, man muss sich auch im Klaren darüber sein, dass man weitere Tools benutzt, um Bildbestandteile zu verändern, ohne dass man sein (8bit/4:2:0/MPEG2/N(2)) Bild in irgend einer Weise verbessert.

Um es einmal deutlich zu sagen... was einmal 8 bit war, kann niemals mehr 10 bit werden.

Es wird auch nicht besser dadurch, dass man statt in 8 bit, in 10 bit arbeite.

Überhaupt gibt es außer der Panasonic D5 und der HDCAM SR kaum Rekorder, die 10 bit fähig sind.

Erst die neuen AVC–Intra Rekorder werden ab High 10 Level auch 10 bit fähig sein.

Aber selbst wenn man es mit einem solchen Rekorder zu tun hat, ergibt die Nutzung von 10 bit keine wirklichen Vorteile, weil aufgrund des schlechten Störabstandes in einem linearen Farbraum eine Überdeckung des Bandings erreicht wird.

10 bit bringen wirklich lediglich Unterschiede in der PC–Grafik, wo es auf Shading, Farbverläufe und Weichzeichnung ankommt.

Bedenken muss man dabei nur, wo das Produkt nachher gezeigt wird und ob das Ziel überhaupt 10bit fähig ist.

Bei Film muss das Thema allerdings anders betrachtet werden.

Hier wird der nicht– lineare Farbraum bei einem Transfer eingeschränkt. Kommt es allerdings zu einer Überspielung auf Band, gilt das zuvor beschrieben: dann verdeckt das Rauschen den Vorteil von 10 bit bereits wieder.

Gehen Sie dahingegen mit der Überspielung auf ein Array... dann bleibt die 10 bit Tiefe natürlich erhalten.

Was also nicht aufgezeichnet, oder bereits durch Rauschen verdeckt ist, kann nicht besser werden ... es sei denn, es wirken irgendwelche Tools, die an allen möglichen Bildparametern „herumdrehen".

Wenn sich Bildqualitäten aus der Benutzung höherwertiger Codecs ändern, ist irgendetwas „faul" und sollte Anlass für eine Überprüfung sein.

In diesem Fall ist Vorsicht geboten, es sei denn, die Veränderung ist nachvollziehbar und gewollt ... und vor allem vereinbar mit der benutzten Codec– Kaskade.

Ein weiterer beliebter Trugschluss in diesem Zusammenhang ist die Annahme, eine Überführung in RGB würde die erhofften Vorzüge bringen.

Bereits im Bild eingelagertes Banding wird durch den Signal-Rauschabstand überdeckt und ebenso wenig wie 10bit bringt eine Überführung nach RGB eine Verbesserung ... im Gegenteil:

Wie wir wissen hat RGB 255 Quantisierungssteps bei 8 bit.
Y´CbCr aber nur 220 (16 bis 235) für 10 bit wären das 64 und 940 (876).

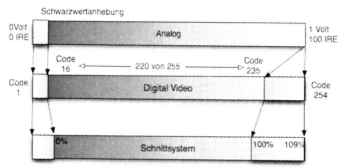

Die restlichen Werte stellen den Headroom (up und low) für Errors, Noise und Spikes und verhindern den over– oder underflow des A/D Converters.
Beim Transfer tritt Fehlerdiffusion (Dither) auf, bei dem fehlende Farben durch eine Pixelstruktur künstlich nachgebildet werden.

Es findet also gegenüber einem reinen 10 bit Signal eine deutliche Beeinträchtigung statt, weil in 10 bit die Berechnung präziser erfolgen kann. Bei einer Überführung jedoch nicht.
Ein weiterer Engpass ist noch der D/A–A/D Wandler selbst.
Hat dieser keine 10 bit Architektur, kann man sich die Aktion ohnehin sparen. Aber selbst wenn, so sind solche Wandlerprozesse extrem timingabhängig.
Eine Wandlung muss in 74 ns durchgeführt sein (bei HD in 13,5 ns).
Meist sind die Toleranzen von A/D– Wandlern so, dass diese Werte nicht eingehalten werden und die Grundregel heißt hier:
V E R M E I D E N!!

Dither wiederum wird im MPEG Encoder für Bewegung gehalten und verschlechtert die Encodierergebnisse signifikant.

Es findet also gegenüber einem reinen 8 bit Signal eine deutliche Beeinträchtigung statt, weil bei 8bit keine Farben künstlich ersetzt werden müssen und nachfolgendes Encoding effizienter arbeitet.

Auch wird man zum Export aus diesen „intermediate Codecs" in irgend einen Endcodec überführen müssen, der dann nicht nur eine weitere „Bildgeneration" bedeutet, sondern natürlich auch einen weiteren Codec und damit weitere Tools zur Erzeugung anderer Datenreduktion.

Hinzu kommt eben, dass der Bearbeitungsraum des NLE wie oben beschrieben, eingeschränkt ist und der Quantisierung gar nicht zur Verfügung steht.

Das liegt daran, dass die Normierungen noch aus einer analogen Zeit bestanden, in der man noch mit Schwarzwertabhebungen und nicht linearen Verzerrungen im Übersteuerungsbereich rechnen musste.

Man hat sich daher diese „Sicherheitsräume" vorbehalten.

Die qualitativ beste Methode, sein Bild entsprechend der Aufzeichnungsverfahren zu halten ist die konsequente Beibehaltung von nativen Verfahren und Bearbeitungsräumen.

Einige Hersteller bieten, da sie über die erforderlichen Patente und Methoden verfügen und sich so von Mitbewerbern abheben, auch Transcodierverfahren an, die bei der Ausspielung auf die ursprünglichen Listen zurückgreifen.

So z.B. EDIUS Pro 4.5 von Thomson. Einzelheiten hierzu im Kapitel über Transcodierung. Solche Verfahren sind qualitativ erheblich besser, weil sie die Multigeneratonsverluste verringern.

Allerdings muss man den Workflow eines Produktes einmal weiter verfolgen, denn die Prozesse der Bildbeeinflussung sind mit dem Ausspielen eines Produktes aus dem NLE noch lange nicht beendet.

Betrachten wir aber einmal die Überführung eines Signals in einen andern Codec:

Transcodierung nennt man diesen Prozess.

Nehmen wir als Beispiel einmal eine Transcodierung in einen Wavelet-Codec.

Im Wavelet Verfahren werden alle Teilkomponenten des Bildes durch Diskret–Wavelet Transformation (DWT) zerlegt.

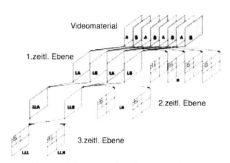

Die DWT ist eine Kombination einer Hoch– und einer Tiefpassfilterung in x– und y–Richtung. Anschließend wird das niederfrequente Subband (LL) nach dieser Methode weiter zerlegt. Die besondere Eigenschaft des Codec besteht darin, dass die Werte innerhalb eines Bildes mit jeder Codierstufe um die Hälfte verringert werden. Damit ist die Gesamtzahl der neuen Werte aller Subbänder nicht größer als die Anzahl der Pixel des Bildes.

Durch eine nachgeschaltete Entopgiecodierung kann die Anzahl der Bits, die zur Repräsentation der Koeffizienten benötigt werden, weiter verringert werden.

Wavelet hat gegenüber den MPEG Formaten den vermeintlichen Vorteil, mit Vektoranalyse statt blockorientiert zu arbeiten. Das bedeutet, dass sie aus einem Table an "erschlossenen" Vektoren, nur noch die Grundwerte übertragen und den Rest des Bildes substituieren.

Besonders brilliert Wavelet aufgrund seiner Architektur wenn im Bild wenig Bewegung ist denn dann gehen die Koeffizienten gegen Null und es muss fast nichts mehr übertragen werden.

Die Bewegungsinformation wird jedoch zusätzlich, getrennt übertragen.

Wird diese Bewegungskompensation nicht durchgeführt, kommt es durch die zeitliche Filterung zu einer sehr störenden Bewegungsunschärfe. Das Bild sieht sehr weich dadurch aus.

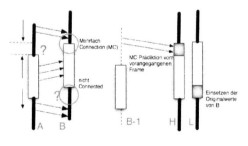

"*Beste Resultate bei überzeugender Bildqualität*" sind die immer wiederholten Anpreisungen.

Wavelet schien lange Zeit im Vorteil, wenn ich eine Bildskalierung, also eine niedrigere Bildqualität, beispielsweise für eine andere Übertragung haben möchte.

Auch lassen sich daraus vorzüglich geringer aufgelöste Monitordarstellungen für die Bearbeitung ableiten.

Der letztlichen Bildqualität, also dem Endprodukt tut diese Kaskadierung allerdings nicht gut. Auch hat sich herausgestellt, dass Wavelet-Verfahren in Sachen Skalierbarkeit durchaus gegenüber H.264 Formaten die „Nase nicht mehr vorn" haben.

Seitdem Alex Grossmann es in den 80er Jahren entwickelt hat, hat sich an dem Verfahren, trotz des Wavelet- Hypes in den 90er Jahren nichts wesentliches am Codec verbessert und moderne Entwicklungen wie H.264 haben das Verfahren lange überholt, ja nutzen daraus sogar identische Verfahrensbestandteile, wie beispielsweise die DWT.

Nun gehen NLE-Hersteller her und nehmen dem Kunden dadurch das Denken ab, dass sie in Ihrer Broadcaster Information (Seite 14) zu ihrem (Wavelet) Intermediate Codec zur Benutzung von HDV schreiben: " *in some cases, may be higher quality than native HDV files*" ....

Der Hersteller kann also zaubern und Dinge aus der Vergangenheit zurückholen, die der MPEG Codec nachhaltig zerstört hat ... oder habe ich da etwas falsch verstanden?

Für mich heißt das, dass der Intermediate- Codec Dinge am Signal "verändert", die nicht verändert werden dürften.

Tritt eine Verschlechterung ein, ist das durch einen schlechten Codec noch nachweisbar, was und warum es geschehen ist.

Tritt aber die „Re-Inkarnation" von Material ein, hat der Hersteller etwas getan, was der Anwender zwar bewusst mit einem Filter machen könnte, auf gar keinen Fall aber zwangsweise durch einen Codec passieren dürfte.

Der Hersteller macht seine Codecs demnach künstlich durch Filtereingriffe schön![37]

Analysiert man das Bild genau, stellt man fest, dass es „weicher" geworden ist. Viele finden das schön, speziell, wenn man lange mit Filmqualitäten zu tun hatte.

... Ich sehe darin ein Produkt der Unschärfe durch zeitlich schlechte Übertragung der Wavelet Information, was bei der Filterung zu deutli-

---

[37] Einwenig erinnert mich das an den Einsatz der „APHEX"–Geräte im Audiobereich vor einigen Jahren, die die Durchsichtigkeit der Höhen fördern sollte ....mit dem Erfolg, dass in sämtlichen Satellitenübertragungsstrecken die Pre–Emphase nicht mehr stimmte und es zu unerträglichen Zischeffekten beim Kunden kam.

chen Bewegungs– Unschärfe führt. Eine Wavelet– Reduktion führt, wie wir gesehen haben zu bestimmten Artefakten ... das Bild verliert aufgrund zeitlicher Differenzen innerhalb des Codecs an Schärfe bei Bewegung und außerdem neigt der Codec zur Bildung so genannten Mosquito Noises.

Was passiert also, wenn ich ein solches Bild erneut einer MPEG- Datenreduktion unterwerfe, wenn ich also Reduktionsalgorithmen kaskadiere, wie es beispielsweise der Fall ist, wenn ich dieses Material zur Verwendung in eine Fernsehausstrahlung gebe.

Im Sendeweg befindet sich ein MPEG 2 Encoder, der das Material erneut encodiert.

MPEG– orientierte Reduktionen haben aber die Verfahrensweise, die Bildbestandteile so genannten Makroblöcken zuzuordnen.

Handelt es sich bei dem Bildinhalt um eine scharfe, deutlich einzugrenzende Kontur, geschieht dieser Prozess sehr schnell und effektiv.

Hat es der Coder aber mit einer unscharfen und nicht klar zu erkennenden Struktur zu tun, so wird er noch eine Weile versuchen, eine Zuordnung zwischen den benachbarten Makroblöcken vorzunehmen, aber den Vorgang irgendwann abbrechen.

Das Ergebnis ist, dass der Makroblock nicht im Detail berechnet wurde und nun so dargestellt wird, wie er beim Abbruch des Encodierverfahrens ausgesehen hat..... Blockbildung ist das Ergebnis.

Um den Effekt einmal näher zu betrachten, nehmen wir unser Beispiel des unscharfen Kamerabildes wieder zur Hilfe. Der einige Unterschied zwischen den beiden Kamerabildern besteht darin, dass eine

andere Blende gewählt wurde und das Bild dadurch an Schärfe verloren hat. Ansonsten handelt es sich um denselben Encoder, kein andere Bearbeitungscodec, kein veränderter Noise- Floor und auch sonst keine Veränderungen des Bildes ...

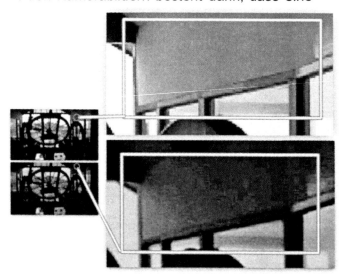

Dieselbe Kamera, ein paar Sekunden später. Nicht einmal das Band wurde in der Zwischenzeit gestoppt. Allein die Auswirkung der Bildschärfe auf den Encodierprozess:

Der Vergleich verdeutlicht, dass MPEG- Encodierung bei einwandfreiem Bildmaterial erheblich effizienter arbeitet als bei Vorlagen, in denen der Encoder mit Unschärfen umzugehen hat.
Es kommt ein weiterer Effekt hinzu, der in das Bildmaterial nicht eingeflossen ist:
MPEG überträgt lediglich die Änderungen eines Bildinhaltes und nicht ständig das gesamte Bild.
Fügt ein Algorithmus aber „Noise" hinzu, gerät das gesamte Bild dadurch in ständige Bewegung.... mein nachfolgender (Sende) Encoder denkt nun, er habe alle Bewegungen nachzuvollziehen und versucht, zu jedem Zeitpunkt, sämtliche Bildteile neu zu encodieren .... was er sonst nur im Fall einer Blende, oder eines Schwenkt durchführen müsste und selbst dann stärker auf Vektoren zurückgreifen könnte.
Bei Noise aber sind es quasi unzählige Vektoren, die der zweite Encoder erstellen muss.
Solche Verfahren sind Stress für jedes Encodiersystem und speziell für Systeme, in denen der Renderprozess nicht wie bei einem NLE zeitlich beliebig nach hinten ausgedehnt werden kann, sondern in einem Echtzeitsystem wie ein Sendeencoder es nun einmal ist, stattfindet.
Solche Systeme brechen erneut das Encoding nach Ablauf der zur Verfügung stehenden Zeit für ein Bild ab.
Das Ergebnis: Zusätzliche Klötzchenbildung.

Man sieht an diesem Beispiel, das man noch um zahlreiche Effekte anreichern könnte, dass es nicht nur **nicht sinnvoll** ist, 2 so unterschiedliche Algorithmen zu kaskadieren, sondern sogar das Bild **beschädigt**.
Jeder Transcodiervorgang verschlechtert die Bildqualität und manchmal sieht man es im NLE noch nicht einmal, weil die Rechenvorgänge dehnbar sind (Renderzeit). Man sieht es erst, wenn das Material auf einen Encoder trifft, dessen Rechenzeit begrenzt ist. (Sendeencoder/Echtzeitsystem)

Daher ist es für jeden, der sich mit der Herstellung von Bild (aber auch Ton) befasst, außerordentlich wichtig, solche Abhängigkeiten zu verstehen und sich darauf einzustellen

Im Fall einer DVD- Überspielung, bei der das Material ebenfalls auf ein kaskadiertes MPEG Encoding trifft verhält sich die Sache einwenig anders, es treten aber identische Effekte auf.

Zwar ist die Renderzeit nicht durch die Echtzeitanforderung begrenzt, dafür aber die Rendertiefe, denn die Bandbreite einer DVD ist begrenzt und wird bei der optimalen „Füllmenge" festgelegt.

Inhalte mit hohen Rauschwerten oder Unschärfen und der damit verbundenen Menge an Koeffizienten setzen aber eine hohe Bandbreite für die Übertragung voraus. Ist diese limitiert, wird das Encoding gleichfalls abgebrochen, was zur identischen Artefaktbildung führt.

Aber selbst wenn man in „quasi" identischen Verfahren bleibt, ist man nicht frei von Verlusten...

Weil dieses Thema so eminent ist, sei noch ein weiteres Beispiel zu Anschauung erlaubt:

Benutze ich den neuen „AVC" Algorithmus aus der MPEG–Gruppe, ist zwar die Grundfunktion der Kodierung identisch, AVC benutzt aber erheblich feinere Tools und wesentlich bessere Auflösungen der Makroblöcke ... (siehe auch Detailbeschreibung der Codecs).

Benutze ich in der Kamera einen AVC–Codec, erziele ich die Vorteile dieser detailreichen Codierung.... überführe ich das Ergebnis anschließend in HDV, dem MPEG2 zugrunde liegt, vernichte ich mit diesen verhältnismäßig „groben" Werkzeugen all die Vorteile, die mir meine vorherige hochwertige Codiermethode gebracht hat, speziell in der Bewegungsprädiktion.

Mein Bild verschlechtert sich auf den Stand der Technik von MPEG 2... ja sogar weiter, denn einige Algorithmen sind nicht durchgängig verträglich. Die höhere Datenrate von (bis zu) 25 Mbit/s ist überhaupt kein Garant dafür, dass sich Bilder nicht ganz erheblich verschlechtern können. Ähnlich verhält es sich auch, wenn ich in einen vermeintlich höheren (pseudo)-transparenten Codec transcodiere. Die Bandbreite eines Codecs sagt so gut wie nichts über die Bildqualität aus. Lediglich die Tools sind ein Indikator für eine zu erwartende Qualität, wenn nicht ein anderer Codec vorgelagert war.

Das Fernsehen hat sich darauf eingestellt und wechselt den Ausstrah-lungscodec für das digitale HD-Fernsehen nach einem Beschluss der ISO und ITU-T in den neuen AVC Algorithmus, um mit MPEG2 nicht den schlechteren Ausstrahlungsstandard zu benutzen.

Aber auch im NLE wäre eine umgekehrte Kaskadierung nicht sinnvoll. Was einmal mit einer groben Bewegungsschätzung bearbeitet wurde und ggf. bereits zur Blockbildung geführt hat, kann anschließend nicht wieder zu einer flüssigen Bewegung und zur Auflösung der Blöcke führen.

Sie encodieren lediglich die Blöcke, als sichtbaren Gegenstand. Im günstigsten Fall wird sich nichts am Bild verändern, was aber auch so nicht stimmt, denn wir wissen:

k e i n Reduktionsalgorithmus ist verlustfrei.

Solche nachgelagerten Kaskadierungen sollten in einer guten Produk-tionskette im Interesse eines guten Produktes Berücksichtigung fin-den.

Dies ist nur mit Sachverstand zu leisten und damit der rechtzeitiger Wahl des (der) richtigen Datenreduktions– Algorithmen.

.... Und, vergessen Sie dabei nicht.... auch „lossless" Codecs beein-trächtigen das Bild und diese Bezeichnung ist von Marketingstrategen gemacht, die dazu animieren möchten, den Codec zu kaufen und zu benutzen ... aber es ist eine ganz normale Datenreduktion, häufig lei-der mit einem Codec, über den sich der Hersteller ausschweigt ... was keinem der Betroffenen, und erst recht nicht dem Bildmaterial hilf ...

Benutzen Sie keine Codecs, von denen Sie nicht nachvollziehen kön-nen, wie sie funktionieren und wie sie Ihr Bild verändern.

Denken Sie immer daran, dass jeder Codec auch verträglich sein muss, mit Codecs, die erst nach Beendigung und Abgabe Ihres Pro-duktes wirksam werden. Auch bei der Überspielung auf Medien, Tape, DVD oder in einer Nachbearbeitung in einer Sendeanstalt wir-ken Codecs.

Aber sie sehen schon ... damit hätten wir in der gesamten Produkti-ons– und Ausstrahlungskette schon einmal mindestens 4 kaskadier-ten Codecs zu tun.

Dem Akquisitions– Codec (DVCPro, HDV in 4:2:0 oder was auch immer), einen Wavelet–Codec im NLE..., anschließend irgendeinen

Übergabe–Codec des Tape– Formats, meistens noch den eines Sendeservers, oft ein JPEG und zu guterletzt den MPEG 2, 4:2:0 des Sendeencoders.....

Spezielle Verfahren erlauben es jedoch, unveränderte Teile des Originalmaterials, also der Kodierbeschreibungen zu benutzen, die keiner Veränderung unterworfen werden.
Dies sind spezielle, patentrechtlich geschützte Verfahren und inhaltlich keineswegs gleich zu setzen mit dem so genannten „SmartRendering". Um die Funktion solcher Verfahren abzugrenzen, seinen sie hier kurz beschrieben:

Verlustfreies Tanscoding:

Unter Transcoding versteht man einen Prozess, in dem ein Codec, egal welcher Natur zunächst decodiert wird, zum Beispiel um das Bild zu bearbeiten und ggf. abzuspeichern, und schließlich wieder in einen Codec zu überführen. Dabei ist es unmaßgeblich, ob die Bitstreams identische Datenraten haben.
Es ist kein ungewöhnlicher Vorgang ... und kommt, wie beschrieben im täglichen Schnitt– und Sendebetrieb ständig vor.
Frühe Versionen, wie der NFL 3000MPEG Splicer/Transcoder oder der Philips DVC4800 StreamCutter ließen es schon in den 90er Jahren, wenn auch nicht wirklich „seemless" zu, solche Aktionen auszuführen.

Anders als in I-Frame orientierten Verfahren ist es jedoch in einer GoP nicht möglich, den Schnitt framegenau an einer beliebigen Stelle zu setzen. Weil schlicht und einfach dort vielleicht kein Bild ist.

Ein Beispiel:
Sequence A: **I B B P B B P B B P** B B I B B P B B P B B P B B I

Sequence B: B P B P B P I B P B P B P B P B B **I B P B B P B P**
Switch point: *
Output
sequence: **I B B P B B P B B P** ? ? ? ? ? ? ? **I B P B B P B P**

Alles zugelassene GoPs in MPEG Verfahren.
Wird ein Schnitt aber über einen Intermediate Codec durchgeführt,

leidet das Bild darunter u.U. bis zu 6 db (peak to signal–to–noise).

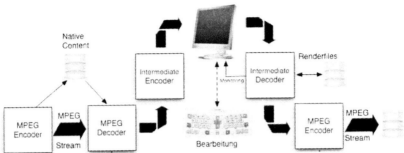

Da es in einem solchen Verfahren aber keine andere Lösung zur Herstellung eines kompletten (Export) Programmstromes gibt, als außer den gerenderten Teilen, auch die Teile des Ausgangsmaterials über den Intermediate Codec zu schicken, um die Timing–Anforderungen im MPEG System zu entsprechen, bedeutet dies, dass auch jene Teile des Ausgangsmaterials in qualitative Mitleidenschaft gezogen werden, die überhaupt keine Bearbeitung erfahren haben.

Um aber genau diese Qualitätsverlust möglichst gering zu halten, haben sich die BBC (UK), Snell & Wilcox (UK), CSELT (Italy), INESC (Portugal), EPFL (Switzerland), ENST (France) und das deutsche Frauenhofer Institut unter dem "Dach" der SMPTE zu einer AdHoc Gruppe zusammengefunden, um eine Methode zu entwickeln, dieses möglichst verlustfreie Schneiden und Bearbeiten von MPEG Material zu ermöglichen.

Heraus kam dabei das Atlantic–MOLE™– Verfahren, in dem aus dem Source–Encoder die Bilder nicht mehr über eine Umwandlung an den Encoder gegeben werden, sondern in dem alle Detailinformationen über den Verfahrensweg übertragen werden.

Die im Bild aufgeführten Informationen werden dabei auf einem gesonderten Kanal direkt an den Re- Encoder übermittelt.

So kann der

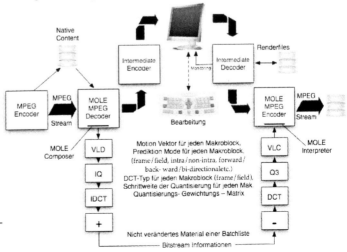

verlustbehaftete Teil eines gesamten, neuen Programmstroms auf die bearbeiteten und über einen Intermediate Codec geführten Teile zurückgeführt werden.

Neben den qualitativen Vorteilen einer direkten Rekonstruktion des Bildes bestehen weitere, ganz wesentliche Vorzüge natürlich darin, dass erheblich weniger Bildmaterial in einer speicherintensiven Intraframe–Kodierung im NLE abgelegt werden muss. Das MOLE™ Verfahren sieht vor, die Information über Datensätze vom Original-Material auf den Encoder zu übertragen. Allerdings setzt das Vorhandensein solcher Techniken in den NLEs die Präsenz eines entsprechenden MOLE Decoders sowie des erforderlichen Encoders voraus, da zwischen diesen „Engines" der Informations— Bus die Metadaten

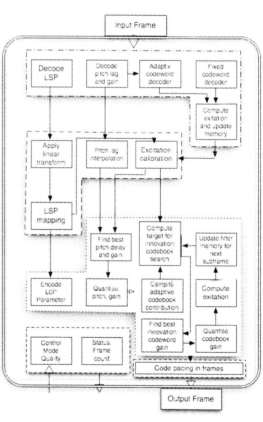

übermittelt. Die Voraussetzungen für ein solches Verfahren waren dabei, dass das ursprüngliche Videosignal unverändert bleibt, dass das Übertragungsverfahren unsichtbar für die Bildinformation bleibt und dass keine versteckten Filter oder Noise– Reduction oder jegliche andere Prozesse vorkommen. Ein verfahren also, das es wirklich gestattet, „native" Material, obwohl transcodiert, am Ausgang wieder zu finden.

Da MPEG im Grunde genommen ein 8bit Format ist, und daher die letzten 2 significant Bits eines Standard –10 Bit Interfaces nicht aktiv sind, überträgt MOLE diese Signale in diesen 2 Bits.

8 bit Coder- Encoder sind allerdings nicht geeignet mit einem solchen Signal umzugehen.

Mittlerweile ist das Verfahren von der SMPTE seinen Mitgliedern zur

Implementierung empfohlen. (SMPTE 327M)

Ein solches Verfahren ist aus dem Grund so wichtig, weil es in einer zukünftigen Übertragungskette, die von der Akquisition (Kamera), dem Schnitt und die Ausstrahlung, bis hin zum Endverbraucher aus einer homogenen MPEG Verbindung besteht, auf der gesamten Kette die Übertragungsverluste eliminieren kann, die in den bisherigen Kaskadierungs– Verfahren die Bildqualität erheblich verschlechtern.

Unmittelbar nach Fertigstellung hat die NBC Panasonic und Snell&Wilcox beauftragt, eine MOLE–Bidge für MPEG 2 und DVCPro zu erstellen, weil NBC die I–Frame Struktur und deren Vorteile zwar für die Kontribution nutzen wollte, nicht aber für die Distribution und schon gar nicht für die Archivierung, weil doch die Vorteile des MPEG Verfahrens hier deutlich zum Tragen komme.

Das Ergebnis war verblüffend und hat auch die letzten Zweifler von der Funktion überzeugt.

Eine korrekte Transcodierung setzt zwar immer die vollständige Decodierung des Ausgangsstreams voraus aber nicht zwingend die Neucodierung in einem Intermediate Codec.

Findet nun aber beispielsweise eine Transcodierung zwischen verschiedenen MPEG –Verfahren statt, sind nicht immer alle Daten direkt verwendbar. Speziell verfeinerten Verfahren, wie in AVC (MPEG) gegenüber HDV (MPEG) muss natürlich Rechnung getragen werden, mit besonderem Hinblick auf die verfeinerten Vektoren und Auflösungen.

Die Gemeinsamkeiten gehen ohne neue Bearbeitung in den neuen Codierprozess ein, lediglich die Verfeinerungen werden zusätzlich durchgeführt.

Ein großes Problem besteht in der Genauigkeit der Bewegungsvektoren.... H264 lässt 1/4 Pixel zu, wohingegen andere, ältere Codecs lediglich 1 Pixel, bestenfalls vielleicht 1/2 Pixel zulassen, wodurch bei reiner Kopie der Bewegungsvektoren 2 Auflösungsstufen verloren gehen.

Eine Transcodierung in die andere Richtung wäre leichter, weil eine Nachberechnung oder sogar schon eine Schätzung ein besseres Ergebnis bringen würde.

Wobei eine Nachschätzung grundsätzlich keinen Gewinn in der Bildqualität bringen kann, zumindest trägt es aber auch nicht zur Verminderung der Qualität bei.

Sind die Algorithmen allerdings in den Werkzeugen derart unterschiedlich, dass keine gemeinsamen „Pages" gefunden werden können, kann eine Transcodierung ausschließlich im Pixelbereich stattfinden, also theoretisch ein "abfilmen" mit all seinen Unzulänglichkeiten, Fehlern plus jener Fehler, die der Zielalgorithmus erzeugt.

Es gibt spezialisierte Hard und Software für solche Jobs, die maximal ausentwickelte Algorithmen einsetzen, um solche Prozesse so verlustarm wie möglich durchführen zu können.

„Episode" von Telestream ist ein Beispiel aus dem kommerziellen Software– Bereich, ansonsten sind natürlich entsprechend qualifizierte Algorithmen in Hardware, beispielsweise von Snell & Wilcox, die maßgeblich an der Verfahrensentwicklung beteiligt waren und zahlreiche Patente halten, die Lieferadressen für verlustfreies Encoding.

Aber auch für spezifizierte Anwendungen gibt es von den Chipherstellern die entsprechenden Chips und diese Algorithmen werden wir in zukünftigen En–und Decoderentwicklungen wieder finden. Da es sich um patentiertes Material handelt, das den Hard– und Softwareherstellern nur kostenpflichtig zur Verfügung steht, dürfte zukünftig die Schere der Anbieter weiter auseinander klaffen in die, deren Systeme zwar teuer sind, dafür aber hohen Qualitätsanforderungen entsprechen, und denen, deren Produkt oder Filter für ein paar Euro im Internet zu erstehen sind und derartige Qualitäten nicht bieten können.

Im Übrigen sind nicht nur Transcodiermethoden patentgeschützt, sondern auch Filtermethoden und Firmen, wie Thompson Broadcast, die schon seit Anbeginn der Entwicklung auf dem Feld tätig waren, halten eine Vielzahl der verfügbaren Patente.

Vielleicht erklärt sich so, dass auch viele kleine Firmen in ihren Tools derartige Verfahren nicht anwenden (dürfen), weil sie die Lizenzkosten einsparen wollen.

Dann werden als Ersatz für gute Filter oder gute Verfahren einfach griffige Marketingbezeichnungen wie „Smart–Rendern" erfunden, die im Grunde genommen überhaupt nichts aussagen und erst recht kein Garant für gute Qualität sind.

Oft sind solche Transcodings verlustbehaftet und wenn ein Hersteller die Verfahren nicht nachvollziehbar macht, muss vermutet werden, dass sie einer kritischen Betrachtung nicht standhalten würden und auch meist ihren Preis nicht wert sind.

Der Einsatz hoch spezialisierter Algorithmen verringert den „Schaden" auf das minimal nötige Maß und entspricht damit kommerziellen Anforderungen.

Kehren wir aber noch einmal kurz zu Apples "Multi–Funktions–Timeline" zurück.

Wie wir alle wissen, sind den unterschiedlichsten Formaten auch die entsprechenden Fabräume zuzuordnen... bei den 25/30 Formaten zusätzlich das Timing.

Das Timing wird dem Anschein nach durch ein lineares Interpolationsverfahren gewonnen. Diese Verfahren unterscheiden sich aufgrund ihres geringen Realisierungsaufwandes und sind in Softwaretool weit verbreitet. Sie unterscheiden sich durch Filterlängen und teilweise einer Adaptivität der Filterkoeffizienten zum Bildinhalt. Am häufigsten werden nichtadaptive lineare Filter mit einer Filterlänge von 2–4 Koeffizienten benutzt. Unzulängliche Kantenverarbeitung ergibt einen wahrnehmbaren Schärfeverlust ... mit den zuvor beschriebenen Folgen für folgende Encoder.

Der Farbort aber wird von keinem der Filter zur Transcodierung interpoliert. Unser Bild verändert sich also massiv. Glücklicher weise nicht mehr so stark, wie das zu alten (analog) NTSC Zeiten noch war, weil die Farborte angenähert worden sind, aber Farbdifferenzen sind dennoch vorhanden.

Das hat zwar keine direkte Auswirkung auf unsere nachfolgenden Encoderverhalten, wohl aber die unzureichende Transcodierung im zeitlichen Bereich.

Also Finger weg von solchen Tools. Eine „artgerechte" Transcodierung ist ein unverzichtbares Mittel gegen Qualitätsverlust.

Nun nehmen wir einmal an, dass keine weitere Bearbeitung stattfindet, weil solche Einflüsse, nicht zum spezifischen Kaskadierungsproblem von Relevanz sind. (denn sie würden auch in einem homogenen Workflow auftreten)

GoP– orientierter Schnitt:

Warum ist es etwas Besonderes, MPEG2 oder AVC zu schneiden?

Bei einem regulären (Broadcast–) Codec, der 25 Bilder (50 Halbbilder) pro Sekunde aufzeichnet, ist die Kompression auf jedes einzelne Bild beschränkt: ein JPEG– Algorithmus komprimiert redundante Bildbereiche innerhalb jedes einzelnen Frames.

Die Datenmenge, die durch die viel höhere Auflösung von HDV bewältigt werden muss, lässt sich nicht mehr durch eine Kompression innerhalb eines Bildes verarbeiten. Um mit den HD– Daten fertig zu werden, wurde für HDV und auch für AVC das MPEG2, bzw. Das artverwandte MPEG 4–Format als Codec ausgewählt.

MPEG2 aber komprimiert nicht nur innerhalb eines einzelnen Bildes, sondern über eine große Gruppe von Bildern hinweg

Was heißt das nun für ein Schnittprogramm?

MPEG2 war ursprünglich nicht als Schnitt–, sondern nur als Distributionsformat geplant, daher waren "Einzelbilder" nicht wichtig.

Ein "echter" Schnitt zwischen zwei Bildern ist deswegen so schwierig, weil es diese zwei Bilder unter Umständen gar nicht gibt – sondern nur die Rechenergebnisse.

Deshalb konnten frühe HDV– Schnittprogramme immer nur am "Kopf" einer Bildergruppe, bei dem voll aufgezeichneten Bild (I-Frame), schneiden.

Ein inzwischen gängiger Weg ist es, das HDV–Material in einen "Intermediate–" ("Zwischen–") Codec umzuwandeln, der künstlich alle fehlenden Bilder berechnet.

Natürlich ist der Platzbedarf von derartig transcodiertem Material um ein Vielfaches höher als das ursprüngliche HDV–MPEG2–Material aber in der Zeit fallender Festplattenpreise und zunehmender CPU Power ist das zumindest kein wirtschaftliches Argument.

Bei DV, früher, war das anders, da bestand der Videostrom wirklich aus 25 einzelnen, anschaubaren Bildern. Das ist heute noch so, bei Formaten wie z.B. DVCPro oder den ACV–Intra Formaten, wie sie im professionellen Einsatz sind.

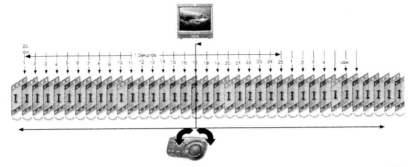

Das Editing System kann bei solchen Formaten sehr bequem, Bild für Bild aus dem Speicher nehmen, es darstellen und in der Schnittliste alle Kommandos ablegen, die Sie zu dem Punkt eingeben, egal ob Blende oder Farbkorrektur ... alles bekommt einen Bezug zu dem oder den gewählten Bild(ern).

So war das schon zu Filmzeiten, am Steenbeck– Tisch und so hat man es in die neuen Systeme übernommen.

Die Filmdaten werden über das Capture- Programm auf die Festplatte des NLEs geladen und befinden sich im Fall eines Original- Codecs dort unverändert.

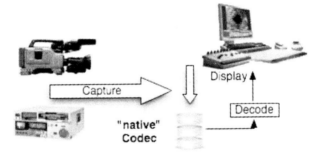

Jetzt sehen aber MPEG– Files, und in die Kategorie fallen AVC Codierungen hinein, so aus: Sehen Sie den Unterschied?

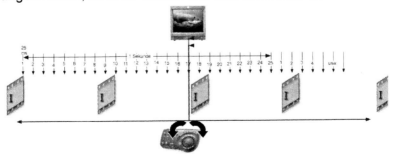

Sie generieren nämlich nur, je nach GoP Struktur, lediglich 2 oder drei Bilder in der Sekunde. Wenn ich jetzt mit der Editor irgendwo dazwischen ein Bild schneiden will, liegt da eigentlich gar nichts ... das heißt, genauer gesagt, es liegt da kein fertiges Bild sondern lediglich so etwas wie eine Rechenaufgabe für den Decoder. Und genau das bezeichnet man in den MPEG Verfahren als B– oder P– Bild.

Um es noch einmal an Einzelbildern zu verdeutlichen:

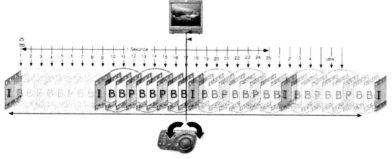

Nur I-Frames sind Bilder. Fährt mein Editor an „leeren Stellen", dekodiert das Editing System eine mehr oder weniger große Stelle, rund um den platzierten Courser der Timeline und legt die decodierten Bilder in einem Bildspeicher oder einem temporär angelegten Arbeitsfile auf der Festplatte ab. Nun können Sie in diesem Speicherbereich „joggen" und sich Bild für Bild ansehen.

Für Sie stellt es sich dar, als hätten sie alle Bilder präsent.

Man kann sich an dieser Stelle schon vorstellen, dass das eine Menge Rechenarbeit für eine CPU bedeutet, wenn das ganze dann auch noch in laufenden 25 Bildern/sec sein soll, denn wenn Sie einfach weiterlaufen lassen, wird der Rechner in Echtzeit das Material weiter encodieren und das Bild auf den Monitor ausgeben. Er hält aber immer nur eine gewisse Menge an Programmmaterial im Speicher.

Bei AVC kommt noch hinzu, dass mehr Rechenaufwand (Faktor 1,6-3) Rechenleistung erforderlich ist, dies darzustellen.

Aber moderne CPUs kriegen das hin.

Betrachten wir aber einmal, was bei einem Schnitt passiert.

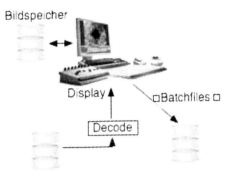

Der Editor sieht seine Inhalte aus dem Bildspeicher und kann jetzt entlang des Time-codes ein Marke setzen und die dazugehörigen Anweisungen, also was dort geschehen soll.

Das kann alles Mögliche sein: Cut, Fade, Transition, Farbkorrektur ... eben alles, was an der Stelle dargestellt werden muss. Der Rechner schreibt diese Anweisungen in eine Liste, dem Batchfile und legt diese Liste im Speicher ab.

Je nach Anweisungen kann dem Rechner gesagt werden, die Augabe sofort auszuführen, oder als Preview zu zeigen oder mit der Ausführung zu warten. Entlang dieser Grundeinstellung wird dann aus den entsprechenden GoPs ein kleines Produkt erstellt.

Die Stellen des Originalmaterials werden in einen internen Codec umgerechnet, der alle Bilder enthält und beispielsweise gemischt oder den Batchfileanweisungen entsprechend bearbeitet.

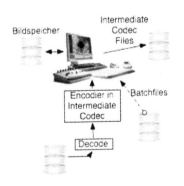

Das Produkt wird als Arbeitsfile, sozusagen als Insert ebenfalls im Speicher abgelegt, allerdings in dem Codec, der als intermediate Codec gewählt wurde.

.

Würden wir einen Schnitt im Originalmaterial versuchen, hätten wir zwei Möglichkeiten:

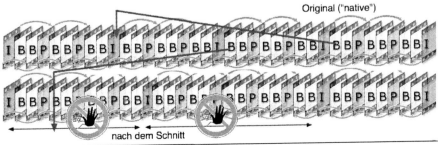

nach dem Schnitt

227

Oben haben wir das Original- Material, also wie es aus der Kamera kommt. Versuchen wir den ersten Schnitt, exakt an den Grenzen der GoPs, ist leicht zu sehen, dass lediglich ganze GoPs herausgeschnitten werden, also kein Problem.

Versuchen wir hingegen innerhalb der GoPs zu schneiden, sieht man schon, dass das Resultat aus einem Durcheinander an B– und P–Bildern besteht und dass die Längen der GoPs sich verändert haben.

Wie also setzt das Schnittsystem die unterschiedlichen Elemente wieder zusammen?

Ziel ist es, einen kontinuierlichen Datenstrom am Ausgang zu erzeugen, bei dem nicht nur die Bilder hintereinander laufen, sondern auch alle weiteren Parameter stimmen. Das ist zunächst einmal das Timing, denn alle Elemente sind im Header mit einem so genannten „Timestamp" versehen, der fortlaufend und unterbrechungsfrei sein muss. Weiterhin sind „intakte" GoPs herzustellen, die identische Größen und die vorgeschriebene Bildreihenfolge haben (I,B,B,P) in diesem Fall. Dazu muss der Ton entsprechend der Pointer anliegen.

Hierzu wird das NLE spätestens bei einem Export diesen entsprechenden Datenstrom herstellen.

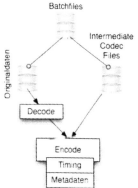

Abhängig von der Rechnerleistung kann dies als Renderzeit geschehen, oder „On fly", das heißt, während des Ausspielens. Manche Systeme nennen es auch Format-„konformen". Es ist aber nichts anderes als Rendern[38].

Dabei wird das Originalmaterial decodiert und entsprechend der Anweisungen aus dem Batchfile wird ein Multiplex alternierend aus diesem unveränderten Material oder aus der Inserierung des Intermediate Materials hergestellt. Beides wird im „native" Codec kodiert.

Die mitlaufende Clock generiert gleichzeitig die sychronen Times-

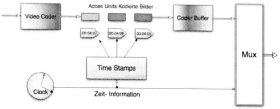

---

[38] Aus dem Englischen:"machen, leisten, erbringen"

tamps, die im neuen Programmstrom vorliegen müssen.

Hier entscheiden Sie wieder, in welchem Format das geschehen soll, bzw. in welchem Format dies Ihr NLE zulässt. Denn hier ist es ebenso wie bei der Einspielung des Footage:

Der Codec muss vorhanden sein. Während es beim Capturen noch eine relativ einfache Implementierung war, ist es an dieser Stelle eine komplexe Angelegenheit, die ganz erheblich die Qualität Ihres Produktes bestimmt!

Meist finden Sie bei NLEs eine ganz erhebliche Anzahl an Capture-Codecs aber nur eine begrenzte Anzahl an Export- Codecs. Das hat die zuvor erklärten Gründe. Darüber hinaus ist die Qualität des Codecs, wie auch bereits angerissen, von der Implementierung abhängig.

Prüfen Sie also den Codec, in dem Sie in Ihrem „normalen" Workflow arbeiten, denn sicher haben Sie nicht alle möglichen Bandmaschinen zur Aufzeichnung, sondern meist ein bestimmtes Format, auf dass Sie Ihr Produkt auch ausspielen wollen.

DVCPro, IMX, oder über SDI vielleicht auch Digi- Beta, die Sie über eine Zusatzkarte ansteuern wollen. Eigentlich benötigen Sie auch nicht „jede Menge" Exportformate. Eigentlich benötigen Sie lediglich ein Format, in dem Sie auch Ihr Produkt weiterführen. Es ist also nicht unbedingt ein Mangel, wenn NLEs nicht die große Auswahl an Export-Formate aufweisen können.

Nur sollten die Formate vorhanden sein, für die es auch mit großer Wahrscheinlichkeit Bandmaschinen gibt, also auf jeden Fall alle Sony und Panasonic-Formate. Eventuell haben Sie ja auch einen HDV Recorder und wollen Ihr Produkt mit dem identischen Codec wieder ausspielen. Dann benötigen Sie auch MPEG2 als Exportcodec.

Arbeitet man „native", nimmt der Encoder den identischen Ausgangscodec des Quellmaterials. Bei MPEG2 wie es HDV zugrunde ist es auch so, dass in jeder GoP sich zwei B-Frames befinden, die sich auf die davor liegende, bzw. auf die nachlaufende GoP beziehen. Die Verflechtung solcher Strukturen setzt eine kontinuierliche GoP-Erzeugung voraus.

Smart Rendering

Das so genannte Smart– Rendering gibt nun vor, diesen Prozess zeitsparender gestalten zu können. Das Einfügen von smart– gerenderten Anteilen in bestehendes „native" Material (die Firmen reden hier nicht von Originalmaterial) ist nicht möglich, es sei denn, es erfüllt zufällig exakt die Bedingungen eins in sich geschlossenen GoP–Teiles, das auch zufällig am Anfang einer GoP seinen Anschnitt hat. Aber auch hier müsste dafür Sorge getragen werden, dass die zwei verbleibenden B-Bilder, die sich in jeder GoP auf die vorangegangene GoP beziehen, bereinigt werden, da sonst an den Übergängen Artefakte (fremde Bildanteile) entstehen.

Wie wir aber gesehen haben ist es mehr als wichtig, die Bildqualität durch so wenige Transcodierungsprozesse wie möglich zu beeinträchtigen.

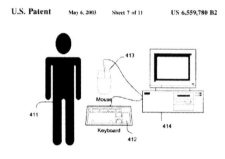

Fig4(A)

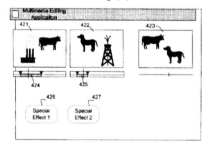

Die Firma Cyberlink Corp. (Hsin Tien City, TW) hat im März 2002 ein US.Patent zu diesem Thema beantragt und im Mai 2003 die Patentschrift erhalten[39], in der Anspruch auf die Patentrechte zu einem Verfahren gewährt werden, dass es gestattet, einen Datenstrom in zwei unterschiedliche Inhalte aufzuteilen, einen Inhalt, der bearbeitet wird und einen andern Inhalt, der nicht bearbeitet wird. Die beiden Inhalte werden anschließend in einer so genannten *"Integration unit"* wieder zusammengeführt.

Eigentlich also genau das, was man unter Smart Rendering versteht.

In der Patentschrift beschreibt der Antragsteller, Ho-Chao Huang zwar sehr umständlich das Grundprinzip des MPEG Encodier Verfahrens und wie man einen Schnitt vornimmt, vergisst aber gänzlich auf den Kern der Patentschrift, seine *"integrations unit"* einzugehen, oder gar wie er beabsichtigt, die Probleme von unvollständigen GoPs zu lösen. Auch ist in der Patentschrift eigentlich nur die Rede von JPEG oder MPEG- I-Frame only, nicht aber von GoPs oder gar einem Verfah-

---

[39] United States Patent: 6559780

http://patft.uspto.gov/netacgi/nphPser?Sect1=PTO2&Sect2=HITOFF&p=1&u=%2Fnetahtml%2F PTO%2Fsearchbool.html&r=1&f=G&l=50&co1=AND&d=PTXT&s1=6559780&OS=6559780&RS =6559780

rensweg.

Angesichts dieser Patentschrift ist es schon denkwürdig, was man sich alles durch eine Patentbehörde schützen lassen kann.

Also auch in dieser "amtlichen" Schrift werden die bekannten Probleme nicht auf wundersame Weise gelöst und Smart-Rendering bleibt, was es wahrscheinlich ist:

Eine Marketingbezeichnung.

Nachfragen bei Cyber- Link und die bitte, doch die Funktion zu erklären, konnten leider die Zweifel nicht ausräumen, dass es sich hier um ein Marketingprodukt handelt.

Im Grunde genommen deckt sich die Methode, die im täglichen Betrieb ohnehin Anwendung findet, denn die Zeiten, dass bei jedem Schnitt der gesamte Beitrag gerechnet werden musste sind seit den Anfangstagen der ersten NLEs lange vorbei.

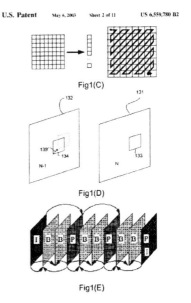

Auch heute werden in quasi allen Schnittsystemen nur die Teile während des Schnittbetriebes gerechnet, die eine Bearbeitung erfahren haben.

Die meisten Schnittsysteme lassen dem Cutter sogar die Wahl, es direkt zu rendern, oder aber auch im Hintergrund, oder erst bei der Erstellung eines Gesamtbeitrages.

Wird im Hintergrund gerendert, nutzt das Programm Ressourcen und Rechnertasks, die vom Cutter nicht abgefragt werden.

Andere Programme rendern in Aktivitätspausen oder auf Abruf des Cutters.

Die Wahlmöglichkeiten sind hier vielfältig.

Gemein ist jedoch allen Systemen, dass bei einem Export eines GoP orientierten Produktes ein gemeinsam, in sich geschlossener Transport- oder Programmstrom erstellt wird, der kontinuierlich, aufeinander folgende GoPs, einschließlich der erforderlichen kontinuierlichen Timestamps und internen Timinginformationen, sowie der verweisenden Header- Inhalte enthält.

Fehler in einer solchen Kontinuität würden unweigerlich einen nachfolgenden Decoder zu Fehlfunktionen führen, weil MPEG keine Tools vorsieht, Unregelmäßigkeiten dem Decoder mitzuteilen.

Da das Exportieren derartiger Programmströme heute auf den meisten Rechnern ein Echtzeitprozess ist, entsteht kein Zeitverlust durch ein Rendern des Exportstroms.

AVC – Editing ist auf der momentanen Hardware mittlerweile sinnvoll, solange man Mehr-Kern Systeme einsetzt.

Die Firma MainConcept AG hat im November 2007 Codecs für die Bearbeitung von AVCHD als auch für die Bearbeitung der professionellen Profiles in den Markt gebracht. Auch wurden Plug-Ins für das Adobe-Premiere Schnittprogramm angeboten.

Das Transcodieren von MPEG- orientierten Files in ein Waveletformat erscheint aufgrund der strukturellen Unterschiede der Formate als wenig sinnvoll.

Ansonsten bleibt nur... warten auf die Hardware–Unterstützung, die auch nicht mehr so lange auf sich warten lassen kann. Fuji liefert seit April 2007 das DSP- Chip aus und will bis zum April 2008 5 Millionen Stücke in den Markt gebracht haben.

Wie könnte eine solche Hardwareunterstützung für derzeitige PCs beschaffen sein?

Das Problem der heutigen NLEs besteht weniger in der Architektur der Schnittsoftware sondern in zwei anderen Problemen:

Zum einen sind beinah alle hochwertigen Transcodieralgorithmen patentrechtlich geschützt, so dass Softwarehersteller nicht einfach darauf zurückgreifen können und ihnen, wenn sie Lizenzzahlungen umgehen wollen, gar keine andere Wahl bleibt, als eigene, oft untaugliche Transcodieralgorithmen verwenden oder über Algorithmen gehen, die in der Public– Domain angesiedelt sind, oder aber Verfahren verwenden, die häufig nichts anderes als einen mehr oder weniger guten (meist weniger) Kompromiss darstellen ... die beschriebenen Intermediat Codecs.

Das zweite Problem ist in der Hardware begründet, weil die CPUs der Host Systeme aufgrund ihrer Architektur niemals dafür entworfen wurden, solche spezialisierten Aufgaben zu erfüllen.

Aufgrund eines einheitlichen Formates, das in Zukunft im Bereich Fernsehen zu finden sein wird, haben es die NLEs diesbezüglich einfach, weil sie auf eine breite Unterstützung in der Industrie zurückgreifen können.

Da die AVC– Formate auch zukünftig für die Übertragung der HD–Fernsehsignale zum Einsatz kommen, werden wir in Monitoren und Fernsehgeräten der kommenden Generationen die entsprechenden Decoder finden.

Eine neue Generation an Schnittprogrammen wird entstehen, die lediglich noch das I/O und Datenmanagement durchführt.

Denkbar sind dann auch wirkliche, echte „Multiformat– Timelines", die auch Schnittlisten in Echtzeit und im „native" Format abarbeiten, denn echte Transcodierungen sind zunächst einmal nicht mit Renderprozessen verbunden, sondern sind ein reines Auslesen von Listeneinträgen und eine zeitnahe Darstellung, die dann in dezidierter Hardware problemlos durchführbar sein wird.

Rechnerarchitektur

Bleiben wir aber noch einen Moment beim NLE und der Host CPU darunter.

Mittlerweile wissen wir, dass die MPEG– Ströme der unteren Profiles, sowohl MPEG–2, als auch MPEG–4 ursprünglich nicht für die Verwendung in NLEs gedacht waren.

Übertragung war die eigentliche Intention. Daraus resultiert auch die hierfür optimierte Architektur des Codecs.

Weil aber geeignete Formate für die Akquisition bei wirtschaftlicher Nutzung der Speichermedien nicht Schritt halten konnte, übernimmt man die Formate mehr und mehr in die Akquisition und damit in den Schnittbereich.

Der Rechenaufwand für das AVC Encoding hängt allerdings aufgrund der Modularität des Formates davon ab, welche der angebotenen Kodieroptionen Verwendung finden und wie optimiert die Parameter des Encoders eingestellt sind (Rate- Distortion).

Um HD mit AVC zu komprimieren – werden über 600 Mrd. Rechen–Operationen pro Sekunde benötigt.

Die heutigen CPUs sind zwar leistungsstark, aber ihr Aufbau ist nicht immer für alle Videobearbeitungsprozesse geeignet.

Hardware ist besser in der Lage blockbasierende und Pixelpegel-verarbeitende Aufgaben zu übernehmen.

Die Probleme bestehen darin, dass einige der Aufgaben – wie die „erschöpfende" Suche der Bewegungsschätzung – sowohl zahlreiche Computerrechenzyklen erfordert, als auch große Datenflüsse verarbeiten muss.

Dazu werden komplexe Datenregisterleitungen mit schnellen Speicherzugriffen benötigt.

Das lässt sich am besten mit einer zentralen Hardwareanordnung lösen, die die Bearbeitung der sich wiederholenden Berechnungen der „Sum of Absolute Difference" (SAD) übernimmt und die beste Bewegungsschätzung liefert.

Die Datenvergleiche dazu werden oft wiederholt, und viele Berechnungen werden mehrfach genutzt.

Die heute prozessorbasierten Ausführungen tendieren zu Schwierigkeiten, die „Arithmetic Logic Units" (ALU) aus dem Speicher schnell genug mit Daten zu versorgen.

Ein FPGA[40]– Ansatz kann diese Aufgaben spezifisch ausführen und alle Werte in einem Datenregister vorhalten.

Ein AVC **En**coder hat etwa die acht- bis zehnfache Komplexität eines MPEG2 Encoders, das heißt aber noch nicht, dass die 8-10-fache Rechenleistung abverlangt wird..

Eine Decodierung ist immer noch etwa dreimal aufwendiger als die Decodierung in MPEG2.

Nun wird häufig als Argument angeführt, dass sich die Rechenleistung der PC´s seit den Anfängen von MPEG2 um etwa den Faktor 100 erhöht hat und dass demnächst die Rechner wahre Meisterleistungen vollbringen können.

So sollte eine Bearbeitung, wenn auch schwierig, doch möglich sein. Wie Tests gezeigt haben, sind aber moderne CPU´s der derzeitigen Generation sehr wohl in der Lage, den AVC Codec befriedigend zu bearbeiten. (Siehe „Skalierung")

Komfortablere Lösungen bietet allerdings der Einsatz von angepasster Hardware, weil die Architektur unserer CPUs für die vorliegenden Aufgaben nicht optimiert ist. Hinzu kommt, dass MPEG4 H.264/AVC für die Anwendung in preiswerten DSPs optimiert worden ist, also nicht für die relativ wenigen Anwendungen in einem PC sondern für die millionenfache Abwendung in TV-Monitoren, DVD Playern und Kameras.

NLEs haben also in der nächsten Zeit, wollen sie mithalten, noch eine ganze Menge zu lernen.

Aber leider ist es ja mit dem Lernen nicht getan, die erforderliche Rechenleistung kann zwar für eine zeitnahe Abarbeitung der AVC Algorithmen erbracht werden, nicht aber für ein Szenario, in dem Mischformate miteinander bearbeitet werden ... MPEG2 (HDV) + AVC beispielsweise in einer Multi– Format Timeline, in der nicht vorher „hinein gerendert"

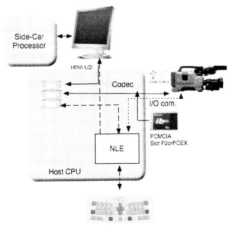

---

[40] Field Programmable Gate array (IC)

werden musste, sondern die auch das Originalmaterial in Echtzeit abarbeitet. Auch werden die Echtzeitgrenzen von Systemen ohne Mehrkern-Architektur rasch erreicht. (Siehe „Skalierung")

Die Zeit ist gekommen, diese hardwaregestützten Prozesse auch auf Hardware auszulagern, wie es in einem sehr einfachen Ansatz schon USB– Sticks tun, die in einem Co– Processing H.264 unterstützen, wenn auch zunächst noch mit SD Auflösung , 768x576 . (Elgato turbo.264)
Solche frühen Ansätze sind für professionelle NLEs allerdings noch ungeeignet, weil die Auflösung derzeit noch unzureichend ist.
Hier werden, wie in den Anfangstagen der DV Verarbeitung, wahrscheinlich wieder entsprechende Videokarten Einzug in die Computerwelt halten, die dann, auch mit HDMI oder einer der andern neuen Schnittstellen, ausgestattetem Interface die Brücke zwischen Kamera/Computer und Computer/Monitor herstellen und die eigentliche Signaldecodierung spielt sich dann letztlich auf dem jeweiligen Prozessor (DSP) ab.
MPEG4 ist optimiert, auf einfachen DSPs zu laufen. Insofern haben die Techniker „ganze Arbeit" geleistet und in enger Zusammenarbeit mit der Chipindustrie ein abgestimmte Produktbasis entwickelt.
Zukünftig werden solche Prozessoren nicht nur in den Monitoren angesiedelt sein, da eine Formatwandlung hier ohnehin im Fernsehbereich erforderlich sein wird sondern auch auf den entsprechenden Videokarten und Side- Chips.

Co-Prozessoren:
Um einen Eindruck zu vermitteln, wie heute leistungsfähige DSPs aussehen, die dafür geeignet sind (und auch eingesetzt werden), um komplexe Rechenalgorithmen im Videobereich durchzuführen, möchte ich das am Beispiel eines DSPs erläutern, das mittlerweile in zahlreichen Kameras und Geräten der Broadcastwelt eingesetzt wird.
„SoC" „System on a Chip" heißt die magische Formel, nachdem die Entwicklung in dieser Richtung bereits fast 20 Jahre läuft.
Phillips mit seine „TriMedia" Prozessor, Motorola mit dem „Stare Core" und Equator und BOPS, um nur einige zu nennen, die sich als Vorreiter einer so hoch integrierten Technik einen Namen gemacht haben. Seit geraumer Zeit aber geht der Trend hin zu einer neuen Prozessorarchitektur, die vollständig programmierbar ist und so auch

den zukünftigen Anforderungen und Ergänzungen noch berücksichtigen zu können. Heute kommen DSPs in Vektorarchitektur zum Einsatz.

Fujitsu war eine der ersten Firmen, die einen Chip auf den Markt gebracht haben, der sowohl MPEG4 in Echtzeit, als auch das Dolby 5.1 verarbeiten können. Der MB86H51 ist einer der ersten Chips, in 90nm Prozessortechnologie und unterstützt das H.264 (High Profile) Level 4 und hat ein integriertes 256 MBit FCRAM.

Wahrscheinlich wird man diesen, oder einen ähnlichen Chip sehr bald auf Videokarten wiederfinden, mit denen dann schließlich eine schnelle Verarbeitung denkbar wäre, bis die Rechner CPUs an Geschwindigkeit und in der Architektur nachgezogen haben.

Gerade solche Architekturen decken die hohen Anforderungen im Bereich Bewegungsschätzung ab.

Bausteine, die auf der 90nm Prozessor Technik beruhen, beinhalten fünf voneinander unabhängige, identische, vollständig programmierbare Vektor/Skalar– Kerne auf einem einzigen Chip.

Der Prozessor arbeitet mit 668,25 MHz und läuft damit synchron mit dem Takt es Videostroms am Eingang..... nur eben neunmal so schnell.

Die Interaktion zwischen den fünf, lose miteinander verkoppelten Prozessorkernen geschieht überwiegend durch Interupts.

Dabei greifen sie mit einer Bandbreite von 5,3 GByte/s auf einen gemeinsamen genutzten DRAM Bereich zu.

Die Details geben Aufschluss im Vergleich zu den PC-CPUs und erlauben so eine geeignete Einordnung der Rechenleistung dieser Bausteine.

Die Prozessorkerne des DSPs empfangen die Videodaten durch einen Videocontroller, der am Eingang parallele Videodaten mit 20 bit Datenbreite nutzen kann.

Komprimierte Daten können gleichzeitig über einen 5 bit SPI Port ausgegeben werden und bedienen so parallel Monitore. (siehe auch SPI-in der Schnittstellenbeschreibung)

Bei jedem einzelnen Kern des Systems handelt es sich um eine SIMD Maschine mit einer skalierbaren 32–bit Pipeline und vier 16– bit Vektor Pipelines.

Die Speicherhierarchie besteht aus 128 kByte Vektor SRAM, 4 kByte Vektor SRAM Datencache, 8 kByte Scratch– Pad sowie einem 32 kByte Befehls– Cache. (Dies für unsere Computerspezialisten) Außerdem unterstützt eine Schnittstelle zum externen SRAM Datenraten von 5,3 GByte/s !!!

Parallel und binnen eines Taktzyklus kann das System:

acht 16 bit Vektor Operationen,

eine 32 bit Skalar Operation,

acht Vektor Ladevorgänge und

vier Vektor Speichervorgänge ausführen.

Mit **fünf Prozessorkernen** pro Chip ergibt sich daraus ein Potential, 105 einzelne 16–bit Operationen pro Taktzyklus durchzuführen, was einer Spitzenleistung von **70 GoPS/s**[41] pro Chip ergibt, während die Dauerverarbeitungsleistung bei 668,25 MHz bei 55,5 GoPS/s liegt.

Vergleichen Sie das einmal mit der Leistung Ihrer CPU und Sie gewinnen einen Eindruck, warum die kommenden Anforderungen nicht mehr zusätzlich von Ihrem Rechner abgedeckt werden sollten. Wie die Test aufzeigen kann eine halbwegs moderne CPU die Arbeit zwar leisten, aber komfortabler wird das ganze erst mit einer entsprechenden Unterstützung, speziell in höheren Profiles und mit Echtzeitanforderung.

Dazu kommt noch, dass solche Chips aufgrund ihrer enormen Herstellungsmenge in preislich erschwinglichem Rahmen liegen.

Als Einstücke bietet Fuji den MB86H51 zum Preis von 184 EUR an[42]. Man kann sich ausrechnen, dass bei einer Abnahmestaffel von 1, 10 oder 100k der Preis nur noch bei 15- 20 EUR liegt.

Und damit zeichnet sich das Bild der kommenden NLEs ganz klar ab: Das Schnittprogramm wird zum „Verwalter"... keine Intermediate Codecs mehr, die der Rechner ausführen muss, keine komplizierten Transcodierungen, kein Decoding ... nichts dergleichen.

Das NLE wird die Eingaben, die Sie machen, nur noch als „Jobs" an die entsprechenden Prozessoren weiterreichen, denn auch die Darstellung und Wandlung in ein sichtbares Bild wird eine dieser Maschi-

---

[41] Giga–Operationen pro Sekunde

[42] Stand:Herbst 2007

nen übernehmen, die dort angesiedelt ist, wo der Job gemacht werden muss, in diesem Fall im Monitor.

Freuen Sie sich daher auch darauf, dass selbst Ihr alter Rechner dann zukünftig auch die komplexesten Aufgaben noch ausführen kann ... er wird lauter kleine schnelle Kollegen haben, die für ihn die schwierigen Rechenarbeiten machen.

Kaufe Sie Sich also erst einmal keinen neuen Rechner.

Aber nach wie vor steht den Entwicklern der Software noch Arbeit ins Haus, auch die Metadaten korrekt zu verarbeiten denn auch die Monitore verlangen zukünftig die Bereitstellung von diversen Daten zur Farbe oder auch zur Synchronisation des Tons.

Es stehen also demnächst größere Änderungen der NLE Systeme an. Auch die Farbräume erfahren eine Revision mit xvYCC und die NLEs müssen zukünftig damit umgehen können.

Und dies ist noch nicht das Ende von MPEG 4, denkt man nur einmal an die objektorientierte Verarbeitung, wie im Kapitel AVCHD kurz angerissen.

Auf der andern Seite haben wir es mit programmierbaren Bausteinen zu tun, deren Inhalt weitestgehend erweiterbar oder austauschbar ist....

Schöne neue NLE– Welt.

Farbraum

Seit *Isaac Newton* weiß man, das weißes Sonnenlicht und künstliche Lichtquellen mit Hilfe eines **Prismas** in die Spektralfarben von violett über blau, grün bis rot zerlegt werden können.

Der Arzt *Thomas Young* kehrte Newtons Versuch um, er erzeugte mit 6 Scheinwerfern (jeder in einer der 6 Spektralfarben), die er auf eine weiße Fläche projizierte, wieder die "Farbe" weiß. Er fand heraus, dass man mit nur 3 Grund–/ Primärfarben *(RGB)*, die in etwa den 3 Farbrezeptoren des menschlichen Auges entsprechen, alle 6 Spektralfarben erzeugen kann. Physikalisch exakt zu beschreiben als **elektromagnetische Wellen** sind Licht und Farben seit James Maxwell und Heinrich Hertz.

Im Folgenden geht es um genaue Farbbeschreibungen mit der auditiven und/oder subtraktiven Methode, die von technischem Gerät zu einem als möglichst natürlich empfundenen Farbeindruck verarbeitet werden sollen.

Nach diesem additiven Farbmodell arbeitet z.B. ein Monitor.

Dabei geht es um Projektion/Addition:
Rote R(ed), grüne G(reen) und blaue B(lue) Lichtwellen, *projiziert* auf eine Fläche in einem dunklen Raum, erzeugen Farben. In den Überschneidungsbereichen, in denen sich zwei Lichtquellen überlagern, entstehen die *Sekundärfarben* Cyan (türkis) oder Magenta (fuchsienrot) oder Yellow (gelb). Im Überschneidungsbereich aller 3 farbigen Lichtquellen addieren sie sich zu Weiß.

Das ist das subtraktive Farbmodell, das z.B. für einen Drucker verwendet wird.

Reflektion / Absorption Lichtwellen, die auf ein Objekt treffen, kennt jeder aus der natürlichen Umwelt.

Warum ist Klatschmohn rot?

Nur die reflektierten Lichtwellen bestimmen seine Farbe, alle anderen auftreffenden Lichtwellen des sichtbaren Farbspektrums werden absorbiert. – In einem Raum ohne Licht ist auch Klatschmohn schwarz.

Um die maschinelle Verarbeitung von Farbangaben zu ermöglichen, wird jeder Farbton als Punkt in einem Koordinatensystem definiert.

Auf den Achsen X, Y und Z dieses Farbewürfels sind die Primärfarben Red, Green und Blue und die Sekundärfarben Cyan, Magenta und Yellow aufgetragen. Alle Grauwerte liegen auf der Linie B <—> W und beschrieben werden sie mit gleichen Anteilen für die Primärfarben RGB. (Gleichgültig ob hell– oder dunkelgrau, die Werte liegen immer gleich weit entfernt von den RGB– Punkten: X, Y und Z.)

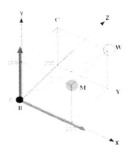

Farbräume sind alle, in einem Farbmodell darstellbaren Farben. Probleme ergeben sich in der Praxis daraus, dass Farben für den Monitor (s.o.) mit einer anderen Technik errechnet und dargestellt werden als für einen Drucker. Das erklärt, warum sich der Farbausdruck einer Grafik und ihre Darstellung auf dem Monitor stark unterscheiden und wenig zufrieden

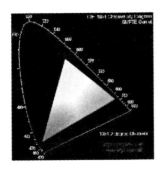

stellend sein können. Hinzu kommt, dass die von Herstellern für ihre Geräte festgelegten Farbräume nicht genormt sind.

Erstmalig 1931 entwickelte die CIE, *Commission international de l'eclairage*, ein Schema für die technische Definition von Farbtönen, das auf dem Farbraum des sichtbaren Lichts *(380nm <—> 740 nm)* basiert. Die Darstellung als hufeisenförmiges Diagramm bietet sich an, um unterschiedliche Farbräume in Technik und Verarbeitung deutlich zu machen.

Mit den drei Achsen X,Y,Z lässt sich nur ein begrenzter Farbraum (engl.: gamut) des sichtbaren Farbspektrum beschreiben: Das Maxwellsche Dreieck....

der Standard– RGB– Farbraum, der auch SMPTE– Standard ist.

In den ersten 20 Jahren der Farbübertragung bezog sich sowohl der Produktionsstandard als auch der Sendestandard auf den FBAS–PAL– Pegelraum, der auf dem RGB Farbraum basiert. Sowohl die Aufnahmen an der Bildquelle, als auch die Bearbeitung des Bildmaterials wurde

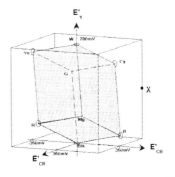

so durchgeführt. Erst in den 80er Jahren wurde die Bearbeitung in die $E_y–E_{cb}–E_{cr}$ Ebene durchgeführt.

Das Bild zeigt die Raumverhältnisse, wie der $E_r–E_g–E_b$ Farbraum innerhalb des $E_y–E_{cb}–E_{cr}$ Würfels einnimmt.

Es ist leicht zu erkennen, dass innerhalb des Würfels bei der Bearbeitung von Farbe, leicht Signale erzeugt werden können, die außerhalb des kleinen Würfels liegen. Diese Farben sind für den $E_r–E_g–E_b$-Farbraum illegale Farben und können nicht mehr ohne Artefakte in legale Werte zurückgeführt werden.

Die Problematik illegaler Farben trat also schon relativ früh auf, ist aber erst durch die Digitalisierung in der Komponentenebene so richtig in Erscheinung getreten.

Ab den 90er Jahren kamen vermehrt digitale Grafiksysteme zum Einsatz, die auf dieser Ebene Schriften und Grafiken erstellten und ebenfalls illegale Farben generieren konnten.

Mit den Computern traten auch andere Farbräume in Erscheinung, die nun nicht mehr linear in die Fernsehwelt importiert werden konnten. Sie konnten nur dann farbrichtig wiedergegeben werden, wenn eine Anpassung der beteiligten Farbräume erfolgte.

Auch wurden jetzt zusätzliche Mischungen von additiven und subtraktiven Farbräumen erforderlich... weil die Druckmedien, aus der Computerwelt, die subtraktive Lösung benutzt, in der die Mischfarben durch Herausfiltern verschiedener Wellenlängen entstehen.

Computerbasierte Bearbeitungen verwenden häufig perzeptuelle Farbräume, also solche, die wahrnehmungsangepasst sind. Sie werden durch Farbton, Helligkeit und Sättigung beschrieben

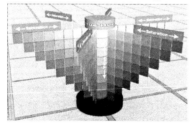

Der Maler Albert Henry Munsell entwickelte 1915 eine Farbmustersammlung, die auf der empfindungsmäßigen Gleichabständigkeit der Farben beruht.

Ausgehend von dieser Sammlung entwickelten sich ein ganze Reihe von perzeptuellen Farbräumen, die den Farbton, als eine Achse des jeweiligen Farbmodells wählten und sich daher sehr stark ähnelten. Die Darstellung der Farben als räumliches Gebilde wurde gewählt, um eine Einordnung der Farben so vornehmen zu können, dass Farben für das menschliche Vorstellungsvermögen begreifbar werden.

 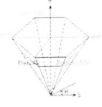 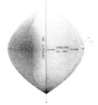

| HCV Farbraum | HSV-Farbraum | HLS-Farbraum | HSB-Farbraum |

Der Abstand von der Achse entspricht der Farbsättigung und wird im ersten Modell Chroma genannt, nicht zu verwechseln mit dem im Fernsehbereich verwendete Begriff für Farbe.

Der Farbton (Hue) gibt die eigentliche Spektralabstufung wieder. Die Sättigung (Saturation) gibt die Farbintensität der Farbtöne (blass oder kräftig) an.

Eine Verringerung der Sättigung verschiebt die Farbe, abhängig von ihrer Helligkeit, in Richtung Weiß, Grau oder Schwarz. Die Brightness oder Luminanz ist ein Maßstab für die Helligkeit.

In den 20er Jahren wollte man Farbe mathematisch darstellen. Die „Commission International d´Eclairage" (CIE) wurde damals beauftragt, eine solche Methode zu ent-wickeln. Daraus entstand der fol-gende Körper, der 1931 veröffent-licht wurde:

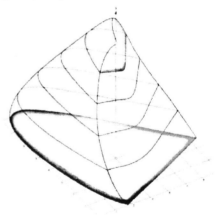

Seine Oberflächen werden aus Optimalfarben gebildet. Das sind Farben, die bei gleicher Farbart, die Hellsten sind.

Um eine gleichmäßige Verteilung der Farbempfindung zu erreichen wurde 1976 von der CIE der LUV–Farbraum beschrieben. Er be-hebt den Anspruch, eher dem natürlichen Farbempfinden der Menschen zu entsprechen.

Das Bild zeigt einen solchen Farbraum, der allerdings durch seine zweidimensionale Darstel-lung nur für eine spektrale Hellig-keit dient. Diese Tafeln eignen

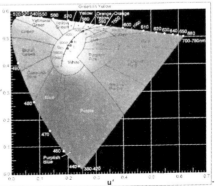

sich zur empfindungsrichtigen Veranschaulichung farbmetrischer Zusammenhänge bei Untersuchungen von Monitoren und den Farbeigenschaften von Kameras.

Der RGB Farbraum basiert auf der auditiven Farbmischung mit den realen Primärfarben ROT,GRÜN und BLAU. In einem dreidimensionalen Koordinatensystem kann der RGB –Farbraum als Würfel dargestellt werden.

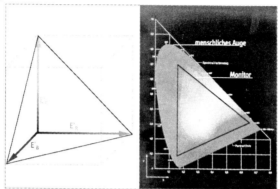

Die Position des Dreiecks im CIE 1931–Diagram hängt von den in den Geräten verwendeten Phosphoren ab. Aus diesem Grund ist der RGB Farbraum ein geräteabhängiger Farbraum.

Für die in Europa verwendeten Farbfernsehsysteme sind dafür die sog. EBU– Primärvalenzen festgelegt.

Die Tabelle zeigt Eigenschaften der wichtigsten Farbsysteme:

Normen	Primärvalenzen				
	R	G	B	Weiß	Y-Matrix
FCC 1953 (NTSC bis 1979)	x = 0,674 y = 0,326	x = 0,218 y = 0,712	x = 0,140 y = 0,080	x = 0,310 y = 0,316	$E'_Y = 0,299 \cdot E'_R + 0,587 \cdot E'_G + 0,114 \cdot E'_B$
SMPTE-C SMPTE-RP 145-1999 SMPTE-P22-Phosphore (NTSC ab 1979)	x = 0,630 y = 0,340	x = 0,310 y = 0,595	x = 0,155 y = 0,070	x = 0,313 y = 0,329	$E'_Y = 0,299 \cdot E'_R + 0,587 \cdot E'_G + 0,114 \cdot E'_B$
ITU-R BT.470-6 Conventional TV-Systems PAL G	x = 0,64 y = 0,33	x = 0,29 y = 0,60	x = 0,15 y = 0,06	x = 0,313 y = 0,329	$E'_Y = 0,299 \cdot E'_R + 0,587 \cdot E'_G + 0,114 \cdot E'_B$
IEC 61966-2-1 sRGB Unterschied zum ITU-R BT 709 ist nur die Festlegung der Betrachtungsbedingung (Umgebungslicht D_{50} 20% Reflektion)	x = 0,640 y = 0,330	x = 0,300 y = 0,600	x = 0,150 y = 0,060	x = 0,313 y = 0,329	$E'_Y = 0,299 \cdot E'_R + 0,587 \cdot E'_G + 0,114 \cdot E'_B$

Auf der europäischen Festlegung ITU–R BT.470 basiert auch der von Microsoft und HP entwickelte sRGB– Farbraum (IEC 61966–2–1). In diesen Standard fließen auch noch Rahmenbedingungen, wie Fremdlicht D50 und 20% Reflektion ein.

Das nebenstehende Schaubild zeigt die verschiedenen Fernsehsysteme im CIExy Diagram.

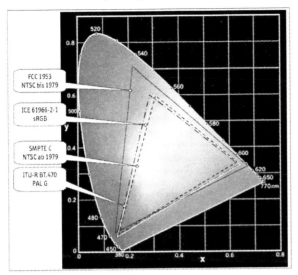

Wie man sieht, ist der Standard– RGB und der sRGB Farbraum im Bereich der Primärvalenzen Rot und Blau identisch, im Bereich Grün ist der Standard RGB Farbraum etwas kleiner.

Größere Unterschiede zeigen vor allem die älteren, bis 1979 gültigen FCC Festlegungen FCC1953. Deswegen fällt auch bei älteren NTSC Überspielungen eine fehlende Farbkorrektur ganz besonders auf.

Die neueren Festlegungen sind erheblich näher an den Europäischen Spezifikationen, weichen aber in allen drei Primärvalenzen davon ab.

Allerdings kommen für die Verwendung von HD– Übertragungen wieder andere Festlegungen ins Spiel:

Normen	Primärvalenzen				
	R	G	B	Weiß	Y-Matrix
ITU-R BT.709-5 HDTV-Standard 1250/50/2:1	x = 0,640 y = 0,330	x = 0,300 y = 0,600	x = 0,150 y = 0,060	x = 0,313 y = 0,329	$E'_Y =$ 0,299 · E'_R + 0,587 · E'_G + 0,114 · E'_B
ITU-R BT.1361 Colormetry for future TV an Imaging Systems	x = 0,640 y = 0,330	x = 0,300 y = 0,600	x = 0,150 y = 0,060	x = 0,313 y = 0,329	$E'_Y =$ 0,213 · E'_R + 0,715 · E'_G + 0,072 · E'_B
SMPTE 240M HDTV-Standard 1125/60/2:1	x = 0,630 y = 0,340	x = 0,310 y = 0,595	x = 0,155 y = 0,070	x = 0,313 y = 0,329	$E'_Y =$ 0,212 · E'_R + 0,701 · E'_G + 0,087 · E'_B
ITU-R BT.709-5 HDTV-Standard 1125/50/2:1 SMPTE 274 (Europa System 3, 6 und 9) 11 HDTV-Standards 1920 x 1080 SMPTE 296M (Europa System 3) 8 HDTV-Standards 1280 x 720	x = 0,640 y = 0,330	x = 0,300 y = 0,600	x = 0,150 y = 0,060	x = 0,313 y = 0,329	$E'_Y =$ 0,212 · E'_R + 0,715 · E'_G + 0,072 · E'_B

Überträgt man nun die Grundfarben der Festlegung wieder ins CIExy Diagram ergibt sich folgendes Bild:

Wie man sieht, ist der Farbraum des Films wesentlich größer als der SMPTE und ITU genormte HD Farbraum. Die Filmtechnik arbeitet mit der subtraktiven Farbmischung. Für die Filmtechnik sind die drei Primärfarben CYAN, MAGENTA und GELB (yellow) ausreichend, in der Drucktechnik wird häufig noch SCHWARZ hinzugefügt: CMY(K). Wie schon bei RGB ist auch dieser Farbraum Geräteabhängig bzw. vom verwendeten Filmmaterial.

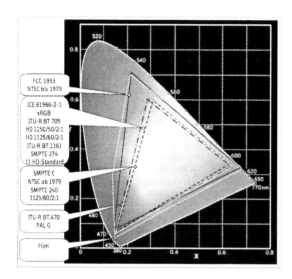

Wegen der Streueffekte ist eine Umwandlung in den jeweils anderen Farbraum ein nicht linearer Prozess. Im Bereich der Primärfarben lassen sich die entsprechenden Farben des Quellfarbraums im Zielfarbraum nicht darstellen und müssen durch ähnliche Farben ersetzt werden. Für diesen Prozess gibt es verschiedene Konvertierungsmethoden:

Zunächst ist es erforderlich, sowohl den Quellfarbraum, als auch den Zielfarbraum genau beschreiben zu können. Dies geschieht entweder über eine Kennlinie und eine Matrix, oder über einen sog. „Look up table".

Um nicht für jede mögliche Kombination ein eigenes Profil ermitteln zu müssen, gibt es einen geräteunabhängigen „Verbindungsfarbraum" oder PCS (Profile connection space).

Ist der Zielfarbraum kleiner als der Quellfarbraum, ist eine Farbraumkompression notwendig die sich auf den gesamten Farbraum auswirken kann.

Ist der Zielfarbraum hingegen größer kann gewählt werden, ob der Farbwert des ursprünglichen Farbraums beibehalten wird oder der Farbraum erweitert wird.

Hierzu gibt es verschiedene sog. „Rendering Intents", die in den Profilen mit jeweils eigenen Tabelleneinträgen hinterlegt sind und die beabsichtigte Wirkung der Konvertierung angibt.

Ist der Zielfarbraum jedoch kleiner als der Quellfarbraum, kann eine Konvertierung ohne „Rendering Intent" nicht ohne Artefakte durchgeführt werden. Der wahrnehmungsoptimierte RI optimiert den farblichen Gesamteindruck so, dass Farbtonveränderungen zu Gunsten des Gesamteindruckes in Kauf genommen werden.

Beim „absolut farbmetrischen Rendering Intent" werden die Farben, die innerhalb des Zielfarbraumes liegen, exakt farbmetrisch übernommen.

Farben, die außerhalb liegen, werden auf die nächstliegende darstellbare Farbe verschoben. Der Weißpunkt wird bei diesem Rendering Intent ohne Veränderung übernommen.

Im Gegensatz dazu wird beim „relativ farbmetrischen Rendering Intent" der Weißpunkt des Quellfarbraums auf den Weißpunkt des Zielfarbraums abgebildet.

Zu jeder Farbraumtransformation gehören also ein entsprechendes Profil und ein bestimmter Rendering Intent. Soweit die Theorie .....

Leider werden in der Praxis die Profile nicht immer von den Herstellern angegeben und Standardprofile sind oft für eine professionelle Ausführung nicht ausreichend.

Oft gehören auch gerade Tools in NLEs dazu, die zwar die Timing-Probleme verschiedener Formate durch Interpolation beheben, jedoch in keiner Weise dem Farbmanagement Rechnung tragen und sich daher für den professionellen Einsatz als ungeeignet zeigen.

Das es an der Zeit ist, den Farbraum zu erweitern ist in Anbetracht der Tatsache, dass die alten Farbräume alle auf den Phosphorwerten basierten, unbestritten.

Weil die Röhren nicht annähernd den vom Auge wahrnehmbaren Farbraum erreichten und es nun kaum noch in nennenswertem Umfang Röhren mehr gibt, scheint die Zeit gekommen zu sein, diese „alten Zöpfe" abzuschneiden.

Der xvYCC Farbraum

Mit dem erscheinen zahlreicher neuer Display–Technologien mit ihren erweitertem Farbraum–Eigenschaften und der Fähigkeit, hellere Farben darzustellen musste auch die Grundlage, der Darstellungsfähigkeit überdacht werden.
Dabei ging es um die Ausnutzung dieser neuen Möglichkeiten, bei gleichzeitiger Rückwärts–Kompatibilität zu den konventionellen sRGB Farbräumen.

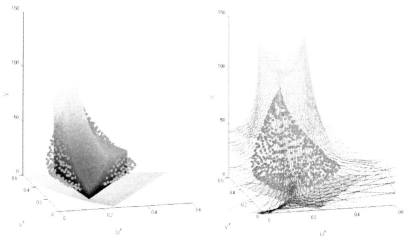

Wie bei einer Gegenüberstellung der Farbräume erkennbar wird, kann im sRGB Farbraum (links) eine große Anzahl der Farben lediglich mit 55% Intensität dargestellt werden, im neuen xvYCC aber zu 100% (rechts). (Die roten Einzelpunkte stellen jeweils eine der Farben da.)

Dieser neue Farbraum zielt auf die LCD–Monitore mit LCD oder CCFL Hintergrundbeleuchtung ab, oder aber Laser (GxL) Displays. aber natürlich auch auf Videokameras.

Der xvYCC Farbraum setzt auf die Implementierung von YCC (ITU–R BT.709–5 für HDTV and ITU–R BT.605–5 für SDTV) auf.
Die Primärfarben und die Weißreferenz bleiben unverändert wie im sRGB Standard erhalten. Der neue Standard beschränkt sich vielmehr auf die bisher nicht definierten Teile des Signalumfangs.

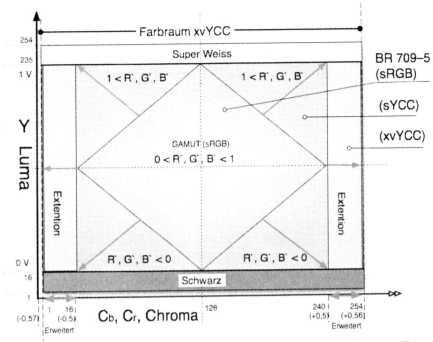

Das Bild zeigt das zweidimensionale Farbspektrum beider Räume xvYCC und sRGB.

Die Ordinate zeigt Luma und die Abszisse zeigt das Chroma.

Der Rombus zeigt das nach BT.709–5 definierte Spektrum.

Das umgebende Feld zeigt den Erweiterungsraum.

Dabei werden die digitalen Ausdehnungsräume von Bit 1–16 und von 241–254 in der Chroma– Achse und von Bit 1–15 und 236–254 in der Luma Achse ausgenutzt.

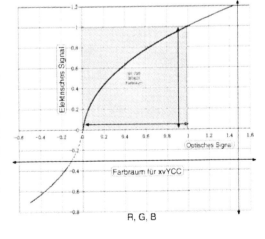

Die Definitionen können in 8 oder 10 Bit Quantisierung definiert werden.

Die roten Markierungen zeigen die Lage der Farben an und dass sie im sRGB Farbraum nicht in voller Intensität darstellbar sind, im xvYCC Farbraum aber zu 100 % innerhalb des Spektrums liegen.

Von den 256 möglichen Quantisierungsstufen finden lediglich 220 aus Gründen der Kompatibilität zur analogen Welt, Verwendung. Zum Schutz vor Überpegeln, Spikes und Überschwingern wurde das Spektrum mit „Reserven" nach unten und oben angelegt Damit wurde der Farbraum von 256(3) (16 Mill.Farben) auf 220(3) (9,6 Mill.Farben) reduziert.

Bedenkt man, dass es sich bei dem bisherigen Farbraum um ein lineares Modell handelt, so wird man durch die Benutzung der erweiterten und negativen Wertepaare zu andern Farbergebnissen kommen, ohne dass die Definition oder Berechnungs-Grundlage geändert werden muss.

Einige Bearbeitungsgeräte verarbeiten diesen Farbraum bereits, ohne ein Clipping einsetzen zu lassen, wo andere sich noch an die noch gültigen Vorgaben der Broadcaster halten und diese, bisher als „illegal" bezeichneten Farben begrenzen.

Deutlich sichtbar ist aber, dass bei der Benutzung des neuen Farbraums generell, aber besonders in Richtung Cyan und Grün gespreizt ist und Werte unter 0 Volt und über 1 Volt vorkommen.

Nachträglich lassen sich solche Spreizungen nicht korrekt herstellen, weil es lediglich die Spreizung der eingeschränkten Quantisierung bedeutet, in der andern Verarbeitung aber tatsächlich eine Erweiterung dcr Quantisierungsstufen dadurch erzielt wird, was mit dem entsprechenden Qualitätsgewinn verbunden ist.

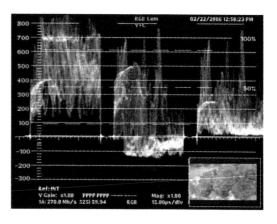

Zukünftige Monitore werden uns also auch Farben präsentieren können, deren Darstellung bisher nur unzureichend war.

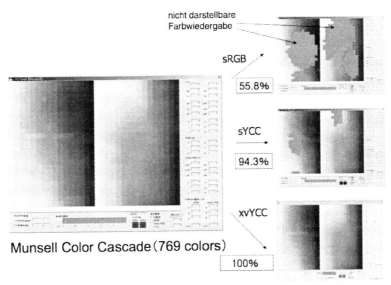

nicht darstellbare Farbwiedergabe

sRGB

55.8%

sYCC

94.3%

xvYCC

100%

Munsell Color Cascade (769 colors)

Im Bearbeitungsbereich der Computergrafik und für Filmgestaltung bieten sich hier natürlich 10 bit Modelle an, in der Fernsehtechnik macht ein solcher Schritt nur begrenzt Sinn, weil die Ausstrahlung nach wie vor in 8bit 4:2:0 definiert bleibt ... und erst neu so bestätigt wurde.

Also auch hier die Frage nach der Sinnhaftigkeit, in NLEs zu einer 10 bit Verarbeitung über zu gehen, solange das Endprodukt das Ziel: Fernsehen hat, weil eine Überführung in das 8 bit Modell mit all seinen mindernden Konsequenzen unumgänglich ist.

... Sony bietet in Consumer Modellen einen x.v.Colour Farbraum an, der dem xvYCC entspricht und scheint damit einen ersten Schritt in diese Richtung zu wagen.

Das Kamerasystem ist designed für durchgesättigte Farben.

Eine Farbraumconversion überführt die Primärfarben nach sRGB und behält die negativen Werte im RGB Farbraum.

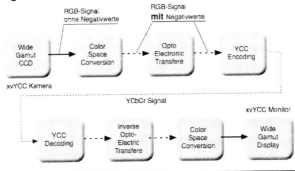

Die opto– elektrische Transferkurve, wie sie in xvYCC definiert ist, läst Werte über 1 im elektrischen Signal und unter 0 zu.
Daraus entwickelt wurde auch eine neue Farbkarte, die jetzt Farben enthält, die bisher nicht darstellbar waren.

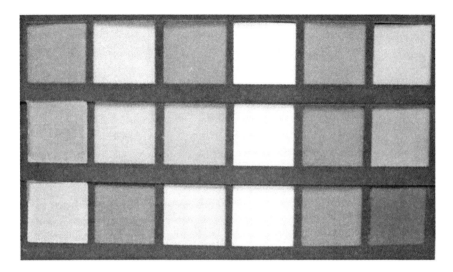

Die HDMI Schnittstelle ist dafür vorbereitet, derartige Farbräume zu unterstützen, was auch den Transport von signalisierenden Metada-ten beinhaltet, die zwischen dem Abspielgerät und dem Monitor das Vorhandensein solcher Farbräume signalisieren.

Monitore:

Glaubt man, das Bild, das man auf seinem Monitor sehen kann, würde die ganze Wahrheit dessen wiedergeben, was an Produktionsqualität auf dem Band ist, täuscht man sich spätestens ein letztes Mal; denn die Monitore, wie es sie heute gibt, sind ein „Hort des Grauens":
Betrachten wir aber einmal das Display etwas genauer:
Durch die höhere Auflösung sind die HDTV Bandbreiten verständlicher Weise höher als zuvor bei Standard– Signalen wie PAL oder NTSC.
Die HDTV Signale 1080i oder 720p haben eine Pixelrate von 74,25 MHz.
Setzt sich zukünftig 1080p durch, sogar 148,5 MHz.
Man erinnere sich ... PAL kam mit 13,5 MHz aus (576i)
Vorweg genommen muss resümiert werden, dass alle Displays ein gemeinsames Problem haben:
Die qualitative Bildwiedergabe variiert untereinander in vielerlei Hinsicht und unterscheidet sich somit schon einmal signifikant von den Röhren– Monitoren der Vergangenheit.
Dies betrifft insbesondere die Farbwiedergabe, die Schmiereffekte und auch Großflächenflimmern.
Den neuen Displaytypen ist allerdings gemeinsam, dass es sich um progressiv arbeitende Matrix Displays handelt.
Nun müssen die verschiedenen Videoformate auf die physikalische Displaymatrix angepasst werden.
Das geschieht im sog. Scaler, in dem meist schon der angesprochene De– Interlacer enthalten ist. Dies geschieht, um die Interpolationsvorgänge (Scaling und De–Interlacing) möglichst mit wenigen Verlusten zusammen zu fassen.
Abhängig vom verwendeten Eingangssignal und der physikalischen Auflösung des Displays ist diese Skalierung erforderlich..... und natürlich, wenn ein interlaced Signal angelegt ist, ein zusätzliches De– Interlacing. Dabei wird die Bildqualität allerdings grundsätzlich bereits verringert.
Der Scaler übernimmt auch die Erkennung des Eingangssignales.
Bei den angelegten Digitalsignalen ist das mit ein paar Zählern noch einfach dargestellt. Bei einem angelegten analogen Signal sieht das schon ganz anders aus.

Hier muss die Synchronabtrennung erfolgen, die Klemmung, ggf. Erkennung von Macrovision usw. Nach der folgenden A/D Wandlung wird das Signal auf eine einheitliche Farbmatrix umgerechnet (Colour Space Conversion), z.B. RGB nach YCrCb. Auch eine Time- Base Korrektur findet im Spacer statt, um eine Entkopplung vom Frontend zu erreichen weil LCD und Plasma nur einen sehr engen Frequenzbereich bieten. Im Backend des Scalers werden dann noch alle Farb-Grundeinstellungen vorgenommen. (Helligkeit, Kontrast, Gamma, Farbtemperatur usw.)

Was dem Betrachter solcher Displays allerdings dabei unmittelbar ins Auge fällt ist die Spitzenleuchtdichte, die mit bis zu 750 cd/m2 beachtlich.

Allerdings ist die Bildhelligkeit in Bezug auf die Bildinhalte bemerkenswert und unterscheidet sich doch signifikant von der alten Röhre.

Die Plasmadisplays unterscheiden sich konstruktionsbedingt dabei von LCD Monitoren oder DLPs.

Vollweiß, also die gesamte Displayfläche ist überall mit maximaler Intensität ausgeleuchtet, hat allerdings nur etwa 20% vom Maximalwert. Dieser wird nur bei kleinen aber stark leuchtenden Flächen erreicht.

Dazwischen findet ein Regelvorgang statt bei dem die Helligkeit vom Vollweißwert einer quadratischen Kurve vom Spitzenweißwert ansteigt.

Man macht dies, um Blendeffekte zu vermeiden, die dem menschlichen Auge unwillkürlich auffallen würden, beim Schnitt von dunkler Szene auf großflächig helle Bildinhalte.

Damit versucht man die menschliche Sehwahrnehmung nach zu vollziehen.

Daran ist schon zu sehen, dass das nur noch annähernd etwas damit zu tun hat, was der Kameramann eigentlich künstlerisch gemeint hat.

In Bezug auf den Kontrast, hat Plasma nach wie vor die Nase vorn. Werte von 3000:1 sind durchaus üblich und selbst 5000:1 und 10.000:1 sind bereits realisiert. Und auch bei dem wichtigen Schwarzwert hat Plasma mit 1cl/m2 die Nase vorn.

Ein weiterer Wert zur Beurteilung der neuen Displays ist die Gradation ... das ist der Helligkeitsverlauf bezogen auf die Eingangssignalamplitude.

Sie sorgt dafür, dass die Graustufen vernünftig dargestellt werden.

HDTV Signale sollen nach einer ITU Empfehlung sendeseitig mit LO.45 vorverarbeitet sein. (BT.709-5). Dadurch wird auf der Empfängerseite ein Gamma–Wert von 2,22 erfordert, um einen linearen Helligkeitsverlauf darzustellen. Man mag nun spekulieren, wie viele Sendeanstalten sich an diese Empfehlung halten, speziell vor dem Hintergrund einer bisher inhomogenen Displaypenetration.

Das aber wiederum führt zwangsläufig zu unrealistischen und den willkürlichten Kurven folgenden Grauverläufen.

Da das Display den Kurvenverlauf elektronisch reproduziert führt das zu erheblichen Stufigkeiten im unteren Grauwert, sobald die Quantisierung zu gering ist.

Denkt man jetzt allerdings das Signal sei nun alle Prozesse durchlaufen, so täuscht man sich abermals denn nach dem Scaler und De–Interlacer folgen noch diverse Verfahren zur Bildverbesserung: Dazu gehören Algorithmen zur Rauschreduktion und zur Verbesserung der Schärfe wie Peaking und Luma– und Chroma Transienten Verbesserung (LTI/CTI).

LCD Displays haben im Vergleich zur Bildröhre einen geringeren Dynamikumfang. Um das nicht sichtbar werden zu lassen, kann der Kontrast in Abhängigkeit vom Bildinhalt dynamisch angepasst werden. Die Verfahren sind unter der Bezeichnung "Histogramm–Processing" bekannt und haben eben auch nicht unmittelbar etwas mit der Kameraeinstellung bei der Aufnahme zu tun.

Weitere Verfahren reduzieren Artefakte wie Nachzieh– Effekte bei LCDs oder "Fals Colour" bei Plasma.

Im Gegensatz zu analogen (Bildröhren) Displays fallen MPEG Artefakte auf Matrixdisplays besonders unangenehm auf. Auch hierzu sind Gegenmaßnahmen wie MPEG Noise Reduction implementiert.

Jeder Hersteller hat hier seine ganz eigenen Maßnahmen und dadurch entstehen erhebliche Unterschiede in der Darstellung.

Es gibt bisher auch keine Richtlinien für Flachbildschirmen, wie es sie in der Klassifizierung für die Röhrengeräte gab ... z.B. Klasse 1 Monitore mit definierten Spezifikationen. Wobei Sony auf der IBC 2007 einen so genannten Klasse 1 Bildschirm vorgestellt hat ... mag also sein, dass die Spezifikationen nachziehen, derzeit hat die Klassifizierung aber lediglich etwas mit Sony zu tun und nichts mit einem Standard, wie man den Eindruck gewinnen könnte.

Mit dem Siegeszug der Flachbildschirme im Konsumerbereich verändert sich allerdings auch die Monitorlandschaft im professionellen Bereich.

Für die HDTV Darstellung kommt es in ganz besonderem Maß auf die Auflösung an. Es stellt sich also die Frage, wie viel Pixel müssen es sein?

Da gibt es ja nun die unterschiedlichen Ansätze..... Entweder 1280x720 progressiv oder (noch) 1920 x 1080 interlaced oder eventuell sogar zukünftig progressiv ....

Da gibt es selbst unter den Experten noch tiefe Gräben, die sich erst jetzt nach und nach glätten. Im Consumer- Bereich ist die Frage schneller zu beantworten, denn mit dem Einzug von AVCHD auf den Camcordern liegt das Format bezüglich der räumlichen Auflösung zumindest fest.

Nicht zuletzt auch auf der Grundlage der Empfehlungen unterschiedlicher Gremien werden jedoch die professionellen Anwender ihre Entscheidung treffen müssen:

Die Europäische Industrie und Handelsvereinigung EICTA hat für den Consumer- Bereich zwar eine Empfehlung ausgesprochen: Sie gilt für Empfänger und fordert mindestens 720 physikalische Zeilen und ein 16:9 Bildverhältnis, die aber durch AVCHD bereits als veraltet erscheinen kann. Damit wollte die EICTA einen Qualitätsstandard für die Verbraucher sicherstellen und nannte das Ganze "HD ready".

Aber darunter fallen nun fast alle derzeit am Markt befindlichen Displays, egal ob LCD oder DLP oder Plasma Displays denn von horizontaler Auflösung ist in der Empfehlung überhaupt keine Rede. Insofern ist „HDready" genau das, was es schon immer war... eine Marketingerfindung.

Und weil Marketingleuten stets etwas Neues einfällt, was die Verbraucher verunsichern kann, gibt es seit Oktober 2007 sogar ein:

Was noch als (IID ready) Verbraucherinformation hilfreich gewesen sein mag, beginnt nun wirklich zur Verwirrung beizutragen, denn mit dieser Marketingbezeichnung wird der Käufer direkt mit den Formaten konfrontiert. Und wenn schon von 1080p die Rede ist, warum dann nicht wenigstens auch von der erheblich wichtigeren Anzahl der darstellbaren Bilder?

Was allerdings hilft, auf den richtigen Weg bezüglich einer möglichen HDTV Zukunft zu kommen ist die Empfehlung der EBU. Immerhin ist sie, die größte Broadcast Organisation der Welt.

Die EBU– Empfehlung R112–2004 bezieht sich auf die HDTV Aus-strahlung und besagt, das 1920x1080 progressive eine zukünftige Option sein könnte.... sie sagt nicht, wann das sein könnte und in Anbetracht, dass in Deutschland nicht vor 2010 mit nennenswerten HD-Ausstrahlungen zu rechnen ist, wäre das *HDready1080-* Logo fürwahr ein in die Zukunft weisendes Signal.

Jetzt fehlen nur noch die preiswerten Monitore, die 1920 X 1080 mit **50 Hz** Bildwechselfrequenz auch darstellen. Die Schnittstelle ist bereit, und mit den Monitoren wird dann auch wohl bald zu rechnen sein. Wenn wir dann noch eine einheitliche Qualitätsfestlegung bekommen, sind gute Bilder auch kein Zufall mehr.

Auch die Industrie „steht in den Startlöchern" und fördert ein hoch integriertes Chip nach dem andern um die Bildqualität weiter zu fördern.... in Wirklichkeit greifen sie weit reichender als je zuvor in den Signalweg ein. Chiphersteller, wie z.B. Micornas, mit dem MDE 9518D und FRC94xyM sorgen für eine schnelle Decodierung des MPEG4 Signals und nutzen dabei auch alle weiterreichenden Tools zur Dekompression ... Restfehler– Artefakte und Blockrauschen werden beseitigt.

Ein Monitortyp hebt sich allerdings aus der Menge heraus, der OLED–Monitor. (Organic Light Emissive Device). Wie der Name schon sagt, handelt es ich um organische Leuchtdioden. Sie bestehen aus einer Schichtenfolge organischen Materials mit Schichtdicken von 20–100 nm, die auf einem Substrat zwischen einer Anode und einer Kathode aufgebracht sind.

OLED Monitore sind äußerst energiesparend, erlauben einen weiten Einblickwinkel und sind preisgünstig herzustellen.

Dies verschafft ihnen gegenüber herkömmlicher LCD Techniken doch einige ganz gravierende Vorteile.

Beispielsweise ist der Schwarzwert vergleichbar mit dem einer Bild-röhre und liegt somit weit unter dem von LCD– Geräten. Höhere Kontrastwerte sind die Folge. Für Video haben OLEDs aber noch einen ganz anderen Vorteil. Mit Reaktionszeiten von einigen Nanosekunden sind sie den LEDs weit überlegen und sorgen für ein scharfes Bild bei Bewegung.

OLEDs sind Lambertstrahler und haben daher keine Winkelabhängig-keit, wie die LCD– Monitore, bei denen sich Kontrast und Farbe mit dem Betrachtungswinkel ändern.

Im Gegensatz zu LCDs, die immer mit der gleichen Helligkeit leuchten regeln OLED Monitore die Helligkeit bzw. den Kontrast unabhängig vom Bildinhalt und eignen sich daher ganz besonders für kontrastreichen Content mit niedriger Bildenergie, wie z.B. Film.

Allerdings sind OLEDs, wie ihre Röhrenvorgänger wieder empfindlich gegen Einbrennen, was aber bei Videoapplikation nicht das entscheidende Kriterium dagegen sein dürfte.

Epson und Samsung haben bereits Typen für die HDTV Verwendung gezeigt. Aber auch eine ganze Reihe Europäischer Hersteller ist in die Entwicklung involviert ...Philips, Osram, Thomsen, um hier nur einige zu nennen.

Das Ziel ist es, Monitore mit einer Pixelgröße von max. 50dpi, einem Spitzenweiß von 500cd/m2, einem Schwarzraumkontrast größer als 1000:1 sowie einer EBU–Primärwalenz von 6500K Farbtemperatur als massenmarktfähiges Produkt zu erstellen.

Noch gibt es einige Probleme bei der Auftragung der Polymeren, so wird eine Farbtemperatur von 6500 K mit den angestrebten 500 cd/m2 nur erreicht, wenn Rot mit 600 cd/m2, Grün mit 2000cd/m2 und Blau mit 400 cd/m2 leuchten. Leider wird eine Monitor Lebensdauer aber immer für 100 cd/m2 angegeben, so dass bei den hohen Leuchtwerten die angestrebte Lebenserwartung von 30.000 Std. noch nicht erreicht wird.

Eine der faszinierendsten Eigenschaften aber ist, dass die OLED Substrate auch auf flexible Flächen aufgebracht werden können, weil sie quasi in Tintenstrahltechnik ausgebracht werden. Dann können Displays aufgerollt oder an die Wand geheftet werden... sicher auch etwas für den Massenmarkt.

Sony hat die Auslieferung ihres ersten 11-Zoller fur 2008 angekündigt. Ein nur 3mm dicker Schirm, in dessen Fuß die Elektronik und die Anschlüsse untergebracht sind. Für 1080p-,1080i, 720p und 480i/p ist das Gerät über HDMI, USB oder Ethernet ansprechbar und mit einer (unvorstellbaren) Kontrastrate von 1.000.000:1 sicher eine Besonderheit im Markt. Die größte Besonderheit aber ist der Umstand, dass die ersten Schirme in den Handel gehen. Wahrscheinlich zunächst nur ein Nischenmarkt aber ganz bestimmt ein zukunftsweisendes Zeichen.

Allen neuen Monitoren gemeinsam ist allerdings die zunehmende Zeit in der Prozessbearbeitung, denn je mehr Prozesse durchlaufen werden, und wie wir gesehen haben sind das ja einige, umso länger wird das Bild im Speicher gehalten.

Für eine elektronische Bearbeitung wird der Bild– Tonversatz dadurch zu einem sich immer weiter verschärfenden Problem. Da bisher auch Ton noch strikt von Monitoren getrennt wird, kommen Kompensationen wahrscheinlich erst zum Tragen, wenn die HDMI– Signalisierung und die Zuführung des Tones über eine gemeinsame Schnittstelle zum Tragen kommt.

Vorgesehen ist es hier, den Ton für den Bearbeitungsprozess des Bildes zu verzögern... „lip–sync" heißt das Verfahren.... Damit wäre der Tonversatz zwar erledigt, aber der framegenaue Schnitt ist bei einem Delay von 2 und mehr Bildern dann aber immer noch „gewöhnungsbedürftig".

Für die asynchrone Wiedergabe im Bereich Fernsehen gibt es übrigens, wie könnte es anders seinen, Richtlinien:

Die EBU R37–2006 sagt dass +40 ms (Ton vor Bild) und –60 ms (Ton nach Bild) tolerabel sind. Die ITU–T J.100 spricht hier von +20/–40 ms und die ITU–R BT.1359 für Broadcast von +25/–185 ms. Die EBU Tech. 3311–206 schreibt für Multichannel an STB +5/–15 ms vor.

Allen gemeinsam ist die wahrnehmbare Asynchronität mit weniger als 2 Frames bei nachlaufendem Bild. Mit Messgeräten, wie dem Probel „Valid8" oder dem Harris „Videotek" lassen sich solche Delays messen und durch geeignete Audiodelays kompensieren.

Wie wir gesehen haben, führt der technische Fortschritt zur Verschärfung des Problems. Codecs, die Kaskadierung von Codecs, Formatwandler, Up– und Downconverting und nicht zuletzt das Monitor–Prozessing treiben solche Effekte voran. Andererseits fordern solche Dinge, wie Sourround Sound und immer größer werdende Bildschirme eine Minimierung des Effektes.

Für die Präsentation eines HDTV Fernseh– Signals bedarf es neben der Display Device noch eines weiteren Gerätes. Der vorgeschalteten Receivers/Decoders, der die Demodulation, Fehlerkorrektur und Dekompression des HDTV Signals realisiert und über analoge– oder bevorzugt digitale Schnittstelle mit dem Monitor verbindet.

Hinsichtlich eines Satellitenempfangs muss die Architektur des Frontends DVB–S2 verarbeiten können, was neben dem entsprechenden Demodulator/Forward Error Correction (Chip) insbesondere hohe Anforderungen an das Phasenrauschen des verwendeten Tuners stellt.

Beim Kabelempfänger ist daneben eine hohe Linearität bei guter Eingangsempfindlichkeit des Tuners anzustreben. Es geht dort darum, 256 QAM Signale mit dem, vom Kabelanbieter gelieferten Signal–Rauschabstand fehlerfrei empfangen zu können.

Der Source Decoder hat über MPEG2 Main Profile@High Level für bereits eingeführte HDTV– Dienste hinaus nunmehr MPEG–4 Part 10 bis zu High Profile@Level 4 für die zukünftigen HDTV– Services zu dekomprimieren.

AVC hat die Halbleiterhersteller vor komplexe Aufgaben gestellt. Dabei handelt es sich bei den ersten, jetzt am Markt erhältlichen Lösungen um so genannte „Sidecar"– Lösungen, also Coprozessoren, die mit einem existierenden MPEG–2 System on Chip zusammenarbeiten und von diesem den partiellen Transportstrom mit dem MPEG–4 packetized Elementary Stream erhalten und das dekomprimierte Signal an ein Backend liefern.

Neben der Videocodierung deckt der Coprozessor auch die nunmehr zulässigen Audio– Standards mit ab.

Während in der Videotechnik zunehmend balancierte Handware/Software Lösungen Anwendung finden, wird die Audiocodierung ausschließlich in Software realisiert. Die zweite Chipgeneration vereint dann bereits alle nötigen Standards für die Quellcodierung in einem Chip. Die Verschmelzung der Systeme ist also fast vorgesehen.

Einen ähnlichen Schritt werden wir vermutlich auch in der Computerwelt erleben.

Als „Sidecar" werden wir vielleicht einen Coprozessor in den USB Port stecken, wie es ihn schon seit geraumer Zeit für reduziertes Level von MPEG–4 gibt, und das komplette bearbeitete Format zur Dekodierung dem Monitor übergeben. Auf diese Weise sind die ohnehin nicht besonders leistungsfähigen CPUs von dieser rechenintensiven Aufgabe freigestellt.

Eins ist jedoch auch ziemlich sicher.... zukünftige Monitore oder TV Geräte werden, sofern sie das HDMI Signal zur Übertragung nutzen, immer etwas mit Kopierschutz– Mechanismen zu tun haben, dabei ist es nicht wirklich einsichtig, warum ausgerechnet an einer Stelle, an der das Signal eine derartig hohe Bandbreite hat, dass es für die „normale" Aufzeichnung eigentlich gar nicht mehr geeignet ist, ein Kopierschutz eingesetzt wird. Darüber hinaus finden wir auch, wie schon beschrieben, in zukünftigen Monitoren, die Ton– Komponente.

Monitore werden also zukünftig dem klassischen Fernseher immer ähnlicher.

In gleichem Maße werden aber auch die Bedienungen sich verändern, denn nur über komplexe Farbmatrixen und die Steuerung der Hintergrundbeleuchtung werden sich LCD Monitore noch einstellen lassen.

Vorzug daran ist allerdings auch, dass die Hersteller die, für ihre Monitore spezifischen Tabellen zur Farbraumconvertierung implementieren können und dadurch u.U. von vorn herein ein besseres Farbmanagement gewährleistet ist.

Allerdings wandeln Chips, wie das FRC94xyM auch die, nun wieder „mühsam" erzeugten 24p Bilder für den Kinolook in „fernsehfreundliche" 120 Einzelbilder/s um und nehmen damit den „Filmemachern" abermals den „Wind aus den Segeln.... Ein neuer Konflikt kündigt sich also bereits wieder an.

Dazu erzeugt der Chip zusätzliche Zwischenbilder, um eine flüssigere Bewegung zu erzielen... bleibt als die Frage, warum dann mit 24 Bildern/sek überhaupt aufnehmen ?.

Grundsätzlich muss man aber auch beginnen, die Frage zu stellen, inwieweit ein Sichtgerät anfangen darf, in die produktionstechnische und ästhetische Ebene einzugreifen, was hier bereits massiv geschieht.

Workflow – Übergabe:

Glaubt man nun, unsere kleine Reise durch den „Videokosmos" sei damit abgeschlossen, so ist das noch nicht ganz richtig.
Ein Bild entsteht bekanntlich immer erst im Auge des Betrachters und haben wir das Produkt für den Fernsehzuschauer hergestellt, sollten wir wenigstens noch einen Blick hinter die Kulissen wagen. Denn das, was wir am NLE- Monitor sehen, muss noch lange nicht das sein, was der Fernsehzuschauer sieht.

Schau´n wir uns daher einmal ein mögliches Übergabeformat an.
Was wäre das ... Für SD ganz sicher Digi Beta, DVCPro oder IMX.
Bis auf DVC– Pro ist keines ein Datenformat, das ich "verlustfrei" über eine Datenschnittstelle übertragen kann.
Ein SDI Format, obwohl das Signal darauf digitalisiert ist, ist dennoch kein Datenformat, denn aus meinem 1080i oder 720p Format konvertire ich in das digitale Baseband, um es dann der Digi-Beta anzubieten, die daraus wieder ihr eigenes MPEG 2 Format encodiert.
Aber selbst, wenn ich über eine entsprechende Datenschnittstelle wie SDTI eine Übertragung hin bekomme, würde ich feststellen, dass weder IMX und schon gar nicht Digi Beta dem Standart Format MPEG–2 kompatible Formate sind... selbst Sony nennt sie lediglich "konform" ... wieder so ein Marketingausdruck.... Fakt ist, dass kein Standard MPEG2 En– oder Decoder irgendetwas mit den Signalen einer Digi-Beta oder einer IMX anfangen kann... also noch ein obskurer Codec, der irgendetwas macht, von dem wir nicht wirklich wissen, was.

Ein Beispiel noch zu den praktischen Auswirkungen von Datenreduktion im „Fernsehalltag":

Tastet man einen Film parallel auf D5 in 4:4:4 und Digi Beta ab und führt beide Signale MPEG Encodern im Sendeweg zu, deren Enkodiertiefe so eingestellt ist, dass sie für beide Encoder gleich ist, also keinen variablen Abbruch bei Erreichen der eingestellten Signalbandbreite, führt das dazu, dass das Digi Beta Signal gegenüber dem transparenten D5 Signal für identische Bildinhalte (Encodiertiefe) zur Erzielung identischer Bildqualitäten 10% !! mehr Bandbreite benötigt.

Um zu zeigen, was das bedeutet, fügen wir ein kleines Rechenbeispiel an:

In Anbetracht dessen, dass ein Fernsehsender, allein für die Transponder– Anmietung auf SES ASREA 5,55 Millionen pro Monat/Transponder zu zahlen hat und ggf. über 4 Transponder arbeitet, dann beginnt der Unterschied zwischen diesen beiden Formaten zu einem wirtschaftlichen Faktor zu werden ...

Denn 4 Transponder x 5,55 Mill./Monat sind 22,2 Mill./Monat.

Im Jahr wären das dann 266,4 Millionen und in einem 5 Jahres Bussinessplan taucht ein Betrag von 10% von 1,332 Mrd. = 133 Mil. EUR auf, allein als Kosten für den Einsatz von Digi-Beta gegenüber einem ansonsten transparenten Mediums, wie D5... und, wohl gemerkt... lediglich zum Erreichen einer identisch guten Bildqualität.

Diese Rechnung zeigt anschaulich, warum Fernsehanstalten, denen die Bildqualität, mit der sie beim Zuschauer ankommen, nicht egal ist, auf die Effektivität von Formaten im Verhältnis zur erforderlichen Bandbreite achten und warum bei technischen Abnahmen in Fernsehanstalten mehr und mehr Mess- und Analyseequipment zu finden ist, dass die Bitstromqualität analysiert.

Grundsätzlich entfernen die Echtzeit– Encoding Systeme in Sendewegen alles, was sie als „Redundanzen" erkennen.

Eine Noise Reduktion am Encoder Eingang, sowie verschiedene andere Filterungen zur Beseitigung von cross–color und cross Luminanz–Effekten ebenso wie Filter zum Subsampling sind so gut wie in jedem modernen Encodersystem enthalten.

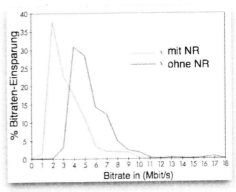

Das Beispiel zeigt, dass bei diesen Maßnahmen leicht bis zu 2 Mbit/s eingespart werden können. Darüber hinaus wird das Video noch analysiert und das Ergebnis der Analyse setzt die Parameterwerte des Encoders.

Zum Beispiel ein 60Hz Videosignal, das aus einem 24 Hz Film mit 3:2

pulldown hergestellt wurde, kann so ausgespielt werden, dass die Pulldowninformation an den Encoder weitergeleitet wird und die MPEG–2 Syntax eine Ausstrahlung des wiederholten Bildes verhindert.

Wählen Sie also ein Übergabe– Medium, das dem Charakter des ursprünglichen Encodings möglichst nahe kommt, möglichst wenig Noise enthält und der Analyse wenig Grund zum Beschneiden Ihres Beitrages gibt.

Eine nachträgliche Überführung von 8 bit auf transparent wirkt nicht, weil alle Fehler, die dadurch entstehen, wie besprochen, mögliche Vorteile nicht nur nicht bieten, sondern das Signal wird sogar weiter beeinträchtigt.

So, damit wäre unser Content nun bereits in einer Fernsehanstalt und ein Teil des Processings ist schon vorweg genommen.

Aber fangen wir bei der Übergabe Ihres Contents noch einmal an.

Was denken Sie, wird damit passieren.....

Das magische Wort heißt weiterhin „Concatenation”: Verkettung.

Es gibt eine ganze Reihe von Erfordernissen in einem Broadcast Chain, einen Bitstream zu decodieren und anschließend wieder zu re– encoden. Dabei natürlich auch Erfordernisse, wie z.B. eine Umskalierung, die leider unvermeidbar sind und auf alle Fälle *spatial distortions* dem Signal hinzufügen.

Oftmals wird aber auch auf einem decodierten Signal gearbeitet, das dem Originalcoding sehr ähnlich ist.

In diesem Fall ist eine Verkettung über einen empfohlenen Transcoding- Weg unumgänglich ... In einem Broadcast Chain kann es leicht zu fünf oder sechs solcher Transcoding Prozesse kommen und substantielle Verluste in der Größenordnung von 6 db (peak to signal–to–noise Ratio –PSNR) hervorrufen.

Dabei kann der Verlust stark reduziert, ja unter Umständen sogar komplett vermieden werden, wenn man sich an den SMPTE Standard 319M–2000 hält und die Coding Tabellen, Tools und Beschreibung aus dem vorangegangenen Encoding benutzt.

Meist wird von angeliefertem Content zunächst eine Sendekopie angefertigt und die Uhr des Multigenerationsverhaltens tickt nun eine Position weiter, denn besser wird kein Beitrag davon, speziell nicht, wenn das Format nicht über eine Datenschnittstelle, z.B. HDSDTI o.Ä. übertragen werden kann.

Je nachdem, was dann die technische Abnahme zum Sendeband sagt, wird eine Prozess zur Angleichung vorgenommen, denn jeder Fernsehsender hat eine Art "Profil" in der Ausstrahlung –was für mich bei einigen Sendern noch nicht wirklich belegt ist– aber die meisten und vor allem die Guten haben das.

Am Sendeband werden nun Korrekturen vorgenommen ... wenn es leicht ist, vielleicht einfach nur Kürzungen oder Pegelangleichungen, in gravierenden Fällen allerdings bis hin zur Farbkorrektur.

Dagegen kann man nun wettern soviel man will, das ist leider so. Leider ist aber auch die Streuung des angebotenen Contents derartig groß, das für den Broadcaster daran gar kein Weg vorbei geht.

Würden sich die Angebote an Fernseh– Content mehr an den Empfehlungen der Broadcaster und den Pflichtenheften orientieren, würde das viel ändern.

Daher auch meine Empfehlung, sich an den Erfordernissen des Fernsehens von vorn herein zu orientieren, wenn man für das Fernsehen Content erstellt.

Jedenfalls darf man sich nicht wunder, wenn man ein „Film–Kunstwerk" erstellt hat und es so auf seinem heimischen Fernseher nicht wiederfindet.

Inwieweit sich Schwierigkeiten mit Film– Content im Fernsehbereich auswirken können sehen Sie an einem kleinen Beispiel, das ich Ihnen nicht vorenthalten möchte:

Batman !!! Großes Kino mit Jack Nicholson. Als der Pay– Tv Sender „Premiere" den Film in der Fernseh– Erstausstrahlung auf ausdrücklichen Wunsch der Programmleitung so ausgestrahlt hat, wie er von der Abtastung gekommen ist und nicht, wie von der technischen Abnahme empfohlen, hat die Kundenbetreuung innerhalb von 10 min rd. 250.000 Anrufe von Kunden in der „Cue" gehabt, die sich alle über das „miese" Bild beschwerten.

Von *nicht ansehbar* bis zu *grauer Soße* war da die Rede.

Erst als der Leiter der Kundenbetreuung intervenierte und die Entscheidung der Programmleitung über die Geschäftsführung rückgängig gemacht wurde, konnten die Ingenieure der Sendabwicklung mit etwas Entzerrung dafür sorgen, das der Kunde wieder ein „fernsehgerechtes" Bild empfangen konnte.

Ergebnis: Die „Cue" der Kundenbetreuung war binnen weniger Minuten abgebaut.

Premiere ist nun ein ganz besonderer Fall, weil die Kunden für das, was sie sehen, extra bezahlen und daher eine direkte Kundenbeziehung besteht.

Der Kunde hat die Telefonnummer seines Senders und kann sich (mit Recht) beschweren, wenn die „Ware" nicht seinen Erwartungen entspricht (Filmästhetik hin oder her).

Nur so können auch wirklich Rückschlüsse darüber gezogen werden, was der Kunde letztlich möchte und ein Pay–TV Kanal ist stärker als jeder andere Fernsehsender auf die Zufriedenheit seiner Kunden angewiesen.

Ausgestrahlte Ereignisse in Sendern, wie der ARD oder den privaten TV Anbietern, fördern keine brauchbaren Ergebnisse zu Tage. Einschaltquoten sagen fast nichts über die Zufriedenheit aus und schlichtweg gar nichts über technische Qualitäten.

Die Sender sind anonym ... der Kunde hat keinen Ansprechpartner, keine Kundenbetreuung. Schlechte Bilder „versenden" sich so und die Programm– aber auch die Sendeverantwortlichen sind sich häufig über das schlechte Ergebnis und die Unzufriedenheit der Zuschauer gar nicht bewusst.

Dabei gibt es ausführliche Studien amerikanischer Netzwerke über die *Verweildauer von Fernsehzuschauern"* und die Methoden diese zu erhöhen.

Bei manchen Sendern fragt man sich allerdings wirklich, ob die Inhalte solcher Ausarbeitungen bekannt sind... bei mancher Werbung übrigens auch...

Im Medium <Fernsehen> ist nicht immer alles erlaubt, was den „Machern" ... und speziell den Filmemachern Freude bereitet.

Denn das Fernsehen ist per Definition schon so konstruiert, dass es als so genanntes helles Medium in einer hellen Umgebung funktioniert, wohingegen Film in einer dunklen Umgebung angesiedelt ist.

Daher „beherrscht" Fernsehen auch nur ein Kontrastverhältnis von 32:1[43], wohingegen Film zwischen 400:1 und 50.000:1 beherrscht.

Das ist theoretisch alles richtig, leider kann das menschliche Auge aber „nur" ein Kontrastverhältnis von rd. 10.000:1 ... aber immerhin.

---

[43] neuere Monitore beherrschen mehr, aber in einem Massenmedium muss immer das "wose case" scenario angenommen werden.

So wurde auch der SMPTE Standard[44] für einen Filmprojektor mit der Fähigkeit spezifiziert, ein Kontrastverhältnis von 400 bis 600:1 darzustellen.

Zeigt man aber nun einen 600:1.... oder eventuell sogar einen, aus Kopiergründen höher graduierten Film auf einem 32:1 System, so entsteht eben die „graue Soße", über die sich die Zuschauer mit Recht beschweren und deren Ausstrahlung in einem solchen Originalverhältnis von wenig Sachkenntnis zeugt.

Der Film– Look hat also auch nicht immer nur starken Seiten... er hat auch seine Schwächen, es kommt eben immer auf das Reproduktionsmedium an.

Und, obwohl man mit Film sehr viel mehr machen kann, ändert es doch letztlich nichts an den Grenzen des menschlichen Sehvermögens.

Daher kann und darf man eine generelle Aussage wie: „Film = gute Bilder" nicht treffen.

Man muss ein solch komplexes Thema schon differenziert angehen und vor allem darf man nicht erwarten, dieselben Ergebnisse im Fernsehbild reproduzieren zu können, die man zuvor auf der Leinwand gesehen hat. Wer das erwartet, wird von jedem Film–Look enttäuscht sein.

Aber um auf den Kern der Sache zurück zu kommen. Der Content wird nun, je nach Bearbeitungsart, entweder nochmals innerhalb des Tape– Systems in den Sendeanstalten überspielt, oder aber auf einem Videoserver aufgespielt, der z.B. im Motion JPEG Format codiert ist.

Also sowohl das Multigenerationsverhalten, ist wichtig, als auch der Umstand, dass ein weiterer Codec auf der Wiedergabe– Kette ins Spiel kommt.

Kommt der Beitrag letztlich zur Ausstrahlung, findet eine letzte Filterung in Bezug auf Pegel und Chroma in der Sendeabwicklung statt und das Signal wird der letzten Encodierung in MPEG2 ML@MP zugeführt, anschließend mit andern PES gemultiplexed und mit Fehlerschutz versehen in den Sende- TS eingefügt..

Dabei wird das Format den entsprechenden Anforderungen in Bezug

---

[44] ANSI/SMPTE 196M aus 1995–Standard for Motion–Picture Film–Indoor Theater and Review Room Projectio Screen Luminance and Viewing Conditions – Section 10.2

auf die GoP sowie der Bandbreite nochmals verändert.

Am Ende kommt also ein:

MPEG2 – 4:2:0 – 2-4 Mbit/s Transportstream mit einer GoP von (meistens) 12 dabei heraus.

In HDTV wird es ein:

MPEG 4 Part 10 H.264/AVC 4.0 oder 3.2 in (720) oder1080p/xx – 8 bit 4:2:0, voraussichtlich 6 oder 9 Mbit/s und einer GoP-Länge von 15, Ton : AC3

Findet zusätzlich eine Ausstrahlung im Bereich DVB–T statt, ist ein weiteres Re– Multiplexing, bei nochmaliger Veränderung des Programmstromes anzusetzen.
Dabei ist im Re– Multiplex Verfahren die Absenkung der Bandbreite nicht unkritisch, weil das Eingangssignal bereits einer erheblichen Datenreduktion unterzogen worden ist.
Das die Kette der Bildbeeinflussung hier nicht beendet ist, kann man dem Kapitel Monitore entnehmen, denn eine große Zahl an Filtern beeinträchtigen die Bilder erneut in modernen Monitoren, einmal völlig vernachlässigt, dass der Transportstrom auf seinem Weg über die ATM- Strecken, Funkstrecken, der Satellitenstrecke und wieder zurück in die Kopfstellen der Kabeleinspeisungen noch ungezählte Mengen an Filtern und Entzerrungen passieren muss.

Aber die Fernsehproduktion befindet sich derzeit auch in einem weiteren großen Umbruch.
Nachdem die Umstellung von analog auf digital quasi abgeschlossen ist, hält nun schon seit geraumer Zeit angepasste IT– Hardware Einzug in die Fernsehanstalten.
Das bezieht sich nicht nur auf die Geräte selbst, sondern natürlich auch auf die Schnittstellen, die damit einhergehen.
Basieren aktuelle digitale Fernsehstudios auf der Videoseite derzeit noch auf der seriellen Übertragung (quasi)–transparenter digitaler Komponentensignale, die überwiegend verlustfrei und zuverlässig funktioniert, werden zukünftige alternative Schnittstellen diese Anforderung mindestens ebenso erfüllen.

Innerhalb des Produktionsprozesses muss Content zwischen einzelnen Geräten bzw. Funktionsgruppen ausgetauscht werden.

Für den dateibasierten Austausch wurden diverse Formate entwickelt.

Digital Picture Exchange Format (DPX) wurde entwickelt, um zur Zeit des Wechsels von der optischen zur elektronischen Effektgestaltung bei der Filmproduktion ein einheitliches Austauschformat zur Verfügung zu haben.

Komprimierte Formate sind nicht vorgesehen.

Die Streaming– Definition der ehemaligen GrassValleyGroup (Thomson) für Programmmaterialaustausch zwischen Profile– Servern über Fibre Channel oder Ethernet heißt General Exchange Format (GXF) und ist für die „einfache" Übertragung von fertig produziertem Material gedacht, dementsprechend sind die Möglichkeiten eingeschränkt.

Das Material Exchange Format (MXF) ist ein ebenfalls bei der SMPTE standardisiertes Containerformat, mit dem nahezu beliebige Essenzen und Metadaten transportiert bzw. gespeichert werden können.

MXF ist zum Austausch von (fast) fertigem Programmmaterial konzipiert worden und unterstützt neben Filetransfer auch Streaming. Physikalisch liegt MXF die Key– Length– Value– Codierung (KLV) zu Grunde, die dem Inhalt jedes Datenpakets eine eindeutige Bezeichnung (Key) und die Länge des Inhalts (Length) voranstellt.

Daten, deren Schlüssel für einen Decoder unbekannt sind, können so übersprungen und damit ignoriert werden (DarkData).

Diese Tatsache ermöglicht eine offene Erweiterung der Funktionalität von MXF, ohne die Leistungsfähigkeit einzelner MXF– Systeme einzuschränken.

Der logische Aufbau von MXF wird von einem objektorientierten Datenmodell beschrieben.

Durch eine „Zero Divergence Doctrine" wird sichergestellt, dass MXF kompatibel zu AAF, dem Advanced Authoring Format, ist.

MXF erlaubt verschiedene Komplexitätsstufen, so genannte Operational Patterns. Damit ist es zum Beispiel möglich, mehrere Contentströme gleichzeitig zu übertragen.

Das Advanced Authoring Format (AAF) erlaubt im Vergleich zu MXF eine komplexere Beschreibung des Contents und wird deshalb als Datenformat im Postproduktionsbereich angewandt. Vor dem Materialzugriff muss allerdings die gesamte Übertragung abgeschlossen sein – Streaming ist nicht möglich.

AAF ist kein offizieller Standard sondern baut auf dem OMFI– (Open

Media Framework Interchange–) Format auf.

Auf Grund dessen weiter Verbreitung und der Mitwirkung vieler Broadcastfirmen bei der AAF Association wird sich AAF sehr wahrscheinlich als de–facto–Standard etablieren.

Im Wesentlichen bestehen bei der Content– Übertragung im Fernsehstudioproduktionsbereich folgende Anforderungen:

Die Daten müssen vollständig und zuverlässig zwischen zwei Punkten ausgetauscht werden, das heißt, entsprechend hohe Bandbreite (270Mbit/s für transparentes SD– Video bis 1,5 bzw. 3Gbit/s für transparentes HD– Video) muss zur Verfügung stehen.

Für die Live– Produktion von TV– Content oder der Zuspielung über Datennetze durch die Produktionshäuser sollte die Latenz über alle Übertragungen und Berechnungen 40 bzw. 20ms (je nach verwendeter Vollbildfrequenz) nicht übersteigen.

Die Variation dieser Latenz über die Zeit (Jitter) muss konstant und vorhersagbar sein.

Weiterhin ist eine geringe Fehlerrate gefordert. Dennoch auftretende Fehler müssen geeignet erkannt und kompensiert werden.

Besonders im echtzeitkritischen Bereich der Fernsehstudioproduktion wird zukünftig der Einsatz von Metadaten und Austauschformaten an Bedeutung gewinnen.

Auch AVC–Intra setzt auf das MXF Format auf und trägt damit zum Schließen eines weiteren Kettengliedes in einer einheitlichen Infrastruktur bei und MXF kann so als Grundlage für eine zukünftige IT–basierte Fernsehstudioproduktion dienen.

Von Relevanz ist dies für all die, die ihre Produktionen per Datennetz bei den Fernsehsendern abgeben möchte, also eine bandlose Übergabe von ihrem NLE-System aus vornehmen möchten.

Aus diesen möglichen Workflows sieht man, welche unterschiedlichen Wege ein Fernsehsignal von der Erstellung, bis zum Kunden durchlaufen muss.

Es mag sich nun der eine oder andere Punkt, senderabhängig unterscheiden, aber im Grund sind die Verläufe gleich.

Die "puristische" Ausstrahlung gibt es im Fernsehbereich nicht.

Die Gründe hierfür, sollen auch gar nicht im Detail besprochen werden, denn jeder, der sich mit dem Medium Fernsehen bereits näher beschäftigt hat weiß um die Unterschiede zwischen Film und Fernsehen, sowohl im Ansatz, als auch in den technischen Rahmenbedingungen.

Nun haben wir fast am Ende unserer kleinen Reise durch die „versteckten" Ecken der Videowelt, vorbei an Objektiven und Bildsensoren, an Reduktionsalgorithmen und Aufzeichnungsverfahren.
Wir haben dabei einwenig in die Schubladen der Hersteller geschaut und einwenig die Zusammenhänge gesehen.
Vielleicht ist dies jetzt die Gelegenheit, auch einwenig zu „orakeln".
Dabei trifft das Wort die Sache nicht wirklich. Als Physiker bin ich es gewohnt, mit Fakten umzugehen und Gewichtungen vorzunehmen und eigentlich weniger in die Glaskugel zu schauen.
Daher zeichnet sich eine technische Entwicklung auch relativ deutlich für mich ab.
Wie schon angesprochen, besteht MPEG 4 ja aus mehr als nur einem guten Bitstream und es ist zu erwarten, dass wir damit in der näheren Zukunft noch mehr zu tun haben, als bisher. Zumal sich deutlich bereits die Anzeichen in der neuen Generation an Camcordern findet.
Lassen Sie uns also einmal die Camcorderentwicklung der jüngsten Generation betrachten und die Fortschritte ebenso wie den Trend analysieren.
Es soll Ihnen einen Eindruck geben, wie sich Geräte verändern werden ..... und das schon recht bald.

Camcorder und Entwicklung

Seit Sony 1979 den „Walkmann" auf den Markt gebracht hat und damit den durchschlagendsten Erfolg der Firmengeschichte hatte, hat

sich viel getan. Seitdem versuchen alle Firmen sich im: *„noch kleiner, noch kompakter".* Es ist noch gar nicht so lange her (1970) da sahen Camcorder so, wie auf dem Foto aus.

Heute fragt man sich, wie klein es eigentlich noch geht.

Leider bezieht sich die Miniaturisierung aber nicht nur auf die Aufnahmeeinheit, und das Gehäuse. Leider bezieht sich die Miniaturisierung auch auf ein ganz wesentliches Element in der Bildaufzeichnung: Auf den Bildsensor.

Das die Miniaturisierung hier fatale Folgen hat, haben wir im Verlauf des Buches gesehen.

Sicher ist das Aufnahmeformat ein wichtiger Faktor, bei der Systemauswahl. Aber es gibt noch diverse andere Faktoren, die eine nicht minder gewichtige Rolle bei der Entscheidungsfindung spielen.

Es beginnt natürlich beim Preis und endet letztlich dabei, was für ein Produkt damit erstellt werden soll.

Wenn es für das Hochzeitsvideo der Schwester vorgesehen ist, ist die Auswahl sicher nicht so schwer und den wesentlichen Ausschlag wird hierbei der Preis geben ... vielleicht noch die Schnittstelle bzw. das Speichermedium.

Ein, ganz sicher wichtiges Ausgangskriterium für alle, die sowohl in die anspruchsvolle Nachbearbeitung gehen wollen, als auch ein (halbwegs) kommerzielles Produkt damit erstellen wollen ist die Bedienbarkeit des Gerätes.

Es fängt damit an, ob es eine Schulterkamera sein soll, oder ob man mit einer Handkamera eher zurecht kommt deren Bilder nicht unbedingt von Ruhe geprägt sind, oder ob Film– ähnlicher Look damit erzeugen werden soll und man am Set auch über die entsprechenden Lichtmöglichkeiten verfügt.

Oder aber, ob ich auf Licht gar nicht zurückgreifen kann und wie in der Fernseh– Dokumentation lediglich mit „available Light" arbeiten muss.

Für viele spielen aber bereits die zusätzlichen Features, wie Gesichtserkennung oder die automatische Schärfeverlagerung eine wichtige Rolle.
Eigentlich ist jeder Grund wichtig, denn es gibt keine wirklichen Richtlinien, nach denen ein Konsument sein Gerät aussuchen sollte.
Eher seltener werden Kameras allerdings nach den technischen Parametern wie z.B. dem Bildsensor ausgewählt.
Und das leider zu Unrecht, denn technische Parameter sind beinah die einzigen Kriterien, die (neben einem guten Kameramann) in ganz erheblichem Maß zur Güte des Bildes beitragen.
Dass die technischen Parameter aber auch ein Bild erheblich beeinträchtigen können, haben wir auch angeschnitten. Auch, dass ein vermeintlich hoher Preis noch keine Garantie für eine gute Kamera darstellt.
Die folgenden Bilder zeigen noch einmal den Unterschied zwischen Bildern einer 5.000 EUR Kamera und der ersten HDV Kamera, die es für den Consumer auf dem Markt für ca. 1.000 EUR gab.

Sollen wir wieder ein kleines Bilderrätsel daraus machen?

Natürlich haben Sie es erkant, dass das erste Bild mit der kleinen JVC GY HD1 aufgenommen wurde. Und das zweite Bild mit der 3-Chip JVC GY HD 100.

Natürlich haben Sie auch erkannt, dass das zweite Bild mit den beschriebenen Problemen der Blendenunschärfe behaftet ist.

Das Beispiel zeigt Ihnen aber auch, was solche Vergleiche taugen: Gar nichts!

Es zeigt Ihnen auf der andern Seite dass man mit jeder Kamera, eben auch mit preiswerten Teilen, passable Bilder machen kann und mit teuren Kameras auch einen Haufen schlechte Bilder.

Das Beispiel zeigt ihnen aber auch, wie relativ solche Vergleiche sind. Ebenso relativ wie viele Tests, deren Ergebnisse und Abbildungen von Siemenssternen überhaupt nichts aussagen.

Wenn ich morgen einen Kameratest ausführen sollte, könnte ich jede Kamera so aussehen lassen, wie ich will.

Nur nachprüfbare Parameter: Objektivgüte, (Lp/mm), Abbildungsfehler, Sensordetails, Abtast- und Übertragungsverfahren, benutzte Algorithmen und... und ... und .. sind harte Fakten. Keine abfotografierten Testtafeln oder langsame Schwenks über stilliegende Seen. Überhaupt sind Standbilder in einem Bewegtbildverfahren nur beschränkt aussagefähig. Noch ein kleines Beispiel:

Das Zoom eines Wechselobjektives:

Zwischen den Bildern hat nicht etwa ein Schwenk stattgefunden... das Zoom läuft ganz einfach schief.

So etwas zeigt Ihnen kein Test auf eine Testtafel. Die meisten Tests interessieren solche Effekte nicht einmal.

Im Übrigen ist der Einfluss des Blendeneffektes auch hier wieder deutlich zu erkennen, wie die Unschärfe im „aufgezogenen" Zustand das Bild beeinträchtigt.

Auch der mechanische Anschlag für die ∞ - Position am Objektiv sorgte für eine gehörige Unschärfe im Bild. Sie war einfach mit der optischen Weite nicht übereinstimmend.

Alles in Allem weder mechanisch noch optisch eine Meisterleistung von Fujinon und sicher kein Instrument, das auf eine HD-Kamera gehört.

Genügend Gründe also für den Konsumenten, auf solche Details bei seiner Kameraentscheidung zu achten.

Aber nun wirklich genug der Gegenwart ...

Die Frage war, wohin fährt der „Camcorder- Zug" ?

Der Trend im Consumer Bereich zeichnet sich transparent ab:

In Richtung integrierter Hardware, denn wir sind nicht weit von der Ein-Chip Kamera entfernt ... nicht etwa ein Chip Bildsensor, nein, ein Chip für die gesamte Kamera!

Was heißt das?

Betrachtet man einmal einen Camcorder, wie er noch vor wenigen Jahren, ja fast Monaten auf dem Markt war, so sieht man sehr schnell die Differenz einer Entwicklung, wie sie vor einigen Jahren, zwar hoch modern und integriert, aber gegenüber heutigen Integrationsgraden doch verhältnismäßig „diskret" stattgefunden hat.

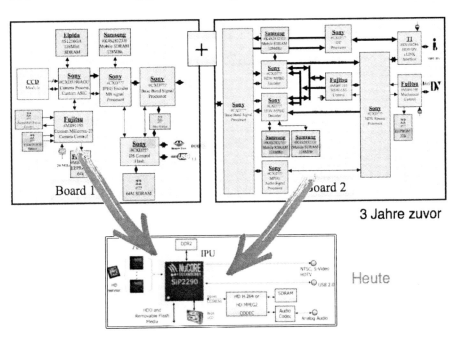

Heute besteht die Videokamera im Consumer-Bereich fast nur noch aus einer Handvoll Chips, deren Funktionen in DSPs geladen werden und die qualitativ bereits heute Bilder generieren, von denen vor 5 Jahren noch zu träumen gewesen wäre.

Die Videokamera ist mittlerweile nichts weiter als ein Computer mit Objektiv, der dazu noch hoch spezialisiert für die Arbeit der Bildverarbeitung ist, wie kaum ein PC dies in absehbarer Zeit leisten wird.

Die Abgrenzung der Consumertechnik zu kommerziellen Produkten wird immer unsichtbarer.

Haben sich professionelle Kameras noch vor gar nicht so langer Zeit deutlich von Con- oder Prosumergeräten unterschieden, so fallen vor dem Druck der hohen Qualitäten der nachrückenden Camcordergenerationen auch im professionellen Bereich die Preise erdrutschartig und für kommerzielle Ausrüster wird die Argumentation gegenüber seinem Kunden, zu einer professionellen Kamera zu greifen immer schwieriger.

Hinzu kommt, dass die Signalverarbeitung in den Kameras zukünftig weniger von einem individuellen Kameradesign abhängig sein wird, als vielmehr von komplexen Chipsätzen, die in einer standardisierten Formatumgebung die Aufgaben des De- und Encodings übernehmen werden.

Es ist also auch eine Frage der Zeit, bis Features, wie wählbare GoP-Größen oder unterschiedliche Aufnahmealgorithmen in die Kameras Einzug halten.

Merkmale, wie spezialisierte Reduktionsalgorithemen, beispielsweise für die Generierung des „Film-Looks" werden ebenso wählbar sein, wie an die Bewegungsdynamik angepasste Algorithmen.

Schon heute haben Features wie die Korrektur der Chromatischen Aberration oder die bewegungsabhängige Kantenschärfung Einzug in die Pro-Sumer Geräte gehalten.

Auch werden die beschriebenen optischen Engpässe, beispielsweise der Beugung an der mechanischen Blende durch veränderte Bildintegrationszeiten der CMOS Sensoren einer ähnlichen Lösung zugeführt wie schon heute in der Fototechnik. Objektive werden dadurch ebenfalls preiswerter.

Dass mittlerweile eine ungeahnte Menge an Filtermöglichkeiten den Weg in die Kamerachips gefunden haben, können wir bereits heute bei den neuen Camcorder-Generationen sehen.

Objekterkennung bereitet bereits in diesen Camcordertypen den Weg in eine objektorientierte Zukunft, in der nach MPEG4 Verfahren in Layertechnik aufgezeichnet werden wird.

Was allerdings die Consumer- Kameras derzeit noch von den kommerziellen Kameras unterscheidet, ist die Vorliebe der Hersteller, nun alle möglichen brauchbaren und weniger brauchbaren Features in die Camcorder zu frachten.
Dabei muss man deutlich zwischen der technischen Funktion und dem angebotenen Nutzen unterscheiden.
Aus der Objekterkennung (Gesichtserkennung) leitet man heute lediglich die Archivierungsalgorithmen ab, die es ermöglichen, alle Filme mit „Oma" oder den „Kindern" zu identifizieren, oder auch den Suchpunkt für die Schärfeeinstellung. Ein Nutzen, der vielleicht in der kommerziellen Technik dazu führt, das damit Archiv- oder Redaktions- Metadaten schon beim Dreh erstellt werden. Die Objekterkennung ist schließlich nicht auf Oma und Opa beschränkt sondern kann ebenso über Politiker oder Gegenstände Auskunft geben.

Die neue CMOS-Sensortechnik erlaubt es, die Belichtung des Bildes Punkt-für-Punkt zu errechnen und nicht mehr, wie früher, integriert über die Fläche.

Sicher wird es durch den frühen Eingriff in den Bildsensor Korrekturen geben, die allen Kameraleuten zukünftig wie eine Erlösung erscheinen:

Lens Shading Correction wird dazu gehören (Vignettierung), ebenso wie Aberrations-Korrekturen.

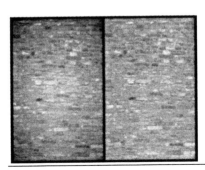

Auch werden in gewissem Umfang Korrekturen an den andern optischen Leistungen der Linsen möglich werden.
Zwar wird man nicht die gesamte Problematik des optischen Systems elektronisch korrigieren können, aber so typische Probleme, wie dem Aus-

wandern von Farben aus dem Zentrum des Bildsensors, verursacht durch den Prismaeffekt der Microlinse über dem Bildsensor, beseitigt man schon heute.

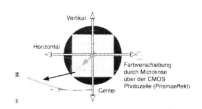

Diese Korrektur wird auch benutzt, um die Chromatische Aberration zu kompensieren. CAC[45] ist der magische Begriff hierfür.

Eine Entwicklung wie die NHK 8k Ultra HD- Kamera wäre gar nicht möglich, ohne die Korrektur von CA, denn die Bilder wären nicht anzusehen.

Fuji und Canon haben das Verfahren in einige ihrer Linsen übernommen. Die Kamera hält das CAC-File mit einer Korrekturtabelle (LUT) vor, deren Werte auf die o.a. Korrektur des Bildsensors wirkt. Allerdings ist die Berechnung derzeit noch statisch und funktioniert nicht während sich die Brennweite durch eine Zoomfahrt verändert. Derzeit werden von Fuji lediglich die zwei x-17 Modelle und von Canon die x-16 Modelle unterstützt.

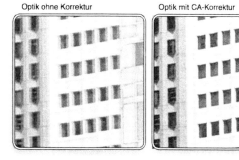

Bemerkenswert ist allerdings, dass solche Features mittlerweile nicht nur teuren Broadcast-Optiken vorbehalten bleiben, sondern auch in Pro-Sumer Kameras, wie der Sony EX1 Einzug halten.

Allerdings ist die Funktion nicht abschaltbar und lässt sich nur durch das Löschen der Files umgehen, weil der abrupte Übergang nach dem Ende einer Zoomfahrt schnell einmal störend sichtbar wird. Ansonsten ist dies eine Funktion, auf die wahrscheinlich kein Kameramann jemals mehr verzichten möchte. Da es sich um tabellengetriebene Softwarefunktionen handelt ist abzusehen, dass derartige Features auch demnächst in die Consumerklasse Einzug halten.

---

[45] Chromatic Aberration Correction

Übrigens wird auch das typische „breasing", das „atmen" des Fokus mit einer nicht so hochwertigen Optik von den Optikherstellern in ähnlichen Tabellen erfasst und von der Kameraelektronik korrigiert.

Selbstverständlich werden zukünftig auch beschädigte Pixel das Bild nicht mehr beeinträchtigen. Bisher ist es so, dass winzige schwarze oder weiße Punkte anzeigen, dass wieder ein Pixel des Sensors unbrauchbar geworden ist. Zukünftige Systeme werden diesen Fehler durch intelligente Interpolation unmerklich beseitigen.

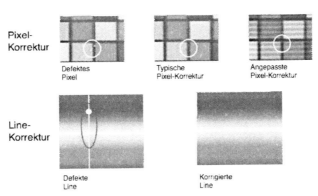

Schon wie selbstverständlich erscheint es dabei, dass auch der Einfluss auf die Gammaverarbeitung sich ganz wesentlich verändern wird, nachdem jeder Pixel individuellen Matrixeinträgen folgen kann.

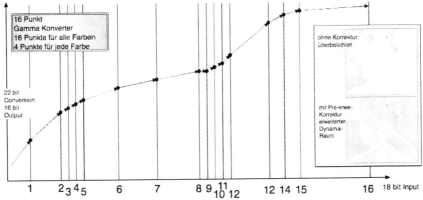

Was heute noch kommerziellen Kameras vorbehalten ist, der Einfluss auf die Knee-Einstellung der Gammakurve, wird in zukünftigen Consumergeräten selbstverständlicher Bestandteil eines „Cine- Paketes" sein.

Nun beginnt man sich natürlich langsam zu fragen, wo denn eigentlich die Grenzen der neuen Technik sein werden und kommt wahrscheinlich irgendwann zum Objektiv.

Man stellt sich auch die Frage, wozu es eigentlich bei einem 5mm Objektiv, bei dem bei einem Objektabstand von 1,50 ohnehin alles zwischen 50cm und fast 10 Metern im scharfen Bereich liegt, warum es erforderlich ist, mit der Gesichtserkennung eine Schärfepunktverlagerung vornehmen zu können.

Nun, mit einzeln adressierbaren Pixels wird es zukünftig möglich, eine künstliche Unschärfe in der Tiefe herzustellen. Die Versuche hierzu sind nicht neu, sind aber bisher daran gescheitert, dass es nicht überzeugend gelungen ist, Rekonstruktionen von Bildbereichen herzustellen, die durch den Vordergrund verdeckt waren. Die begrenzte Schärfe in der Tiefe war bisher auf Grund der langen Brennweite den „analogen" 35mm Filmkameras vorbehalten. Sie war eines der wichtigsten Elemente des so genannten „Film-Looks".

Bei modernen HD-Kameras ist die Brennweite kürzer. Die neue Bearbeitungs- und Filtertechnologie beinhaltet aber gerade Mittel, wie die Objekterkennung.

So wie wir heute Schärfepunkte im Bild festlegen können und Objekte (zunächst Gesichter) erkennbar machen können, so werden wir zukünftig in der Kombination aus dem Objekt und Blur Filtermöglichkeiten, künstliche Unschärfe (Blur) filtern können.

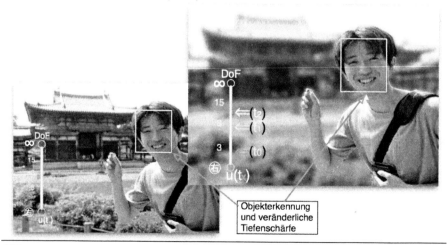

Objekterkennung und veränderliche Tiefenschärfe

Tiefenabhängige Filterung heißt das Verfahren, das schon heute bei-spielsweise in Computerspielen seine Anwendung findet. Durch die Bewegung des Objektes im Bild und das layer- orientierten Verfahren von MPEG-4 werden wir die verdeckten Hintergründe errechnen und speichern können und für jeden einzelnen Bildpunkt wird eine Tiefen-information ebenso zur Definition gehören, wie heute die Helligkeits-oder die Farbinformation.

Die Filterung eines Bildes erfolgt dabei tiefenebenenweise von der hintersten Ebene ausgehend. Alle Bildpunkte der Tiefe werden in ei-nen Bildspeicher kopiert. Unterschiedliche Tiefenebenen sorgen für die Differenzierung im Raum.

Dabei werden auch die Ebenen „kontroverse" Werte annehmen kön-nen und dadurch Effekte erzeugbar machen, die im Film nicht möglich sind: Beispielsweise nur die Unschärfe in einem nahen und/oder mitt-leren Bereich, nicht aber in der größeren Entfernung, je nachdem wo die Werte für $u(t_x)$ angelegt werden.
Eine einstellbare Tiefenschärfe mit abstufbaren Werten wird in künfti-gen Kameramodellen ebenso zu den Merkmalen gehören, wie heute die Blende oder die Shuttergeschwindigkeit.
Dabei können in einer Matrix dann sogar Werte, wie die unterschiedli-che Transparenz der Kanten an den Vordergrundobjekten berücksich-tigt werden, die für den eigentlichen räumlichen Effekt sorgen. Eine Tiefenschärfe also, die dem Betrachter einen bisher kaum gekannten räumlichen Eindruck vermitteln wird.

Mit einem andern Verfahren, wie es die Standford Universität entwickelt, werden Bilder in einem dreidimensionalen Raum aufgezeichnet.

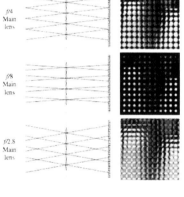

Dazu wird ein Array von 296 x 296 Microlinsen auf dem Sensorchip angebracht, dass es ermöglicht, die einzelnen Tiefeebenen getrennt aufzuzeichenen. Das Linsenlayer kann auf jedem Sensor angebracht werden und setzt keine dezidierte Hardware oder weitere Eingriffe in die Kameraelektronik voraus.

Diese aufgezeichneten Werte lassen es zu, in der Post- Production mittels Software nachträglich sowohl den Schärfepunkt, als auch die DoF zu bestimmen.

Darüber hinaus werden Vignettierungen und andere Artefakte aus dem Bild herausgerechnet.

Das Ergebnis ist eine uneingeschränkte Möglichkeit, Schärfe als Stilmittel in der Postproduktion einzusetzen.

Fragt sich nur, ob solche Feature zunächst in kommerziellen Kameras auftauchen oder ob sie Teil des unglaublich schnell wachsenden Consumerpaketes werden.

Adobe wartet mit einer Software auf, die darauf basiert, dass durch eine Vorsatzlinse, bestehend aus einem Linsen-Cluster von 19 kleinen Sub-Linsen die Szene aus 19 leicht voneinander abweichenden Positionen aufgenommen wird.

So entsteht nicht nur ein räumliches Bild, sondern all die Fokus- Effekte können beliebig variiert werden.

Durch die Lagen werden so auch Objekte und Hintergrund identifizierbar und einzeln abspeicherbar. Hintergründe ließen sich so, wie nachfolgend beschrieben, verändern, beseitigen oder austauschen.

So werden nicht nur die Cinema- Effekte dem Consumer zugänglich, sondern darüber hinaus Möglichkeiten, die bisher mit konventionellen Kameras unmöglich waren.

Allerdings wird es immer noch Merkmale geben, und sei es nur in den Einstellmöglichkeiten, die eine Consumerkamera von einer professionellen Kamera unterscheiden wird.

Natürlich auch in der Ausführung und der Bedienbarkeit des Kamerakopfes ... und selbstverständlich nicht zuletzt in den Objektiven, die nach wie vor zu den wichtigsten Teilen eines Kamerasystems gehören.

Dies wird aber die Zeit der „Filmemacher", die noch vor wenigen Jahren an der Hürde einer teuren Ausrüstung gescheitert sind und deren schöpferische Qualitäten nicht genutzt wurden.

Video, und das damit verbundene Angebot an die Fernsehanstalten wird sehr bald schon zu einer inflationären Ware.

Die Angebote werden vielfältig und umfangreicher sein. Sehr zum Nutzen der Zuschauer, denen dieses weit gefächerte und wahrscheinlich auch qualitätsmäßig gute Angebot zuträglich sein wird.

Der Nachteil, die Minutenpreise der Fernsehanstalten werden für den Ankauf des Contents ebenso schnell fallen, wie zwangsweise die Marktpreise des Equipmenteinkaufs.

War vor einigen Jahren noch der hohe Equipmentpreis zur Erzielung guter Qualitäten eine Einstiegsschwelle und konnten die Fernsehanstalten sich zur Ablehnung von Material oft auf ihre hohen technischen Anforderungen zurück ziehen, so werden sich die Fernsehredaktionen sehr bald etwas neues einfallen lassen müssen, um Content nur noch von ihren „auserwählten" Firmen abnehmen zu können.

Neue Märkte werden sich ebenso dem Video öffnen und dem konventionellen Fernsehen die Stirn zeigen.

Zeitungen und Magazine werden in großem Stil „Videojournalisten" beschäftigen, die, statt mit Notizblock und Bleistift, mit dem Camcorder ihre Storys „schreiben".

Der Markt für Camcorder und handhabbaren NLEs wird wachsen. Die Formatvielfalt wird sich auf einen standardisierten Kern reduzieren, der von (Silikon)- Hardware unterstützt wird.

Die NLEs werden weniger kompliziert und lediglich noch „Schnittverwaltungen" sein. Die komplexen Vorgänge werden, wie man heute bereits sehen kann, dorthin verlagert, wo sie eigentlich schon lange angesiedelt sein sollten, in die DSPs.

Wie gesagt..... Video wird sehr bald zum inflationären Markt.

Des einen Freud´ wird des andern Leid werden.

Aber die Entwicklung bleibt hier nicht stehen.

MPEG 4 in der Zukunft:

Lassen Sie uns noch einen etwas weiteren Blick über den Horizont werfen. Die neuen Bitstreams aus MPEG4 waren lediglich ein Anfang. Gerade die Zukunftsperspektive, die in diesem Multimedia-Framework liegt, macht das neue AVC- Format so stabil.
All diese Features machen den Codec zu einem ausgesprochen kraftvollen und wahrscheinlich auch langlebigeren Hilfsmittel in der Ausweitung der Bildqualitäten.

Heute leben wir in einer Welt, eingepfercht zwischen HD–Nachfrage und limitierter Bandbreite. Daher sind AVCHD–Produkte und – Systeme aber gerade zeitgemäß.
Die Struktur des MPEG4 *„Multimedia Bitstream–Format"* ist natürlich mehr als ein einfacher Bitstream:
Die Strukturen bestehen darin, dass gegenüber andern Verfahren, ganze Szeneninhalte statt einzelner Bild- Pixel gespeichert werden. Es ist eine Mischcodierung natürlicher und synthetischer Objekte.
Die Inhalte werden über einen so genannten „Szenengraph" **vierdimensional** gespeichert.

Erinnern Sie Sich bitte an das Feature in den neuen Kameras, das es gestattet, ein Objekt zu kennzeichnen, um die Bildschärfe darauf gerichtet zu lassen.
Das System ist also in der Lage, Gesichter zu erkennen und die Charakteristika auch einer Person zuzuschreiben.
Das ist bereits ein Feature aus der MPEG4 Palette.
Objekterkennung ist aber nicht auf Gesichter beschränkt.
Viele, die mit Video arbeiten kennen auch die Grafikprogramme, wie Adobe- Photoshop. Die damit arbeiten wissen, dass solche Programme in „Layern" (Lagen) angelegt sind. Auch Werkzeuge zur Freistellung von Bildinhalten sind vertraut.
Nun stellen Sie Sich ein Fernsehsystem vor, das nach einem ähnlichen Prinzip arbeitet.
Stellen Sie Sich vor, Sie würden in einer Gesamtszene einzelne Objekte indizieren und die Freistellung durch die Software vornehmen lassen. Hier in dem Beispiel der Skiläufer und die Fahne.

Originalscene

Sie erhalten also einzelne Layer.

Hintergrund
Sprite

Video
Objekt

Video
Objekt n

Diese Layer sind nicht nur vorgesehen einzeln übertragen zu werden, sondern können auch zusätzlich durch Grafikelemente oder 3D-Objekte erweitert werden.

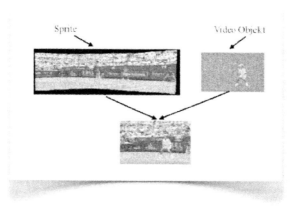

Sprite

Video Objekt

In einem Tennisspiel könnte der Spieler als Objekt definiert werden. Theoretisch wäre es jetzt möglich, das Tennisspiel beispielsweise im

Pay-TV so zu übertragen, dass nur der zahlende Zuschauer in der Lage ist, den Spieler zu sehen.

Oder stellen Sie Sich ein Fußballspiel vor, in dem der Ball oder die Torwarte als Objekte definiert sind ... oder einen Film ohne Hauptdarsteller.

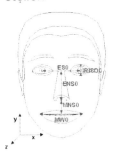

Sie sehen schon, die Anwendungen sind vielfältig.

Gibt es nicht?

Alles schon da:

Face Coding ist ein fester Bestandteil der kommenden Features.

Das erkennen von „Stimmungen wird ebenso dazugehören.

Die Erkennung der Gesichter ist schon jetzt Bestandteil der neuen Features.

Und wer es nicht gleich erkannt hat .... durch den Touchscreen, auf dem man Ziele markiert ist auch der erste Schritt in Richtung Interaktivität vollzogen.

Es wurde begonnen, eine Szene zu beschreiben, wenn auch erst dadurch, dass man quasi sagt, welches Gesicht zu welchem Namen gehört, um nachher damit zum Archivmaterial schnelleren Zugriff zu haben.

Gleichzeitig ist aber auch damit gesagt, dass dies ein Objekt (im Sinne von MPEG) ist und nicht Teil des Hintergrundes.

Als nächster Schritt könnte sich, wenn das Objekt sich von der Position wegbewegt, das System die zuvor verdeckten Teile des Hintergrundes „ansehen" und im Speicher die fehlenden Teile zu einem Gesamt-Hintergrund zusammensetzen. Dann könnte es eines Tages heißen: *spiel die Szene ohne das Objekt...*

Vielleicht sehen Produktionen dann sehr bald ja schon aus, wie das nebenstehende Beispiel... mit Auto, oder eben ohne. Natürlich lassen sich den Objekten beliebige Metadaten zuordnen, die in einer Produktion zunehmendes Gewicht erhalten.

Die filmerische Gestaltung wird sich schon sehr bald in die Post- Produktion verlagern und sich aus unabhängig voneinander gedrehten Szenen zusammensetzen.

Die Faszination der Bilder wird immer spektakuläre Ergebnisse auf die Bildschirme zaubern, von denen man schon bald kein einziges Bild mehr zwischen Wahrheit und „Fake" unterscheiden kann.

Die Kreativität geht weg von der Kamera und hin zum Bildschirm. Tricks, die noch vor gar nicht so langer Zeit in einigen Hollywood Filmen als spektakulär bezeichnet wurden, fließen als selbstverständlich in den Alltag ein.

Die Technik von MPEG-4 wird es ermöglichen. Der Szenengraph[46] in MPEG 4 ist nur **ein** Werkzeug davon, ein gerichteter, zyklenfreier Graph, der über ein Koordinatensystem verfügt, in das die Objekte, wie beschrieben eingebettet werden, sowie eine virtuelle Kamera, die den sichtbaren Ausschnitt festlegt.

So können Objekte separat codiert, manipuliert, eingefügt, ausgetauscht oder weggelassen werden (Fußball).

In einer interaktiven, bidirektionalen Umgebung müssen dann nur gewünschte Objekte übertragen werden, wobei die Wahl der Perspektive oder des Ausschnittes möglich ist.

---

[46] Ein Grapf ist ein Modell zur Beschreibung von Objekten, die untereinander in gewisser Beziehung bestehen. Die Objekte gelten als Knoten und die Beziehungen als Kanten.

Schon heute werden Spielfilme sehr oft im Multi- Kamera- Verfahren aufgezeichnet.

Eine interne Engine wäre also in der Lage, aus den gelieferten Perspektiven der einzelnen Kameras jedes beliebige Zwischenlayer und damit jede beliebige Kameraposition zu errechnen, wenn die Objekte von mindestens einer Kamera auch von jeder Seite zu sehen sind.

So könnte der Zuschauer sich in der Szene perspektivisch bewegen.

Das Schichtenmodell könnte dann etwa wie folgt aussehen:

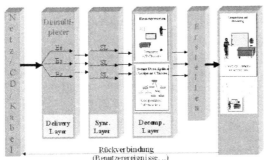

Vorteil ist auch, dass der Hintergrund nur einmal übertragen werden muss und Objekte dann „gestreamt" werden können:

Aber bevor wir jetzt in ein weiteres ganz wesentliches Thema im MPEG4, in die „Facial" und „Body Animation" „abtauchen" sollten wir es bei diesem kurzen Ausflug in die Zukunft des eigentlichen Standard schon fast bewenden lassen, wenn er nicht einen direkten Bezug zur Gegenwart hätte.

Es ist also jetzt eine Frage der Zeit, wann die Features der neuen Kameras auch für weitere Bildbearbeitung als lediglich zur Archivierung nutzt, so interessant es auch sein mag, die Bilder der Kinder oder Freunde schnell zu finden.

Natürlich ist dies nicht das Ende der Nutzbarkeit sondern der Anfang einer neuen Videoepoche.

Bedenkt man dazu, dass MPEG4 ein 3D Modell enthält, kann man sicher auch verstehen, warum große Filmproduktionen in Mehrkamera–Technik ausgeführt werden.... sie wollen die zukünftigen Möglichkeiten nutzen.

Wenn es aber folgerichtig eines Tages bei einem aktuellen Bericht, z.B. über einen Unfallort, den Sie an eine Fernsehanstalt übergeben wollen heißt: *"Gib mir nur das Hintergrund-Layer, ich stelle meinen eigenen Reporter in die Szene"* ... dann wissen Sie mit Sicherheit, dass Sie in der MPEG-4- Zeit angekommen sind.

Wenn dann aber vielleicht auch noch die Verletzten im Bild technisch zu „Objekten" erklärt werden und das Layer nicht mitgesendet wird, spätestens dann muss man beginnen, sich ganz andere Fragen zu stellen.

Auch wenn der Kamerainhalt (Gesichtserkennung) bei der Einreise in andere Staaten von den Einreisebehörden ausgelesen wird ... ist es wahrscheinlich höchste Zeit auch darüber nachzudenken, ob alles was machbar ist, auch sinnvoll erscheint.

Wie lange wird es eigentlich dann noch dauern, bis Video wie heute schon die Fotographie funktioniert und wir überhaupt nichts mehr von dem glauben können, was wir sehen?

Aber das ist nun wirklich ein Thema für die „nächste Buchrunde", denn darin geht es um die ganzen „Pixeltricks", die von den Herstellern angewendet werden. Schu´n Sie auf unserer Internetseite nach dem Erscheinen von „Pixeltricks".

Nachwort:

Wir haben in den letzten Jahren in Bezug auf HDTV eine Entwicklung miterlebt, die uns 14 HD Formate allein in den USA beschert hat, eine Industrie, die sich rasch auf dieses chaotische Miteinander in Bezug auf Akquisition und Distribution einzustellen versuchte und Customer, denen in immer kürzer werdenden Intervallen, immer neue Technologien präsentiert wurden.

Nachdem der Markt jetzt alle möglichen probrietären, aber auch genormte Verfahren ausprobiert hat, scheint sich nun erstmals in der Geschichte der Medientechnik ein Format durchsetzen zu wollen, das von der Entstehung, bis hin zur Darstellung in den TV Geräten und den Monitoren aus einem Guß ist.

Kamerahersteller können sich auf die breite Unterstützung der Chipindustrie verlassen, die Broadcaster verfügen über ein wirtschaftliche Verbreitungsformat von guter Qualität, die STB und TV–Geräte Hersteller können auf identische Hardware der Chipindustrie zu einem günstigen Preis zugreifen und die Formate sind kompatibel in der Produktion von HDDVD oder BlueRay .

Darüber hinaus ist das Format zukunftsfähig und auch die Belange der Filmhersteller sind eingeflossen....

Über allem steht ein solider Standard und nicht nur „lockere" Verabredungen der Firmen untereinander.

Viele habe es so kommen sehen und sich zielgerichtet auf ihrem Weg nicht beirren lassen ... Firmen, die von Anfang an bei MPEG dabei waren und sich nicht haben durch irgendwelche Hypes beirren lassen.

Sie verfügen jetzt über eine Unmenge an nützlichen Patenten und Schutzpapieren .... ganz zum Nachteil jener Firmen, die lange Zeit geglaubt haben, ihr Name sei Garant genug, proprietäre Entwicklungen durchsetzen zu können.

Solche Firmen werden in der Zukunft entweder ihre Fehler mit den entsprechenden Lizenzgebühren bezahlen müssen, oder sich weiterhin durch Alleingänge im Markt vom Standard ausschließen. Dabei könnten leicht Nischenprodukte entstehen, die sicher auch ihren Reiz haben, aber in zukünftigen Entwicklungen kaum noch eine Rolle spielen werden.

Ein geschlossener Workflow ist noch nicht etabliert, aber alle Komponenten sind vorhanden ... wir werden noch eine Weile das

„ausleeren" der Schubladen in den Entwicklungsabteilungen der Unternehmen beobachten können und den damit verbundenen Ausverkauf. Die Rechtfertigungsargumente für diese Produkte werden aber mit der Zeit immer unglaubwürdiger.

Die Entwicklung ist vielversprechend doch wie bei allen großen Prozessen, muß man ihm etwas Zeit geben... aber er ist mittlerweile unumkehrbar geworden. ... Warum fragen Sie ?... Sehr einfach, weil die Chipentwicklung bereits die Produkte nicht nur ausentwickelt hat, sondern bereits im Markt ... geben wir der Geräteindustrie etwas Zeit, sie in Produkte umzusetzen.

Abschließend, wie versprochen, der Blick in die Zukunft des Fernsehens:

Was auf *"der Welt größten Fachmesse für Broadcaster"*, der NAB in Las Vegas zum ersten Mal außerhalb von Japan zu sehen war, wird nach Aussage des geistigen Vaters des Ultra High– Definition Projektes Herrn Dr. Eng. Yuji Nojiri[47] erst in etwa 20 Jahren den Weg in die heimischen Wohnzimmer finden.

Wir stehen heute gerade einmal an der Position, dass wir uns keine Gedanken mehr über eine vertikale Auflösung von 720 oder 1080 Zeilen machen.

Das UHD– System bietet eine Auflösung von 7.680 x 4.320 Pixel und ist damit um den Faktor 16 größer als das 1080 Format.

Während der NAB wurden Filmsequenzen in UHD und ebenfalls eine Premiere, im 22.2 Multichannel Sound gezeigt. Die Bilder zeigten eine Brillanz die sich nicht so einfach in Worte fassen lässt.

Eine Szene im Fußball Stadion mit dem Tor und vielen Zuschauern im Hintergrund. Jeder einzelne Zuschauer war deutlich erkennbar, zusammen gesehen erreichte die Szene eine Lebendigkeit die der Realität verdammt nahe kommt.

Als die Ecke geschossen wurde und der Ball herein fliegt war er als solcher sehr deutlich zu erkennen.

Szenenwechsel: New York, von einem Hochhaus aus die Stadtkulisse aufgenommen – und es war einfach nur Atem raubend real – vielleicht schon eine Spur zu real.

Die Aufnahmen dieses Systems erfolgen in 60p. Nach Aussage des Produzenten der New Yorker Aufnahmen, Herrn Nagamitsu Endo ist

---

[47] Director Science & Technical Research Laboratories NHK

bei schnellen Kameraschwenks ein Shuttern wahrzunehmen. Der aufmerksame Beobachter kann dies auch erkennen und man kann sich fragen ob die Bildwechselfrequenz in Zukunft nicht wesentlich höher, vielleicht bei 100p liegen muss.

Aber zurück zur Gegenwart: ein Einzelbild hat eine Dateigröße von 75MB, aufgenommen wird auf einen Festplattenrekorder der mehrere TB umfasst und für 18 Minuten Aufzeichnung ausreicht.

Danach wird der Speicher innerhalb von 7 Stunden auf Band übertragen und archiviert. Das Gesamtsystem bestehend aus Kamera, Display, Hard Disk Rekorder, optische Übertragung mit DWDM[48] Codec System basierend auf MPEG–2 für die Programm Übertragung über IP– Network, experimentale Satellitenübertragung und Konvertierung nach 2160 Linien und HDTV, dies alles ist vorhanden und wird auch bereits eingesetzt.

Während der Weltausstellung in Aichi und in den Kyushu National Museum, beides in Japan, war und ist das UHD–System im Einsatz.

Fragt man deutsche Entscheidungsträger in den "Amtsstuben" der Fernsehanstalten nach diesen Neuerungen, so bekommt man nur einen ungläubigen Blick zurück geworfen, als wollten sie ihrer Ratlosigkeit damit Ausdruck geben.

Es ist eben ein langer Weg seit der Nipkowschen Scheibe bis hin zum UHD, auf dem die Deutschen lange Zeit an der Spitze der Entwicklung mitgearbeitet haben.

Aber das ist eben Vergangenheit.

Heute üben sich viele Entscheidungsträger in Sachen "Verhinderung" …. So hat sich Deutschland geändert.

Auch interaktives Fernsehen wäre schon lange möglich … auch wenn noch immense Investitionen in die Kabelnetze erforderlich wären, aber es geht niemand her und entwickelt auf den Möglichkeiten lukrative Geschäftsmodelle.

Stattdessen werden EPGs[49] wieder und wieder entwickelt, die alles andere als attraktiv für den Anwender sind.

Mitraten bei Quizsendungen sind auch nicht gerade der Sympathieträger unter den erweiterten Applikationen.

Aber eben keine neuen Ideen und erst recht nicht bei den Firmen, die Fernseh– Content herstellen. Dabei wäre es so einfach, wirklichen

---

[48] Dense Wavelenght Division Multiplexing

[49] Electronical Program Guides / Programmführer

Mehrwert für den Kunden zu schaffen, der parallel zu den ausgestrahlten Sendungen den Zuschauer in die Situation versetzt, wirklichen Nutzen aus dem Service zu ziehen.

Auch eine kommerzielle Nutzung würde sich anbieten ... aber solche Ansätze werden in deutschen Fernsehanstalten nicht diskutiert.

Man sucht nach „Hybridprodukten", also auf der alten Basis irgendwie mehr zu machen ... ist das Ziel. ... Was immer das auch sein soll.

Mit Mühe und unter großem Druck von Außen ist es den deutschen Anstalten gelungen, die Aussage zu treffen, dass voraussichtlich die Olympiade 2010 in HDTV übertragen werden wird. Und damit klafft die Schere „*Deutschland – und der Rest der Welt*" immer weiter auseinander.

Ich denke, die Bezeichnung: „*objektorientiertes Fernsehen*", das den nächsten Schritt in der Fernsehwelt darstellen wird, haben die meisten "Macher" (wobei das Wort nun wirklich falsch ist), noch nichts gehört ... weder in den deutschen Fernsehanstalten, noch in den Werbeagenturen.

Das Thema MPEG4 ist hier nun ziemlich intensiv angesprochen ... dabei gäbe es noch sehr viel mehr ... und Interessantes zu berichten, speziell auch in der Verbindung mit MPEG7 ....

... aber das ist nun wirklich ein Topic für das nächste Buch...

... demnächst hier bei Auberge–tv.

Erinnern Sie Sich noch an das kleine Preisrätsel vom Vorwort ?
Lassen Sie uns auch mit einem solchen kleinen Rätsel enden und
schau´n wir einmal, was Sie „gelernt" haben.

„Klar....." , werden Sie jetzt sagen „... *diesmal nicht wieder ... natürlich
sind die orangenen Punkte gleich hell, obwohl der Punkt im Schatten
heller aussieht....* „

Vielleicht kennen Sie das Rätsel ja auch schon und wussten die
Lösung. Aber wenn Sie das glauben, liegen Sie falsch. In dem Fall
habe ich etwas nicht ausreichend erklärt, denn der obere Punkt ist
heller, obwohl er dunkler zu sein scheint.

H: 38	L: 63		H: 38	L: 72	
S: 100 %	a: 24		S: 89 %	a: 22	
B: 82 %	b: 68		B: 92 %	b: 72	
R: 209	C: 19	%	R: 235	C: 10	%
G: 134	M: 51	%	G: 160	M: 42	%
B: 0	Y: 100	%	B: 26	Y: 99	%
# D18600	K: 3	%	# EBA01A	K: 0	%

(Ich habe ihn mit Photoshop verändert.)

Sie sehen, es ist nichts so, wie es scheint, darum habe ich versucht
zu vermitteln, dass man Dinge prüfen muss, dass man nichts glauben
soll, solange man sich nicht davon überzeugt hat.

Prüfen Sie nach, was Ihnen Hersteller und Prospekte versprechen.
Fragen Sie bei Testern nach der Unabhängigkeit, bevor Sie Tests
glauben, besser noch, überprüfen Sie Ergebnisse und informieren Sie
Sich an unabhängiger Stelle.
Fordern Sie fundierte Ergebnisse und nachprüfbare Fakten ein.

Erst dann können Sie sicher sein, dass Ihnen kein „heller" Punkt für einen „Dunklen" vorgemacht wird.

Ein Wort sei noch an die Kritiker erlaubt, die zuerst immer nach der Ziegruppe eines Buches statt nach dem Inhalt fragen.
Es gibt keine Zielgruppe, ebensowenig wie es „DEN" Video-Filmer- oder DEN–Amateur- oder DEN-Profi- gibt.
Ein so komplexes Thema ist nicht geeignet á la *„Sendung mit der Maus"* präsentiert zu werden.

"Wissenschaft" hat die Bedeutung von "geordnetes, folgerichtig aufgebautes, zusammenhängendes Gebiet von Erkenntnissen".

Einigen wird es vielleicht zuwenig wissenschaftlich sein, die ansonsten die Whitepapers und Ausarbeitungen der Institute direkt lesen.
Anderen wird es vielleicht bereits zu "wissenschaftlich" sein.
Von denen hoffe ich, dass sie das Buch vielleicht in ein paar Monaten wieder in die Hand nehmen und weiterreichende Erkenntnisse daraus gewinnen können.
Auf jeden Fall hoffe ich, dass Sie den Eindruck gewonnen haben, das es "geordnet und folgerichtig" niedergeschrieben ist.

Die angesprochenen Themen sind komplex und in der Kürze der Möglichkeiten nur bis zu einer gewissen Tiefe zu erklären.

Daher möchte ich nicht versäumen, auf die weiteren Publikationen zu verweisen, die es im Video Zusammenhang gibt und die Sie, wenn Sie dieses Buch interessant gefunden haben, sicher begrüßen werden.

Schau'n Sie hin und wieder auf die Webseite, was es an neuen Publikationen gibt ...

www.auberge-tv.de/Verlag/Technik.html

Auch über Ihr Feedback würde ich mich freuen.

Literatur:

[1] T. Sikora, L Chiariglione: „The MPEG–4 Video Standard and its Potential for Future Multimedia Applications", IEEE ISCAS Conference, Honkong, June 1997.

[2] T. Sikora: "„MPEG Digital Video Coding Standards", IEEE Signal Processing Magazine, Vol. 14,No. 5, September 1997.

[3] R. Schäfer, T. Sikora: „Digital video coding standards and their role in video communications", Proc. of the IEEE, Vol. 83, No. 6, June 1995.

[4] H. Haferkorn, Optik – Physikalisch–technische Grundlagen und Anwendungen, Verlag Wiley–VCH, Weinheim, 2003

[5]H. Haferkorn, Bewertung optischer Systeme, VEB Deutscher Verlag der Wissenschaften, Berlin, 1986

[6]C. Hofmann, Harry Zöllner, Feingerätetechnik 22 (1973), S. 151–159

[7]M. v. Rohr, Theorie und Geschichte des photographischen Objektivs, Verlag Julius Springer, Berlin, 1899

[8]C. Hofmann, Die optische Abbildung, Akademische Verlagsgesellschaft Geest & Portig K.–G., Leipzig, 1980

[9]M. Berek, Grundlagen der praktischen Optik – Analyse und Synthese optischer Systeme, Verlag Walter de Gruyter, Berlin, 1970

[10]WinLens Plus Software–Paket, LINOS Photonics GmbH & Co. KG

[11]H. A. Buchdahl, Optical Aberration Coefficients, Dover Publications, New York, 1968

[12] SMPTE Standard 274M–1998, Television – 1920x1080 Scanning and Analog and Parallel Digital Interface for Multiple Picture Rates

[13] SMPTE Standard 296M–2001, Television – 1280x720 Progressive Image Sample Structure

[14] EBU Technical Document 3249; September 1995 – Measurement and analysis of the performance of film and television camera lenses

[15] Technical Report on HD to Film Transfer; Makato Negishi; Toie Chemical Industry; IBC 2001

[16] Technische Optik; Gottfried Schröder; Vogel Verlag 1990

[17] SMPTE Recommended Practice RP188–1999; Transmission of Timecode and Control Code in the Ancillary Data Space of a Digital Television Data Stream SMPTE Standard 292M–1998 Television — Bit–Serial Digital Interface or High–Definition Television Systems

[18] Digitale Cinematograpie; Michael Erkelenz; Panasonic; 2002

[19] Optische Grundlagen; Imaging Source Europe ; 2003

[20] ISO/IEC 11172: 'Coding of moving pictures and associated audio for digital storage media at up to about 1.5 Mbit/s'.

[21] ISO/IEC 13818: 'Generic coding of moving pictures and associated audio (MPEG–2)'.

[22] 'Encoding parameters of digital television for studios', CCIR Recommendation 601–1 XVIth Plenary Assembly Dubrovnik 1986, Vol. XI, Part 1, pp. 319–328.

[23] JAIN, A.K.: 'Fundamentals of digital image processing' (Prentice Hall, 1989).

[24] WELLS, N.D.: 'Component codec standard for high–quality digital television', Electronics & Communication Engineering Journal, August 1992, 4, (4), pp. 195–202.

[25] CARR, M.D.: 'New video coding standard for the 1990s', Electronics & Communication Engineering Journal, June 1990, 2, (3), pp. 119–124.

[26] RAO, K.R. and YIP, P.: 'Discrete cosine transform: algorithms, advantages, applications' (Academic Press, 1990)

[27] [OA2002]: Oliver R. Ahlemann, ‚Methoden der digitalen Audiobearbeitung', 2002 ‚http://www.fh–wedel.de/~si/seminare/ss02/Ausarbeitung/9.digitalaudio/audio2.htm'

[28] [RS2000]: Prof. Dr.–Ing. Ralf Steinmetz, Multimedia–Technologie. 3. überarb. Aufl., Springer Verl. Berlin Heidelberg, 2000

[29] [US2003]: Prof. Dr. Ulrich Schmidt, Professionelle Videotechnik. 3. überarb. u. erw. Aufl., Springer Verl. Berlin Heidelberg, 2003

[30] [WP2006a]: Wikipedia die freie Enzyklopädie, 'Moving Picture Experts Group', 15.5.2006 "http://de.wikipedia.org/wiki/Moving_Picture_Experts_Group"

[31]. [WP2006b]: Wikipedia die freie Enzyklopädie, 'Entropie', 22.5.2006 "http://de.wikipedia.org/wiki/Entropie"

[32] [WP2006c]: Wikipedia die freie Enzyklopädie, 'Adaptive Differential Pulse Code Modulation', 25.5.2006 http://de.wikipedia.org/wiki/Adaptive_Differential_Pulse_Code_Modulation

[33] [WP2006d]: Wikipedia die freie Enzyklopädie, 'H.261', 25.5.2006

„http://de.wikipedia.org/wiki/H.261"

[34] [WP2006e]: Wikipedia die freie Enzyklopädie, 'Puls–Code–Modulation', 25.5.2006
„http://de.wikipedia.org/wiki/Puls–Code–Modulation"

[35] [WP2006f]: Wikipedia die freie Enzyklopädie, 'H.263', 25.5.2006
„http://de.wikipedia.org/wiki/H.263"

[36].[WP2006g]: Wikipedia die freie Enzyklopädie, 'H.264', 25.5.2006
„http://de.wikipedia.org/wiki/H.264"

[37].[WP2006h]: Wikipedia die freie Enzyklopädie, 'MPEG–7', 25.5.2006
„http://de.wikipedia.org/wiki/MPEG–7"

[38] WP2006i]: Wikipedia die freie Enzyklopädie, 'MPEG–21', 25.5.2006
http://de.wikipedia.org/wiki/MPEG–21 Seite 21 von 21.

[39] Canaon USA Inc. ; Broadcast & Communications Division;HDTV Lens design; WP 1;2;3; 2005

[40] Internetportal von Fuji zur Kameraserie „FinePix",
http://www.finepix.de/15_1100_1043146382_1_2.html

[41] Internetportal zum Thema Digitalfotografie,
http://www.dpreview.com/news/0301/03012202fujisuperccdsr.asp

[42] Leaflet, Fuji–Finepix M603

[43] Fowler Boyd; El Gamal Abbas: US Patent Nr.5461425

[44] Abbildung aus Patentschrift:US. Patent Nr.5621231

[45] Nikon Internetportal, http://nikonimaging.com/global/technology/scene/07/index.htm

[46] Newsarchiv Nikon, http://www.nikon.de/05_news/05_01_aktuell.php?
screen=aktuell&more=69

[47] S. Hußman: Schnelle 3d–Objektvermessung mittels PMD/CMOS Kombi–Zeilensensor und Signalkompressions–Hardware, genehmigte Dissertation, Universität Gesamthochschule Siegen, S.5–18

[48] Internetportal „Roper Scientific Germany", http://www.roperscientific.de/ITOCCDs.html

[49] Webseite Foveon, www.foveon.com

[50] R. F. Lyon; P. M. Hubel: Eying the Camera – Into the next Century, IS&T/SID 10th Color Imaging Conference

[51] P.Centen; T. Moelands; J.v.Rooy; M.Stekelnburg: A Multi Format HDTV Camera Head, Thomson/GrassValley Whitepaper

[52] H. Fischer: Ein analoger Bildsensor in TFA–Technologie, genehmigte Dissertation, Fachbereich Elektrotechnik und Informatik der Universität–Gesamthochschule Siegen, S.3–20

[53] Internetseite zum Thema „Digital Imaging",
http://micro.magnet.fsu.edu/primer/digitalimaging/index.html

[54] N. Stevanovic: Integrierte CMOS–Bildsensorik für Hochgeschwindigkeits–kinematographie, Dissertation, Gesamthochschule Duisburg, S.20

[55] Firmenschrift Theta Systems: Eigenschaften von CCD–Kameras

[56] Firmenschrift Dalsa: Image Sensor Architectures For Digital Cinematographie

[57] Firmenschrift PCO Computer Optics GmbH

[58] A. Dreizler: Detektoren, FG Energie– und Kraftwerkstechnik Technische Universität Darmstadt, http://www.tu–darmstadt.de/fb/mb/ekt/laser/Detektoren_1.pdf

[59] Internetseite zum Thema CCD–Sensoren, http://www.ccd–sensor.de/html/1_–_chip_ccd.html

[60] Internetportal zum Thema Elektronik und Kommunikationstechnik,
http://www.bnhof.de/~didactronic/CCD/CCDprinzip.htm

[61] Sony Webseite, http://www.sony.net/SonyInfo/IR/info/sonyf/kumatec

[62] K.Weber: Frame–Transfer–CCD–Sensoren mit HD–DPM+–Technik in einer HD– Anwendung, Fernseh– und Kino–Technik, 55. Jahrgang, Nr.12/2001

[63] Dipl.Ing.Stefan Hofmann: AVC–I Konzept und Applikation, Fernseh– und Kino–Technik, 8/9. Jahrgang, Nr.89/2007

[64] Internet–Newsarchiv Heise, http://www.heise.de/newsticker/meldung/48498

[65] Internet–Newsarchiv Heise, http://www.heise.de/newsticker/meldung/11853

[66] S. Schmitt: Die Erfindung des Fernsehens, Funkschau 18/99

[67] S. Brandt: Vorlesung, Die Entdeckung der Atome, http://siux00.physik.uni siegen. de/~brandt/atome.pdf

[68] Internetseite der Gesellschaft für Unterhaltungs– und Kommunikationselektronik:
http://www.gfu.de/pages/history/his_TV_01.html

[69] Prospekt der Firma Pressler/ESR zur Photozelle, http://www.jogis– roehre bu-

de.de/RoehrenGeschichtliches/Spezialroehren/Foto/Prospekt.pdf

[70] W. Fendt: Internetseite zum Photoeffekt: http://www.walterfendt.de/ph14d/photoeffekt.htm

[71] E. Köhler: Lehrbriefe, Grundlagen elektronischer Bauelemente, .Lehrbrief S.7–20

[72] B. Heinemann; W. Heinemann: Fernsehkameraröhren–Eigenschaften und Anwendungen, Fernseh– und Kino–Technik, 32. Jahrgang, Nr.9 und 10/1978

[73] Patentschrift der Fernseh–GmbH zur Bildzerlegerröhre, Patent Nr.687205, Jan. 1940

[74] R. Mäusl: Fernsehtechnik, S.37–51, 1995

[75] U. Schmidt: Professionelle Videotechnik, 2.Auflage, S.209–229

[76] J. Whitaker; B. Benson: Standard Handbook of Video and Television Engineering, Kapitel 6 S.5 – 35, ISBN 0071411801

[77] A. C. Luther: Video Camera Technology, Artech House 1998, S.49–74 MPEG–21 Overview v.5

[78 MPEG–21: Goals and Achievements" ("Goals") – Burnett et al. 2003, S. 60f

[79„The Future Interaction TV Project Developing Diet – Digital Interaction Environment for TV" – Lugmayer et al.

[80] Synchronization of MPEG–7 metadata with a broadband MPEG–2 digiTV stream by utilizing a digital broadcast item approach. Real Time Imaging and System Components. SPIE. Seattle,2002.

[81] Kuglin, C Dand Hines, D C. The phase correlation image alignment method. Proc. Int. Conf. on Cybernetics and Society, 1995, pp 163–5

[82] Thomas, G Aand Dancer, S J. Improved motion estimation for MPEGcoding within the RACE'COUGAR' project. Proc. International Broadcasting Convention, 14–18September 1995. IEEConference Publication no. 413, pp 238–243.

[83] Sandbank, C P(ed.). Digital television. Wiley, June 1990.

[84] Huffman, D A. Amethod for the construction of minimumredundancy codes. Proc. IRE, 1952, pp 1098–1101.

[85] ISO/IECStandard 13818–1:2000. Information technology generic coding of moving pictures and associated audio information: Systems.

[86] Knee M J and Wells N D. Seamless concatenation – a 21st century dream. Proc. International Television Symposium, Montreux, June 1997

[87] SMPTEStandard 327M–2000. MPEG–2video recoding data set.

[88] SMPTEStandard 329M–2000. MPEG–2video recoding data set – compressed stream format.

[89] SMPTEStandard 319M–2000. Transporting MPEG–2recoding information through 4:2:2component digital interfaces.

[90] SMPTE Standard 312M–1999. Splice points for MPEG–2 transport streams.

[91] Brightwell, P J, Dancer S J and Knee, M J. Flexible switching and editing of MPEG–2 video bitstreams. Proc. International Broadcasting Convention, 12–16September 1997. IEE Conference Publication no. 447, pp 547–552.

[92] Tudor, P Nand Werner, O H. Real–time transcoding of MPEG–2 video bit streams. Proc. International Broadcasting Convention, 12–16September 1997. IEEConference Publication no. 447, pp 296–301.

[93] ITUStudy Group VQEG(Visual Quality Experts' Group). See http://www.itu.int and ftp://ftp.its.bldrdoc.gov/dist/ituvidq

[94] Lauterjung J. Picture quality measurement. Proc. International Broadcasting Convention, 11–[95] September 1998. IEE, London, 1998, pp 413–7.

[96] Knee, M. Asingle–ended picture quality measure for MPEG–2. Proc. International Broadcasting Convention, 7–12September 2000. IEE, London, 2000, pp 95–100.

[97] ISO/IECStandard 11172–2:1993. Information technology Coding of moving pictures and associated audio for digital storage media at up to about 1.5Mbit/s – Part 2: Video

[98] ISO/IECStandard 14496–2:2001. Information technology Coding of audio–visual objects Part 2: Visual **Infoquellen:** www.mpeg4-h264.de; www.hdmi.org; www.digital.cp.com; www.ejcta.org; http://www.finalcutprofi.de/phpboard/ ; http://www.chiariglione.org/mpeg/ ; http://www.chiariglione.org/mpeg/standards/mpeg–21/mpeg–21.htm ; http://www.norsig.no/norsig2002/Proceedings/papers/cr1058.pdf ;http://www.mpeg.org/ Unofficial MPEGsite ; http://mpeg.telecomitalialab.com/ Official MPEGsite ;http://www.dvb.org/ European DVBstandards ;http://www.atsc.org/ American ATSCstandards http://www.smpte.org SMPTE standards ; http://www.itu.int International Telecommunications Union; **www.auberge-tv/Verlag/Technik.de**